新能源材料与器件专业实验综合指导书

主 编 孙迎辉 赵 亮 杨瑞枝
副主编 江 林

苏州大学出版社

图书在版编目(CIP)数据

新能源材料与器件专业实验综合指导书/孙迎辉，
赵亮，杨瑞枝主编. -- 苏州：苏州大学出版社，2023.8（2024.12重印）
ISBN 978-7-5672-4198-5

Ⅰ.①新… Ⅱ.①孙… ②赵… ③杨… Ⅲ.①新能源
－材料技术－教学参考资料 Ⅳ.①TK01

中国国家版本馆 CIP 数据核字(2023)第 152352 号

新能源材料与器件专业实验综合指导书
孙迎辉　赵　亮　杨瑞枝　主编
责任编辑　徐　来

苏州大学出版社出版发行
（地址：苏州市十梓街1号　邮编：215006）
江苏凤凰数码印务有限公司印装
（地址：南京市栖霞区尧新大街399号　邮编：210000）

开本 890 mm×1 240 mm　1/16　印张 12.75　字数 386 千
2023 年 8 月第 1 版　2024 年 12 月第 2 次印刷
ISBN 978-7-5672-4198-5　定价：49.00 元

图书若有印装错误，本社负责调换
苏州大学出版社营销部　电话：0512-67481020
苏州大学出版社网址　http://www.sudapress.com
苏州大学出版社邮箱　sdcbs@suda.edu.cn

Preface 前言

新能源材料与器件专业是适应新能源科学与工程领域新技术发展需求的一个新兴专业。该专业主要利用化学、物理和材料科学的基本原理和方法，解决新能源科学和工程中的相关科学和技术问题，综合性较强。专业目标是培养学生系统掌握新能源材料与器件的基本理论与研究方法，在全面掌握新能源材料与器件的原理与设计技术的基础上，进一步培养学生具有在该领域独立开展方案制订和项目实施的能力。

在学生掌握化学、物理和材料科学的基础课、专业课的基础上，开展注重不同学科交叉融合的专业实验，可以培养学生运用科学原理和科学方法对复杂科学工程问题进行研究，包括设计实验、分析和解释数据，并通过信息综合得到合理有效的结论；能够针对相关领域的工程问题，开发、选择与使用恰当的技术、资源、现代工程和信息技术工具，包括对复杂工程问题的预测与模拟，并能够理解其局限性。

本书包括普通化学实验、有机化学及生物学应用实验、电化学基础实验、材料分析与测试方法实验、电源工艺学实验、储能材料与制备技术实验、锂离子电池应用与实践实验、燃料电池应用与实践实验、超级电容器应用与实践实验、综合与创新实验共十章内容。每章对应一门实验课的详细内容，其中大部分实验包括实验目的、实验原理、实验仪器与试剂、实验步骤和思考题等内容。

本书基于多位老师提供的实验内容，由孙迎辉、赵亮、杨瑞枝、江林老师完成编写，配以大量图表，让学生更加容易理解和操作。

感谢李晓伟、张静宇、周东营、赵杰、张力、朱国斌、田景华、郑洪河、金成昌、曲群婷、金超、苏韧等老师为本书提供实验内容。本书的完成也得到苏州大学教务处的支持，在此一并致谢！

编者
2023 年 5 月

目录

第一章 普通化学实验

- 1-1 紫外-可见分光光度法测定水杨酸的含量 ······ 1
- 1-2 酸碱滴定法测定抗酸药中碳酸钙的含量 ······ 2
- 1-3 利用价层电子对互斥理论理解三维分子结构 ······ 3
- 1-4 制氢实验 ······ 5
- 1-5 头尾实验 ······ 6
- 1-6 沸石实验 ······ 8
- 1-7 化学反应速率的测定 ······ 9
- 1-8 黏度法测定聚乙烯醇的分子量 ······ 11
- 1-9 薄层色谱分离叶绿素 ······ 14
- 1-10 有机趣味实验 ······ 16
- 1-11 从茶叶中提取咖啡因 ······ 17
- 1-12 丁香中挥发油的提取分离与检测 ······ 19

第二章 有机化学及生物学应用实验

- 2-1 苯甲酸、2-萘酚和1,4-二甲氧基苯的化学分离 ······ 21
- 2-2 醇脱水反应 ······ 23
- 2-3 从橙皮中提取橙油 ······ 24
- 2-4 苯乙酮的制备 ······ 25
- 2-5 三苯甲醇的制备 ······ 28
- 2-6 二苄叉丙酮的制备 ······ 30
- 2-7 柱层析 ······ 32
- 2-8 硼氢化钠还原苯乙酮 ······ 34

第三章 电化学基础实验

- 3-1 循环伏安法测定铁氰化钾在玻碳电极上的氧化还原特性 ······ 36
- 3-2 单质铁的极化曲线测定 ······ 39
- 3-3 镍电沉积实验 ······ 42
- 3-4 旋转圆盘电极测定扩散系数 ······ 44
- 3-5 电化学交流阻抗谱分析阻容复合元件的电化学过程 ······ 46
- 3-6 恒电流暂态法测定电化学反应的动力学参数 ······ 49

第四章 材料分析与测试方法实验

- 4-1 扫描电镜测定尖晶石氧化物的表面形貌 ·················· 53
- 4-2 X射线衍射对未知样品进行物相鉴定 ·················· 56
- 4-3 水合草酸钙的热重分析 ·················· 59
- 4-4 傅里叶变换红外光谱仪分析苯乙烯 ·················· 62
- 4-5 氮气吸脱附仪测定乙炔黑的比表面积 ·················· 64
- 4-6 激光粒度仪测定电池活性材料的粒度 ·················· 69
- 4-7 旋转流变仪测定电极浆料的黏度 ·················· 71

第五章 电源工艺学实验

- 5-1 电极配方对电池极片性能的影响 ·················· 75
- 5-2 不同混料方法对电池极片性能的影响 ·················· 77
- 5-3 压制对电池极片厚度、孔隙率等性能的影响 ·················· 79
- 5-4 锂离子电池电解液的配制及性能表征 ·················· 82
- 5-5 电池隔膜的机械性能、热性能和吸液性能 ·················· 85
- 5-6 扣式锂离子电池的组装 ·················· 89
- 5-7 软包锂离子电池的制作与测试 ·················· 91
- 5-8 碱性锌锰电池的拆解 ·················· 94

第六章 储能材料与制备技术实验

- 6-1 高温固相法制备 $Li_4Ti_5O_{12}$ 材料 ·················· 97
- 6-2 溶胶-凝胶法制备纳米 TiO_2 微粉 ·················· 99
- 6-3 电化学合成聚苯胺 ·················· 101
- 6-4 水热法制备 $LiFePO_4$ ·················· 104
- 6-5 共沉淀法制备 TiO_2 光催化剂 ·················· 106
- 6-6 机械球磨法制备储氢合金 ·················· 108

第七章 锂离子电池应用与实践实验

- 7-1 Fe_2O_3 纳米棒的制备及电化学性能的测定 ·················· 112
- 7-2 Fe_2O_3 负极材料中锂的扩散系数的测定 ·················· 115
- 7-3 V_2O_5 微球的制备及其电化学性能的测定 ·················· 117
- 7-4 V_2O_5 微球的锂电性能表征与分析 ·················· 120
- 7-5 $LiMn_2O_4$ 电极作为水系可充锂离子电池正极的测试 ·················· 123
- 7-6 $V_2O_5//LiMn_2O_4$ 水系可充锂离子电池的组装与测试 ·················· 125

第八章 燃料电池应用与实践实验

- 8-1 质子交换膜燃料电池催化剂性能测定 ·················· 128
- 8-2 共沉淀法制备氧化钇稳定氧化锆（YSZ）粉体 ·················· 130
- 8-3 丝网印刷法制备氧化钇稳定氧化锆（YSZ）固体电解质薄膜 ·················· 132
- 8-4 8%氧化钇稳定氧化锆（8YSZ）电导率的测定 ·················· 134
- 8-5 固体氧化物燃料单电池的组装及电化学性能测试 ·················· 135
- 8-6 扣式锂-空气电池的制作与测试 ·················· 138

  8-7 直接甲醇燃料电池催化性能测试 ·· 140

第九章 超级电容器应用与实践实验

  9-1 双电层超级电容器活性炭电极的制备 ·· 144
  9-2 循环伏安法测定活性炭电极的电容性能 ··· 146
  9-3 扣式双电层超级电容器的组装与电化学性能测试 ·· 148
  9-4 氧化钌赝电容电极的制备 ··· 150
  9-5 电化学阻抗法分析氧化钌的电容性能 ·· 152
  9-6 混合型超级电容器电容性能的测试 ·· 154

第十章 综合与创新实验

  10-1 高压正极材料的制备、表征与测试 ··· 157
  10-2 高容量电极材料的制备与电化学性能研究 ·· 160
  10-3 用于高性能硅基负极材料的新型水性黏结剂的研究 ·· 163
  10-4 MOFs 前驱体法制备中空 Co_3O_4 负极材料与锂电性能表征 ·· 166
  10-5 三维多孔分层结构金属氧化物双功能催化剂的制备及其在锂-空气电池中的应用 ··· 169
  10-6 质子交换膜燃料电池高性能催化剂的制备、表征与性能测试 ······································ 171
  10-7 电催化水分解催化剂材料的制备、表征与性能测试 ·· 174
  10-8 钙钛矿太阳能电池的制备、表征与性能测试 ·· 178
  10-9 有机电致发光材料制备及其典型器件光电性能测试 ·· 181
  10-10 可见光催化硝基苯还原偶联反应 ·· 184
  10-11 半导体光催化醇氧化制备氢气 ·· 186

附录

  附录一 化学实验室管理规范 ··· 189
  附录二 实验数据处理基本方法 ··· 191

第一章 普通化学实验

1-1 紫外-可见分光光度法测定水杨酸的含量

一、实验目的

（1）深入理解朗伯-比尔定律。
（2）了解紫外-可见分光光度计的基本原理、结构及其使用方法。
（3）掌握紫外-可见分光光度法定量和定性分析的原理和具体实验操作。

二、实验原理

紫外-可见分光光度法是使用紫外-可见光测得物质的电子光谱，研究在吸收光的能量后价电子在电子能级间的跃迁，研究物质在紫外-可见光区的分子吸收光谱的分析方法。朗伯-比尔定律（Lambert-Beer Law）是分光光度法的基本定律，描述物质对某一波长入射光吸收的强弱与吸光物质的浓度、液层厚度间的关系，可表示为

$$A = \lg \frac{1}{T} = \lg \frac{I_0}{I_t} = \varepsilon bc$$

式中，A 为吸光度；T 为透光率（透光度），是透射光强度（I_t）与入射光强度（I_0）之比；ε 为摩尔吸光系数，单位为 $L \cdot mol^{-1} \cdot cm^{-1}$，其与物质本身的性质和入射光的波长相关；$c$ 为吸光物质的浓度，单位为 $mol \cdot L^{-1}$；b 是液层厚度，单位为 cm。

当不同波长的单色光通过被测物质时，能够测得在不同波长下物质的吸光度或透光率，以吸光度 A 为纵坐标、波长 λ（单位：nm）为横坐标作图，就获得了物质的紫外吸收光谱曲线。利用该曲线可以对物质进行定性、定量分析。

以苯甲酸和水杨酸为例，它们的紫外吸收光谱如图 1-1-1 所示。水杨酸在波长 300 nm 处有一个相对较强的吸收峰；而苯甲酸的吸收峰截止于约 280 nm 处，在 300 nm 附近无明显吸收。二者在波长约 230 nm 附近的吸收峰有明显的重叠，在实验中宜选用只有水杨酸吸收峰的 300 nm 波长作为测定水杨酸含量的工作波长。由于乙醇对于二者具有良好的溶解度，并且在 250～350 nm 处没有明显吸收，因此选用 60% 乙醇作为参比溶液。

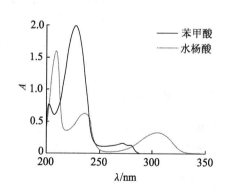

图 1-1-1 苯甲酸与水杨酸的紫外吸收光谱图

三、实验仪器与试剂

仪器设备：紫外-可见分光光度计（北京普析通用 T6 型）、分析天平、容量瓶。
试剂耗材：水杨酸、乙醇（60%）。所有化学试剂均为分析纯，且使用前未经纯化。

四、实验步骤

（1）制备标准溶液：称取 0.050 0 g 水杨酸于 100 mL 烧杯中，用适量 60%乙醇溶解后，转移到 100 mL 容量瓶中，多次润洗烧杯并将洗液收集于容量瓶中，再滴加 60%乙醇至刻度线。此溶液浓度为 0.50 mg·mL^{-1}。

（2）取四个干燥的 50 mL 容量瓶并编号（1～4 号）。分别用移液管移取 0.50 mL、1.00 mL、2.00 mL、4.00 mL 的水杨酸标准溶液于相应编号容量瓶中，加入适量的 60%乙醇溶液至刻度。另取一个烧杯，加入任意一定量的乙醇和水杨酸标准溶液，配制为未知样品（5 号）。

（3）以 300 nm 为选定波长，以 60%乙醇为参比溶液，按照浓度由低到高的顺序依次测定水杨酸标准溶液（1～4 号）的吸光度和未知样品（5 号）的吸光度。在 Excel 或 Origin 中以水杨酸标准溶液的吸光度为纵坐标、浓度为横坐标绘制标准曲线；再根据水杨酸未知样品（5 号）在 300 nm 处的吸光度，利用标准曲线计算水杨酸未知样品（5 号）的浓度。

五、思考题

（1）理解朗伯-比尔定律的具体含义。
（2）思考吸收光谱和发射光谱的内在联系。

1-2 酸碱滴定法测定抗酸药中碳酸钙的含量

一、实验目的

（1）掌握酸碱滴定法测定碳酸钙含量的方法。
（2）掌握计算实验所用各种溶液的浓度、配制溶液和标定溶液的方法。
（3）进一步熟悉分析化学中的滴定反应，熟练地使用滴定管、移液管等仪器。

二、实验原理

钙是机体的必需元素，参与细胞的多种生理活动，对维持细胞各种代谢过程极为重要。测定钙含量的方法：微量采用仪器分析法（如光度分析法、原子吸收光谱法、发射光谱法、电化学法等），常量采用化学分析法。本实验采用化学分析法中的酸碱滴定法测定抗酸药中碳酸钙的含量。具体方法是使用过量的盐酸标准溶液与样品中的碳酸钙发生反应，再用氢氧化钠标准溶液进行回滴，中和剩余的盐酸，根据差量计算样品中碳酸钙的含量。反应的离子方程式如下：

$$CaCO_3 + 2H^+ \longrightarrow Ca^{2+} + CO_2\uparrow + H_2O$$
$$H^+ + OH^- \longrightarrow H_2O$$

三、实验仪器与试剂

仪器设备：锥形瓶、滴定管、分析天平。
试剂耗材：盐酸、酚酞指示剂、NaOH 标准溶液、抗酸药、去离子水。

四、实验步骤

（1）标定盐酸：移取 20.00 mL 0.2 mol·L^{-1} 盐酸于锥形瓶中，滴加 3 滴酚酞试液，用 0.2 mol·L^{-1} NaOH 标准溶液标定，直至溶液变为红色。平行测定 3 次，分别记录所用 NaOH 标准溶液的体积。

（2）样品的测定：准确称取 0.200 0 g 样品于锥形瓶中，加入 30 mL 0.2 mol·L^{-1} 盐酸。充分反应后在加热器上加热至沸腾（除去 CO_2），3 min 后取下冷却，在锥形瓶中滴加 3 滴酚酞，用 NaOH 标准溶液滴定至溶液变成红色。平行测定 3 次，分别记录所用 NaOH 标准溶液的体积。

（3）实验完毕，清洗锥形瓶、滴定管等玻璃器皿，将桌面擦拭干净。

五、数据记录与处理

（1）盐酸的标定（表 1-2-1）：

表 1-2-1 盐酸标定的测量

项目		第一次	第二次	第三次
V_{NaOH}/mL	终读数			
	始读数			
	消耗体积			
HCl 的浓度/(mol·L^{-1})				
HCl 的标准浓度/(mol·L^{-1})				

（2）酸碱滴定（表 1-2-2）：

表 1-2-2 酸碱滴定的测量

样品质量/g	V_{HCl}/mL	c_{HCl}/(mol·L^{-1})	V_{NaOH}/mL	c_{NaOH}/(mol·L^{-1})
				0.200 0
				0.200 0
				0.200 0

（3）通过消耗的盐酸的量计算样品中碳酸钙的含量。

六、思考题

（1）为什么滴定实验中要平行分析？
（2）分析本次实验中引起误差的原因。

1-3 利用价层电子对互斥理论理解三维分子结构

一、实验目的

（1）了解影响共价分子几何构型的因素。
（2）熟悉价层电子对互斥理论的要点。
（3）掌握应用价层电子对互斥理论判断分子三维立体结构的方法。

二、实验原理

价层电子对互斥理论是一种预测单个共价分子形态的理论。该理论通过分别计算中心原子的价层电子数和配位数进行分子几何构型的预测，构建一个合理的路易斯结构式，对分子中所有键和孤对电子的位置进行表示。

价层电子对互斥理论的基础是分子或离子的几何构型主要取决于与中心原子相关的电子对之间的排斥作用。该电子对可以是成键的，也可以是未成键的孤对电子。只有中心原子的价层电子才能对分子的形状产生有意义的影响。

AB$_n$型分子的价层电子对互斥理论模型和立体结构如表 1-3-1 所示，分子形状为实际几何构型，即不包含孤对电子的构型。

表 1-3-1　AB$_n$型分子的价层电子对互斥理论模型和立体结构

价层电子对数	VSEPR模型	σ键电子对数	孤对电子数	分子类型	电子对的排布模型	分子的立体结构	实例
2	直线形	2	0	AB$_2$		直线形	BeCl$_2$ HgCl$_2$ CO$_2$
3	平面三角形	3	0	AB$_3$		平面三角形	BF$_3$ NO$_3^-$ SO$_3$
3	平面三角形	2	1	AB$_2$		V 形	NO$_2^-$ SO$_2$ O$_3$
4	四面体	4	0	AB$_4$		正四面体形	CH$_4$ PO$_4^{3-}$ SO$_4^{2-}$
4	四面体	3	1	AB$_3$		三角锥形	NH$_3$ PCl$_3$
4	四面体	2	2	AB$_2$		V 形	H$_2$O OF$_2$

中心原子，即作为中心的原子，一般为 1 个。价层电子对是分子或离子的中心原子上的电子对，包括 σ 键电子对和孤对电子。σ 键电子对数就是成键电子对数，可由分子式确定。中心原子上的孤对电子数就是未成键电子对数，可以利用以下公式计算中心原子上的孤对电子数：

$$AB_n \text{型分子的中心原子 A 上的孤对电子数} = \frac{1}{2}(a - nb)$$

式中，a 表示中心原子 A 的价电子数，等于原子的最外层电子数，即族序数；$b = 8 - $ B 的最外层电子数；n 为与中心原子 A 结合的原子数，即中心原子周围的原子数。

阳离子中孤对电子数 =（中心原子价电子数 − 电荷数 − 配原子个数 × 配原子形成稳定结构需要的电子数）

阴离子中孤对电子数 =（中心原子价电子数 + 电荷数 − 配原子个数 × 配原子形成稳定结构需要的电子数）

三、实验步骤

利用分子模型分别搭建 H$_2$O、CO$_2$、SO$_2$、BF$_3$、NH$_3$、CH$_4$、SF$_4$、BrF$_5$、PCl$_5$、SF$_6$ 等分子的立体模型。在线模拟网址：https://phet.colorado.edu/en/simulation/molecule-shapes。

四、数据记录与处理

计算表 1-3-2 中分子或离子的中心原子上的孤对电子数,理解价层电子对互斥理论。

表 1-3-2　分子或离子的中心原子上的孤对电子数的测量

分子或离子	CH$_4$	NH$_3$	H$_2$O	NH$_4^+$	SO$_4^{2-}$
中心原子					
a					
n					
σ 键电子对数					
b					
中心原子的孤对电子数					
价层电子对数					

1-4　制氢实验

一、实验目的

（1）了解氢气的各种制备方法及氢气的物理、化学性质。
（2）学习启普发生器的使用方法,掌握氢气纯化与纯度检验的方法。
（3）了解氢燃料电池的工作原理。

二、实验原理

氢气,化学式为 H$_2$,是一种无色透明、无臭无味且难溶于水的气体。氢气极易燃烧,其在空气中的体积分数为 4％～75％时都能燃烧,甚至发生爆炸。氢气是世界上已知的密度最小的气体,还原性较强,常作为还原剂参与化学反应。

氢气的燃烧焓为 -286 kJ·mol^{-1},据此测算,每千克氢气燃烧放出的热量可达 1.4×10^8 J,因而氢气可作为驱动火箭的高能燃料、金属冶炼的高温燃料等。另外,氢气燃烧的产物是水,所以它是一种最洁净的燃料。燃料电池作为一种新型的能量转化装置,能够将燃料的化学能转化为电能,是一种类似于电池的电化学发电装置。以氢气作为燃料的燃料电池就是典型的氢燃料电池,其基本原理可以理解为水电解成氢气和氧气的逆反应,如图 1-4-1 所示。因此,氢燃料电池的反应过程清洁高效,效率可达到 60％ 以上。

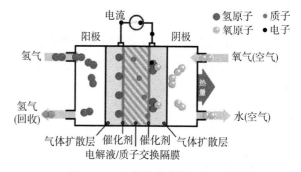

图 1-4-1　氢燃料电池的工作原理

工业上,可以采用水煤气法制氢、天然气制氢、生物制氢、电解水制氢、烃类制氢等。实验室制氢的方法主要是利用金属活动性比氢强的金属单质与酸反应,从而置换出氢气。常用锌粒与稀酸（稀盐酸、稀硫酸）反应制备氢气,其反应方程式如下：

$$Zn + 2HCl \longrightarrow ZnCl_2 + H_2 \uparrow$$
$$Zn + H_2SO_4 \longrightarrow ZnSO_4 + H_2 \uparrow$$

为了得到干燥且纯净的氢气，将锌与稀盐酸反应产生的气体依次通过装有 NaOH 的洗气瓶和装有无水 CaO 的 U 形管，用于除去可能伴随气流的 HCl、H_2O 等。将干燥且纯净的氢气通过加热的氧化铜，可将氧化铜还原为单质铜，从而验证氢气具有还原性（图 1-4-2）。

本实验中，为了减少多磨口启普发生器在反应过程中的泄漏，采用一种简便的装置来制备氢气，通过排水法测量反应产生氢气的量，以计算在反应过程中 Zn 的消耗量，并计算产率（图 1-4-3）。

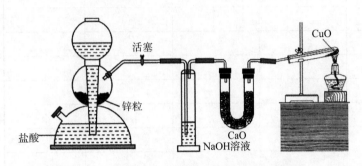

图 1-4-2　制取氢气和氢气还原氧化铜实验装置

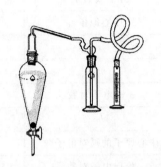

图 1-4-3　简易氢气制取实验装置

三、实验仪器与试剂

仪器设备：分液漏斗、吸收瓶、量筒。

试剂耗材：稀硫酸、锌粒。所有化学试剂均为分析纯，且使用前未经纯化。

四、实验步骤

（1）按图 1-4-3 连接好实验装置，检查气密性。量取 20 mL 稀硫酸于分液漏斗中。取 1 颗锌粒准确称量，投入分液漏斗内，迅速连接好仪器。观察吸收瓶内是否有气泡产生或液面是否下降，如无此现象，表明装置漏气，需重新检查气密性。待量筒内收集的液体量达到 20 mL 后迅速打开分液漏斗的阀门放出稀硫酸，擦净锌粒并称重。通过锌粒的损失量计算理论产生的氢气量，并通过量筒收集的液体量计算实际收集的氢气量，计算产率（氢气的密度为 0.089 $g·L^{-1}$）。

（2）实验完毕，清洗实验仪器，将仪器恢复原位，桌面擦拭干净。

五、思考题

（1）在本实验中，为何采用锌粒和稀硫酸，而不用镁粒和稀盐酸？

（2）氢气的纯度很重要，思考提高纯度和检验纯度的方法。

1-5　头尾实验

一、实验目的

（1）了解表面活性剂的物理和化学性质。

（2）掌握皂化反应及盐析的基本原理和方法。

（3）掌握手工肥皂的制备方法。

二、实验原理

表面活性剂通常由疏水性基团和亲水性基团所组成。表面活性剂依靠非极性的疏水基和极性的亲水基，不断与污垢结合并将其溶解，起到清洁作用，其分子结构如图 1-5-1 所示。

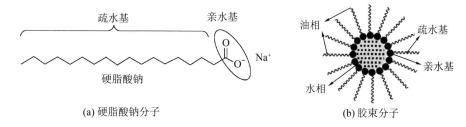

图 1-5-1　表面活性剂的分子示意图

脂肪或油脂与强碱在一定温度下水解产生一种脂肪酸钠盐和甘油的混合物，把氯化钠加入反应混合物中，通过盐析作用，可以把产生的脂肪酸钠盐分离出来。皂化反应的反应式如下：

$$\begin{array}{c}H_2C-O-CO-R_1\\HC-O-CO-R_2\\H_2C-O-CO-R_3\end{array} + 3NaOH \longrightarrow \begin{array}{c}H_2C-OH\\HC-OH\\H_2C-OH\end{array} + \begin{array}{c}R_1-COONa\\R_2-COONa\\R_3-COONa\end{array}$$

三、实验仪器与试剂

仪器设备：磁力加热搅拌器、烧杯、玻璃棒、量筒、布氏漏斗、抽滤瓶、循环水真空泵、鼓风干燥箱。

试剂耗材：猪油、无水乙醇、氯化钠、无水氢氧化钠、pH 试纸、定性滤纸、去离子水。所有化学试剂均为分析纯，且使用前未经纯化。

四、实验步骤

（1）在 150 mL 烧杯中加入约 10 g 的猪油，然后加入 15 mL 乙醇使其溶解，再加入 8 mL 8 mol·L^{-1} 的 NaOH 溶液。

（2）将烧杯置于加热台上，在 80 ℃ 下加热搅拌 30 min。控制搅拌速度和加热温度，防止产生大量泡沫。当产生大量泡沫时，向溶液中滴加水和乙醇（体积比 1∶1）的混合溶液。

（3）当溶液变为黄色透明后，停止加热搅拌，取下烧杯，加入 20 mL 去离子水，让其自然冷却至室温。

（4）在另一烧杯中称取 18 g NaCl，加入 60 mL 去离子水，制成饱和食盐水。

（5）将 60 mL 饱和食盐水加入冷却的反应液中，用玻璃棒搅拌，待表面析出白色固体后，抽滤，保留固体产物。

（6）将收集到的固体产物干燥后称重，计算产率。

（7）取少量固体产物分别加入盛有去离子水和自来水的试管中，剧烈摇晃后测量泡沫高度，并测量去离子水溶液的 pH。

五、思考题

（1）肥皂中亲水基团和疏水基团在清洗油脂过程中分别起到什么作用？

（2）为何要在猪油和碱液的反应中加入乙醇？

（3）本实验中制取的肥皂中是否含有 NaOH？解释原因。

1-6 沸石实验

一、实验目的

(1) 掌握钙离子浓度的滴定方法。
(2) 了解沸石的物理和化学性质。
(3) 掌握沸石离子置换能力的测量方法。

二、实验原理

自来水中通常含有 Ca^{2+}、Mg^{2+} 等离子,会影响洗衣粉等产品的使用效果。沸石是一种含水的碱金属或碱土金属的铝硅酸矿物,可作为洗衣粉添加剂。它能够置换硬水中的 Ca^{2+}、Mg^{2+} 等离子,从而使其变成软水,让洗衣粉重新变得有效。

Na-A 是最常见的一种沸石,可用 $NaAlSiO_4$ 来表示,与 Ca^{2+} 置换后生成 $Ca_{0.5}AlSiO_4$。了解其对 Ca^{2+} 的置换能力,是评价沸石质量的重要参数。

实验中,通常采用配位滴定法测量沸石的离子置换能力。该方法是将沸石放入已知浓度的 Ca^{2+} 溶液中,然后对置换后的溶液利用指示剂和显色剂进行滴定,确定剩余 Ca^{2+} 浓度,再根据 Ca^{2+} 浓度变化,确定沸石对 Ca^{2+} 的置换能力。具体反应过程及溶液颜色变化如下:

$$HIn^{2-} + Ca^{2+} \longrightarrow CaIn^- + H^+$$
（蓝色）　　　　　　　（红色）

$$H_2Y^{2-} + CaIn^- + OH^- \longrightarrow CaY^{2-} + HIn^{2-} + H_2O$$
（红色）　　　　　　　　　　　　　　（蓝色）

沸石的离子置换能力（Ion Exchange Ability, IEA）可以表示如下:

$$IEA = \frac{c_0 \cdot V_0 - 3c_E \cdot V_E}{X} M_{CaCO_3}$$

式中,c_0 是 $CaCl_2$ 的初始浓度（$mol \cdot L^{-1}$）; V_0 是 $CaCl_2$ 的体积（mL）; c_E 是乙二胺四乙酸二钠（EDTA）的浓度（$mol \cdot L^{-1}$）; V_E 是 EDTA 的用量（mL）; M_{CaCO_3} 是碳酸钙的毫摩尔质量,取 100 mg·$mmol^{-1}$; X 为加入沸石的质量（g）。

三、实验仪器与试剂

仪器设备:研钵、鼓风干燥箱、滴定管、烧杯、锥形瓶、磁力搅拌器、漏斗。

试剂耗材:沸石、EDTA、氯化钙（$CaCl_2$）、氢氧化钠（NaOH）、钙指示剂、定性滤纸。所有化学试剂均为分析纯,且使用前未经纯化。

四、实验步骤

(1) 称取约 0.2 g 干燥沸石粉末,加入 100 mL 烧杯中,再向其中加入 75 mL 0.01 $mol \cdot L^{-1}$ $CaCl_2$ 标准溶液,搅拌 20 min,过滤,收集滤液。

(2) 取 25 mL 滤液,加入锥形瓶中,然后加入 4 mL 0.2 $mol \cdot L^{-1}$ NaOH 缓冲液和微量钙指示剂,摇晃均匀。

(3) 用 0.01 $mol \cdot L^{-1}$ EDTA 的标准溶液对其进行滴定,边缓慢滴加边摇晃,至溶液颜色刚好由红色变为蓝色时停止滴定,记录 EDTA 的用量。

(4) 重新取 25 mL 滤液,重复上述滴定操作。

(5) 根据公式计算沸石的离子置换能力。

五、思考题

（1）实验室中常见的 3 Å 分子筛的物理意义是什么？分子筛的常见用途是什么？
（2）简述在洗衣粉中加入 Na-A 沸石改善其清洗效果的作用原理。
（3）思考在洗衣粉中 Na-A 沸石在清洗结束时会发生什么变化，并设计一个实验予以证明。

1-7 化学反应速率的测定

一、实验目的

（1）了解浓度、温度和催化剂对反应速率的影响。
（2）测定过二硫酸铵和碘化钾的反应速率。

二、实验原理

在水溶液中，过二硫酸铵与碘化钾的反应如下：

$$(NH_4)_2S_2O_8 + 3KI \longrightarrow (NH_4)_2SO_4 + K_2SO_4 + KI_3^- \tag{1-7-1}$$

其离子反应如下：

$$S_2O_8^{2-} + 3I^- \longrightarrow 2SO_4^{2-} + I_3^- \tag{1-7-2}$$

反应速率方程如下：

$$v = k c_{S_2O_8^{2-}}^m \cdot c_{I^-}^n \tag{1-7-3}$$

式中，v 是瞬时速率。若 $c_{S_2O_8^{2-}}$ 和 c_{I^-} 是初始浓度，则 v 表示初始速率（v_0）。实验中只能测定出一段时间内反应的平均速率：

$$\bar{v} = \frac{-\Delta c_{S_2O_8^{2-}}}{\Delta t} \tag{1-7-4}$$

实验中可以近似地用平均速率代替初始速率：

$$v_0 = k c_{S_2O_8^{2-}}^m \cdot c_{I^-}^n = \frac{-\Delta c_{S_2O_8^{2-}}}{\Delta t} \tag{1-7-5}$$

为了能够测出在反应时间 Δt 内 $S_2O_8^{2-}$ 浓度的变化量，就需要在混合 $(NH_4)_2S_2O_8$ 和 KI 溶液的同时，加入一定体积已知浓度的 $Na_2S_2O_3$ 和淀粉溶液，所以在发生反应（1-7-2）的同时还发生了如下反应：

$$2S_2O_3^{2-} + I_3^- \longrightarrow S_4O_6^{2-} + 3I^- \tag{1-7-6}$$

反应（1-7-2）的反应速率远慢于反应（1-7-6），反应（1-7-6）几乎瞬时完成。因此，反应（1-7-2）生成的 I_3^- 立即会与 $S_2O_3^{2-}$ 反应，生成无色的 $S_4O_6^{2-}$ 和 I^-，而观察不到碘与淀粉反应呈现的特征蓝色。只有当 $S_2O_3^{2-}$ 耗尽时，还在进行的反应（1-7-2）产生的 I_3^- 才会与淀粉反应显示出蓝色。

从反应开始到溶液出现蓝色的这一段时间 Δt 内，$S_2O_3^{2-}$ 浓度的改变值

$$\Delta c_{S_2O_3^{2-}} = -[c_{S_2O_3^{2-}(\text{终})} - c_{S_2O_3^{2-}(\text{始})}] = c_{S_2O_3^{2-}(\text{始})} \tag{1-7-7}$$

将反应（1-7-2）和反应（1-7-6）对比，得

$$\Delta c_{S_2O_8^{2-}} = \frac{c_{S_2O_3^{2-}(\text{始})}}{2} \tag{1-7-8}$$

通过改变 $S_2O_8^{2-}$ 和 I^- 的初始浓度，测定消耗等量的 $S_2O_8^{2-}$ 的物质的量浓度 $\Delta c_{S_2O_8^{2-}}$ 所需要的不同时间间隔（Δt），就可以计算出反应物不同初始浓度的初始速率，确定速率方程和反应速率常数。

三、实验仪器与试剂

仪器设备：量筒、烧杯、秒表。

试剂耗材：过二硫酸铵、硫代硫酸钠、硫酸铵、碘化钾、硝酸钾、淀粉、去离子水。所有化学试剂均为分析纯，且使用前未经纯化。

四、实验步骤

（1）浓度对反应速率的影响。

在室温下进行如表 1-7-1 所示实验 1。用量筒分别量取 20 mL KI（0.2 mol·L^{-1}）、8 mL Na$_2$S$_2$O$_3$（0.01 mol·L^{-1}）和 2 mL 淀粉（0.2 mol·L^{-1}，0.4%）溶液，混合于烧杯中。另外量取 20 mL（NH$_4$）$_2$S$_2$O$_8$（0.2 mol·L^{-1}）迅速倒入搅拌的混合液中，同时用秒表计时，当刚好出现蓝色时按停秒表，记录时间和室温。然后分别按照表 1-7-1 所示试剂量进行实验 2、实验 3、实验 4、实验 5，将相关数据记于表 1-7-1 中。

表 1-7-1 浓度对反应速率的影响

实验温度_____℃

	实验编号	1	2	3	4	5
试剂量/mL	(NH$_4$)$_2$S$_2$O$_8$（0.2 mol·L^{-1}）	20	10	5	20	20
	KI（0.2 mol·L^{-1}）	20	20	20	10	5
	Na$_2$S$_2$O$_3$（0.01 mol·L^{-1}）	8	8	8	8	8
	淀粉（0.2 mol·L^{-1}，0.4%）	2	2	2	2	2
	KNO$_3$（0.2 mol·L^{-1}）	0	0	0	10	15
	(NH$_4$)$_2$SO$_4$（0.2 mol·L^{-1}）	0	10	15	0	0
混合液中反应物的初始浓度/(mol·L^{-1})	(NH$_4$)$_2$S$_2$O$_8$					
	KI					
	Na$_2$S$_2$O$_3$					
	反应时间 Δt/s					
	S$_2$O$_8^{2-}$ 的浓度变化 $\Delta c_{S_2O_8^{2-}}$/(mol·L^{-1})					
	反应速率 v					

（2）温度对反应速率的影响。

按表 1-7-1 中的药品用量，将装有 Na$_2$S$_2$O$_3$、KI、KNO$_3$ 和淀粉混合液的烧杯与装有 (NH$_4$)$_2$S$_2$O$_8$ 的小烧杯放在冰水浴中，当温度低于 10 ℃时进行混合，搅拌的同时记录出现蓝色的反应时间。用同样的方法在热水浴中进行温度高于室温 10 ℃时的实验，将相关数据记于表 1-7-2 中。

表 1-7-2 温度对反应速率的影响

实验编号	6	7	8
反应温度 t/℃			
反应时间 Δt/s			
反应速率 v			

（3）催化剂对反应速率的影响。

按表 1-7-1 所示实验 4 的条件进行实验，在（NH$_4$）$_2$S$_2$O$_8$ 溶液加入 KI 混合液之前，先在 KI

溶液中加入 2 滴 $Cu(NO_3)_2$（$0.02\ mol\cdot L^{-1}$），其他操作同步骤(1)，计算反应速率 v。

五、思考题

（1）反应液中加入 KNO_3 和 $(NH_4)_2S_2O_8$ 的作用是什么？
（2）取 $(NH_4)_2S_2O_8$ 的量筒如果和其他溶液混用，对实验有没有影响？
（3）如果将 $(NH_4)_2S_2O_8$ 缓慢加入混合液中，对实验有没有影响？
（4）催化剂 $Cu(NO_3)_2$ 为什么能够加快该反应的速率？

1-8　黏度法测定聚乙烯醇的分子量

一、实验目的

（1）理解使用黏度计测定黏性液体的基本原理。
（2）掌握使用黏度计测定液体黏度的公式及数据处理方法。
（3）测定聚乙烯醇的分子量。

二、实验原理

当流体受到外力而产生流动时，在流动着的液体层之间就存在着切向的内部摩擦力。要使液体流过管路，就必须消耗一部分功来克服这种由于流动产生的阻力。在流速较低时，管路里面的液体会沿着与管壁平行的直线方向前进，最靠近管壁的液体实际上是保持静止的，与管壁距离越远，流动速度越大。通过式（1-8-1）可以计算流层间的切向力 F，它与两层间的接触面积 A 和速度差 Δv 成正比，而与两层间的距离 Δx 成反比。

$$F = \eta A \frac{\Delta v}{\Delta x} \tag{1-8-1}$$

式中，η 是比例系数，称为液体的黏度系数，简称黏度。

分子量是表征化合物特征的基本参数之一。对于高分子而言，其分子量一般在 $10^3 \sim 10^7$ 之间。测试化合物分子量的方法很多。本实验采用黏度法测定聚乙烯醇的分子量。黏度法设备简单，操作方便，而且有很好的实验精度，是最常用的方法。用该方法求得的分子量称为黏均分子量。

高分子稀溶液的黏度是它在流动时内摩擦力大小的反映。几种黏度的名称、符号及其代表的基本物理意义如表 1-8-1 所示。

表 1-8-1　几种黏度的名称、符号及其代表的基本物理意义

名称	符号	物理意义
纯溶剂黏度	η_0	溶剂分子和溶剂分子之间的内摩擦表现出来的黏度
溶液黏度	η	溶剂分子和溶剂分子之间、高分子和高分子之间、高分子和溶剂分子之间三者内摩擦表现出来的综合黏度
相对黏度	η_r	$\dfrac{\eta}{\eta_0}$，溶液黏度与溶剂黏度之比
增比黏度	η_{sp}	$\eta_{sp} = \dfrac{\eta-\eta_0}{\eta_0} = \dfrac{\eta}{\eta_0}-1 = \eta_r-1$，反映了高分子与高分子之间、溶剂分子与高分子之间的内摩擦效应
比浓黏度	$\dfrac{\eta_{sp}}{c}$	单位浓度下所显示出的黏度
特性黏度	$[\eta]$	反映了高分子与溶剂分子之间的内摩擦

聚合物在一定的温度和溶剂条件下，特性黏度 $[\eta]$ 和聚合物黏均分子量 M_η 之间的关系符合 Mark-Houwink 方程：

$$[\eta] = KM_\eta^\alpha \tag{1-8-2}$$

式中，M_η 是黏均分子量，K 是比例常数，α 是扩展因子。其中，K 和 α 值与聚合物种类、温度、溶剂性质及分子量大小有关。K 值受温度的影响较明显，而 α 值主要取决于高分子线团在某个溶剂和温度下的舒展程度，介于 0.5~1 之间。K 和 α 值可以通过其他绝对方法确定，使用黏度法只能测得特性黏度 $[\eta]$。

在足够稀的高分子溶液中有如下关系：

$$\lim_{c \to 0} \frac{\eta_{sp}}{c} = \lim_{c \to 0} \frac{\ln \eta_r}{c} = [\eta] \tag{1-8-3}$$

因此，获得 $[\eta]$ 的方法具体有两种：第一种是以 η_{sp}/c 对 c 作图，外推 $c \to 0$ 的截距值；第二种是以 $\ln\eta_r/c$ 对 c 作图，外推 $c \to 0$ 的截距值。两条直线会合于一点，如图 1-8-1 所示。

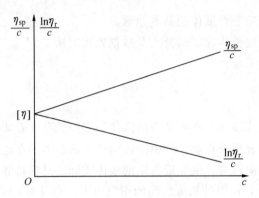

图 1-8-1　外推法计算特性黏度 $[\eta]$

图中两条直线的方程为

$$\frac{\eta_{sp}}{c} = [\eta] + K'[\eta]^2 c \tag{1-8-4}$$

$$\frac{\ln \eta_r}{c} = [\eta] + \beta[\eta]^2 c \tag{1-8-5}$$

本实验中，采用毛细管法测定黏度，具体是通过测定一定体积的液体流经一定长度和半径的毛细管所需的时间而获得。当液体在重力作用下流经毛细管时，遵守泊肃叶定律：

$$\frac{\eta}{\rho} = \frac{\pi h g r^4 t}{8LV} - m \frac{V}{8\pi L t} \tag{1-8-6}$$

式中，η 为液体的黏度，ρ 为液体的密度，L 为毛细管的长度，g 为重力加速度，r 为毛细管的半径，t 为流出时间，V 为流经毛细管的液体的体积，h 为流经毛细管的液体的液柱高度，m 为毛细管末端校正系数。

对于某一支指定的黏度计而言，式 (1-8-6) 可以缩写为

$$\frac{\eta}{\rho} = At - \frac{B}{t} \tag{1-8-7}$$

式中，$B<1$。当流出时间 t 在 2 min 左右（大于 100 s）时，$\frac{B}{t}$ 可以忽略。式 (1-8-7) 可以写成

$$\eta = A\rho t \tag{1-8-8}$$

又因为通常测定是在稀溶液中进行的，溶液的密度和溶剂的密度近似相等，所以 $[\eta]$ 还可以写成

$$\eta_r = \frac{\eta}{\eta_0} = \frac{A\rho_{液}t}{A\rho_{水}t_0} = \frac{t}{t_0} \tag{1-8-9}$$

式中，t 为液体从液面 a 流至液面 b 的时间；t_0 为纯溶剂的流出时间。可以通过纯溶剂和液体的流出时间结合式（1-8-7）求出 η_r，再由图外推求出特征黏度 $[\eta]$。

三、实验仪器与试剂

仪器设备：乌氏黏度计、恒温水浴（包括电加热器、电动搅拌器、温度计、感温元件和温度控制器）、分析天平、温度计、洗耳球、秒表、螺旋夹、橡皮管、吊锤、砂芯漏斗、移液管、锥形瓶。

试剂耗材：聚乙烯醇（5 g·L^{-1}）、去离子水、丙酮。所有化学试剂均为分析纯，且使用前未经纯化。

四、实验步骤

（1）黏度计的洗涤：用丙酮、自来水、去离子水分别将黏度计反复洗涤（注意流洗毛细管部分），然后放入烘箱中干燥备用。应注意固定好黏度计。

（2）调节恒温水浴槽温度至 30 ℃，在黏度计（图 1-8-2）的 B 管和 C 管上都套上橡皮管，然后将其垂直固定放入恒温槽内，使水面完全浸没 G 球，并用吊锤检查是否垂直。

（3）溶液流出时间的测定：用移液管分别吸取已知浓度（c_1）的聚乙烯醇溶液 10 mL，由 A 管注入黏度计中，在 C 管处用洗耳球打气，使溶液混合均匀，稳定 15 min 后开始测定。具体方法如下：用夹子将 C 管夹紧使之不通气，用洗耳球在 B 管处将溶液从 F 球经 D 球、毛细管、E 球抽至 G 球 2/3 处，再打开 C 管夹子，让 C 管连通大气，此时 D 球内的溶液即回到 F 球中，毛细管以上的液体悬空。毛细管以上的液体下落，当液面流经刻度 a 时，按秒表开始记录时间，当液面降至刻度 b 时，再按停计时，测得液体流经毛细管刻度 a、b 之间所需时间。至少重复三次，时间相差不大于 0.3 s，得到 t_1、t_2、t_3，取三次的平均值 Δt。

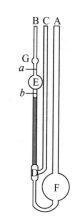

图 1-8-2 乌氏黏度计

（4）依次由 A 管用移液管加入 5 mL、5 mL、10 mL、15 mL 去离子水，将溶液稀释，使得溶液浓度分别为 c_2、c_3、c_4、c_5，用以上同样的方法测定每份溶液流经毛细管的时间 Δt。注意每次加水后要充分混合均匀，并抽洗黏度计的 E 球和 G 球，使得黏度计内各处溶液的浓度相等。用去离子水洗净黏度计，尤其是反复流洗黏度计的毛细管部分（用去离子水洗 1～2 次）。然后由 A 管加入 15 mL 去离子水，用同样的方法测定溶剂流出的时间 t_0。

五、数据记录与处理

（1）将相关数据记录在表 1-8-2 中。

表 1-8-2 聚乙烯醇黏度的测量

样品	测量值									
	c	t_1/s	t_2/s	t_3/s	Δt/s	η_r	$\ln\eta_r$	η_{sp}	η_{sp}/c	$\ln\eta_r/c$
c_1										
c_2										
c_3										
c_4										
c_5										

（2）根据公式计算聚乙烯醇的黏均分子量。

六、注意事项

（1）聚合物的溶解缓慢，配制溶液时必须全部溶解。若聚合物部分溶解，则结果偏低。

（2）黏度计必须洁净。

（3）黏度计必须垂直放置，水浴温度恒定。

1-9 薄层色谱分离叶绿素

一、实验目的

（1）了解薄层色谱法的基本原理和方法。

（2）掌握薄层色谱的操作技术。

（3）学会薄层色谱分离叶绿素的方法。

二、实验原理

薄层色谱法是一种常见的吸附薄层色谱分离法，它是利用各成分对同一吸附剂吸附能力不同，在流动相（洗脱剂）流过固定相（吸附剂）的过程中，溶质发生连续的吸附、解吸、再吸附、再解吸，从而达到分离各成分的目的。在具体过程中，不同物质上升的距离不一样，形成相互分开的斑点，从而达到分离，如图 1-9-1 所示。以比移值（R_f）表示物质移动的相对距离。比移值是溶质移动距离与溶剂移动距离的比值。

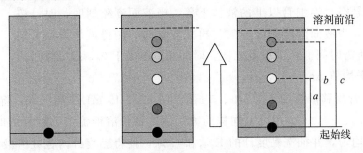

图 1-9-1 薄层色谱法示意图

图 1-9-1 中两个组分的具体比移值可通过以下两式进行计算：

$$R_{f1} = \frac{a}{c} \tag{1-9-1}$$

$$R_{f2} = \frac{b}{c} \tag{1-9-2}$$

吸附是发生在表面的一个重要性质。当两个相接触形成表面时，吸附就是其中一个相的物质或溶解于其中的溶质在表面上发生的密集现象。在固体与气体之间、固体与液体之间、吸附液体与气体之间的表面上都可能发生吸附现象。

固体表面的分子（或离子，或原子）和固体内部分子所受的吸引力不相等，从而产生物质分子能在固体表面停留的现象。在固体内部，分子之间相互作用的力是对称的，其力场互相抵消。而处于固体表面的分子所受的力是不对称的，向内的一面受到固体内部分子的作用力大，而表面层所受的作用力小，因而气体或溶质分子在运动中遇到固体表面时受到这种剩余力的影响，就会被吸引而停留下来。吸附过程是一个可逆过程，被吸附物在一定条件下会发生解吸。单位时间内被吸附在吸附剂某一表面积上的分子和同一单位时间内离开此表面的分子之间可以建立一个动态平衡，即吸附平衡。而层析过程就是一个连续不断地产生平衡与不平衡、吸附与解吸的动态平衡过程。

由于各组分在溶剂中的溶解度不同，以及吸附剂对它们的吸附能力也存在差异，最终将混合物分离成一系列斑点。如将作为标准的化合物在层析薄板上一起展开，则可以根据这些已知化合物的 R_f 值对各斑点的组分进行鉴定，同时也可以进一步采用某些方法加以定量。

常见的吸附剂有硅胶和氧化铝。硅胶的机械强度高，比表面积大，表面易于修饰和控制，其表面主要存在着 Si—OH 和 Si—O—Si 两类基团。Si—OH 通常被认为是强吸附位点，在正相色谱中起主要作用，一个表面硅原子一般可带 1~2 个羟基；Si—O—Si 通常被认为是疏水亲油的，在正相色谱中对极性溶质保留的贡献极小，其疏水亲油特性使得非极性分子有一定可能在此位点保留。在制备时可以通过控制硅胶表面的基团——Si—OH 或 Si—O—Si，使硅胶基质适用于正、反相色谱模式。然而硅胶也有缺点，如键合相硅胶的 pH 适用性窄，pH＞8 时硅胶易溶解，pH＜2 时键合相易水解断裂。另外，残余硅羟基和金属离子等杂质的存在易对碱性溶质造成不可逆吸附，并易使生物大分子（多肽、蛋白质等）产生变性和非特异性吸附，限制了其在生物体系中分离、分析的应用。针对以上情况，可选用氧化铝作为基质材料。氧化铝结构稳定，既可呈酸性，又可呈碱性。在实际应用中，氧化铝填料的色谱主要有正相色谱、反相色谱和离子交换色谱，对于一些不饱和化合物，特别是芳香族化合物的保留效果较佳，有时还可用于分离芳烃类异构体。另外，氧化铝基质的 pH 耐受范围在 3~12，可用于分离碱性化合物。

展开剂也称为溶剂系统、流动相或洗脱剂，是在平面色谱中用作流动相的液体，主要用来溶解被分离的物质，同时在吸附剂薄层上溶解并转移被分离物质。作为展开剂的溶剂应当有适当的纯度和稳定性、低黏度、低毒性，以及很低或很高的饱和蒸气压。展开剂的蒸气在分离过程中发挥着重要作用，它和液相、固定相一起构成了一个机制复杂的三维层析过程。

平面色谱的展开方式有线性、环形及向心三种几何形式。

三、实验仪器与试剂

仪器设备：硅胶板、层析缸、碘缸、点样毛细管。

试剂耗材：叶绿素、乙醇、丙酮、石油醚。所有化学试剂均为分析纯，且使用前未经纯化。

四、实验步骤

（1）准备硅胶板：将大块硅胶板放在干净的纸上，以玻璃刀从背面（玻璃面）分切成宽约 6 cm 的长条，再切成宽约 4 cm 的小板，要求边缘光滑，表面硅胶保持完好，无划痕。

（2）配制叶绿素溶液：称量一定量的叶绿素 a、b 混合物溶解于一定体积的乙醇中，搅拌溶解均匀。

（3）配制展开剂：使用丙酮和石油醚，分别配制比例为 1∶50、1∶20 及 1∶5 的混合溶剂。

（4）点样：先用铅笔在距离底边约 0.6 cm 处轻轻画出一条横线，用毛细管点样于硅胶板的基线上，一般为圆点，样点直径越小越好，不同点间的距离根据斑点扩散情况以相互不影响为宜。点样时要注意不能损伤表面。将硅胶板置入层析缸时注意基线不能够被展开剂浸没。当展开剂前沿距离硅胶板前沿约 0.2 cm 时将硅胶板取出，用铅笔画出展开剂的前沿，晾干。可以将硅胶板放于碘缸中进行观察，确定样品斑点的位置及归属。

五、注意事项

（1）保护硅胶层的完整性：注意硅胶板的正反面，尽量不要损坏正面白色的硅胶涂层，最终切好的小块硅胶板保持正面朝上。点样时注意根据浓度、大小等进行调整，不影响检出。

（2）样品的观察：根据样品的性质选择观察方法。如果没有颜色，则放入碘缸中观察；如果有荧光发射，则利用紫外灯照射根据发光判断。

（3）展开剂的选择：根据 R_f 选择展开剂，以分开为宜，如果基点有物质残留，必须利用极性较大的溶剂再次展开确认是否还有物质残留。

（4）做完实验后，将层析缸和小烧杯中的展开剂、溶液都倒入有机废液桶中，洗净后排放在实验台上。将用过的硅胶板和毛细管放在指定的玻璃回收处，收拾干净桌面，实验结束。

1-10　有机趣味实验

一、实验目的

（1）认识有机实验的实用性和趣味性。
（2）掌握简单回流合成装置的搭建方法。

二、实验原理

指纹检查：单质碘在温度高于 45 ℃时即会开始升华产生碘蒸气。手指上含有油脂、矿物油和水等分泌物，当手指接触固体表面时，指纹上的分泌物就会留在固体表面，这些分泌物肉眼不可见。当碘蒸气挥发溶解在手指上的油脂等分泌物中时，就能够形成棕色指纹印迹。

合成香精：在各种植物的花、果实中可以提取出一类叫作香精的物质，香精可以用于日常的护肤、护发或添加到食品中。从植物中提取香精的常见方法有萃取、蒸馏和直接榨取等。由于受到天然物质来源的限制，人们便开始合成各种人造香精，其中酯类最多，原料是相应的羧酸和醇。例如，薄荷香精的主要成分是由苯甲酸和乙醇制得的苯甲酸乙酯。其反应方程式如下：

$$C_6H_5COOH + C_2H_5OH \xrightarrow{\text{浓 }H_2SO_4} C_6H_5COOC_2H_5 + H_2O$$

另外，香草味主要源于香草醛；柑橘的酸味源于柠檬酸，其气味来自醋酸辛酯；黄油的香味源于丁二酮；香蕉的香味源于醋酸异戊酯；菠萝的香味源于醋酸丙酯。

三、实验仪器与试剂

仪器设备：试管、圆底烧瓶、球形冷凝管、磁力加热搅拌器、分液漏斗。

试剂耗材：碘、苯甲酸、无水乙醇、浓硫酸、白纸。所有化学试剂均为分析纯，且使用前未经纯化。

四、实验步骤

（1）指纹检查。

① 取一张干净的 A4 打印纸，剪成长约 5 cm、宽度小于试管直径的长纸条，用力摁几个手印。

② 用镊子取一小粒碘于试管中，把纸条悬于试管中（有手印的一面不要贴在壁上），塞上橡胶塞，但不要完全塞实。

③ 用吹风机将试管微热，产生碘蒸气后停止加热，观察纸条上的指纹印迹变化。

（2）合成薄荷香精。

按图 1-10-1 搭建实验装置。在 50 mL 的圆底烧瓶中加入苯甲酸（2 g）和无水乙醇（7 mL），再慢慢加入浓硫酸（1 mL），混合均匀，置于水浴上加热 30 min，冷却到室温后再缓慢加入 6 mL 去离子水，振荡 5 min，转入分液漏斗，静置分层，油层即为苯甲酸乙酯。

图 1-10-1　合成薄荷香精的实验装置

五、注意事项

（1）用铁夹固定玻璃仪器，注意十字夹固定在磁力搅拌器的铁架上。
（2）装置搭建顺序为从下到上、从左到右，拆卸顺序为从右到左、从上到下，注意横平竖直、安全及美观。
（3）冷凝水的连接方式为下进上出，且应注意流速，节约用水。

1-11 从茶叶中提取咖啡因

一、实验目的

（1）学习咖啡因的性质及其在天然产物中的作用。
（2）学习提取的原理和方法，掌握从植物体内提取有机物的方法。
（3）掌握索氏提取器的使用方法和升华的基本操作。

二、实验原理

茶叶中含有多种生物碱、茶多酚、单宁酸、纤维素和蛋白质等物质。咖啡因是其中一种生物碱，是一种黄嘌呤生物碱化合物，为无色针状结晶，熔点为234 ℃～237 ℃，在100 ℃失去结晶水，在178 ℃左右升华，在茶叶中的含量约1%～5%，化学名称为1,3,7-三甲基-2,6-二氧嘌呤，其结构式如图1-11-1所示。咖啡因是一种中枢神经兴奋剂，能够使人暂时消除睡意并恢复精力。含有咖啡因成分的天然产品主要有咖啡、茶，人工饮品有软饮料及能量饮料等。

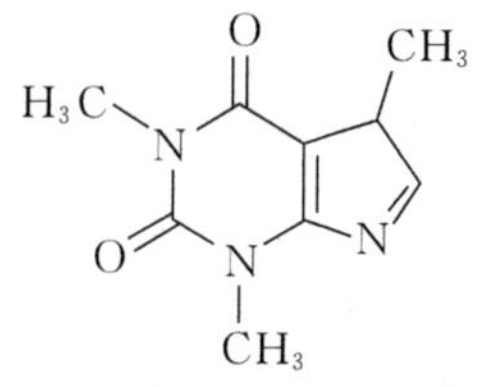

图 1-11-1   1,3,7-三甲基-2,6-二氧嘌呤的分子结构式

提取茶叶中的咖啡因，可使用溶剂（如氯仿、乙醇等）在索氏提取器（又称脂肪提取器）中进行连续抽提，蒸去低沸点有机溶剂后就得到了咖啡因粗品。粗咖啡因中还含有其他一些生物碱和杂质，通过升华可进一步提纯。

图1-11-2是提取装置示意图。索氏提取器由提取瓶、提取管和冷凝器三个部分组成，提取管两侧分别有虹吸管和连接管，各部分连接处（磨口）要求严密不漏气。在提取时，把待提取的样品置于脱脂滤纸筒内，再放入提取管内。将有机溶剂加入提取瓶内并加热，有机溶剂受热汽化后由连接管上升进入冷凝器，冷凝为液体后再滴入提取管内，浸润提取样品中的各类脂类物质。待提取管内溶剂液面超过虹吸管的最高点，溶液经虹吸管全部流入提取瓶。流入提取瓶内的溶剂继续上述过程，如此循环往复，直到完全抽提，即可停止加热收集有机溶液。

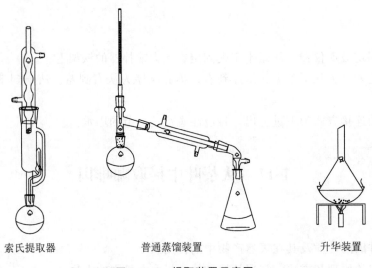

图 1-11-2　提取装置示意图

三、实验仪器与试剂

仪器设备：索氏提取器、磁力搅拌器、圆底烧瓶、直形冷凝管、漏斗、蒸发皿。

试剂耗材：茶叶、95%乙醇、生石灰粉。

四、实验步骤

(1) 称取 12 g 茶叶，放入索氏提取器的滤纸筒内，在烧瓶内加入 100 mL 95%乙醇。油浴加热，连续抽提 1~2 h 后，待最后提取管中溶液刚好虹吸下去时，立即将烧瓶提离油浴。用旋转蒸发仪对溶液进行浓缩后，将残液（约 5~10 mL）倒入蒸发皿中，加入约 5 g 生石灰粉，在蒸汽浴上蒸干，最后将蒸发皿移至石棉网上，小心加热片刻，除去所有水分。待冷却到室温后用滤纸擦去沾在蒸发皿边缘的粉末，避免升华时产物受到污染。

(2) 将滤纸中心区域用毛细管刺穿，孔刺向上盖在蒸发皿上，滤纸外罩上一支大小合适的玻璃漏斗，蒸发皿于石棉网上小心加热。当纸上出现白色毛状结晶时，暂停加热，稍冷至 100 ℃ 左右，拿开漏斗和滤纸，将结晶物用药匙刮下。搅匀残渣后用较大的火继续加热一会儿，使之升华完全。合并两次升华制得的白色结晶物。若产品不纯，可用少量热水结晶提纯，或用减压升华装置再次升华，但要注意重结晶在物质的量比较多时更容易操作，损失较少。

五、注意事项

(1) 滤纸筒的尺寸要小于管壁并紧贴，其高度不超过虹吸管。茶叶末要小心漏出，以免堵塞虹吸管。在滤纸筒上面留余空间，以确保回流液均匀浸润茶叶。

(2) 当提取液颜色很淡时，表示萃取即将完成，可以停止加热。

(3) 升华过程中应始终用均匀小火加热，以防止温度太高使滤纸炭化变黑。第二次升华时，也要保持温度，以免影响产品的纯度和产量。

六、思考题

(1) 总结固体物质纯化的方法和适用范围。
(2) 描述索氏提取器的工作原理。
(3) 在旋转蒸发得到的残液中加入生石灰的作用是什么？

1-12　丁香中挥发油的提取分离与检测

一、实验目的

（1）学习中药中挥发油类化学成分的提取分离方法。
（2）掌握水蒸气蒸馏的原理与操作。
（3）了解丁香酚检测的原理与操作。

二、实验原理

丁香花蕾含挥发油（丁香油）14%～20%，其包含丁香酚（约78%～95%）、乙酰丁香酚（约3%）及少量的丁香烯、香草醛、甲基正戊酮、甲基正庚酮等，也含有一定量的脂肪油、鞣质、齐墩果酸及蜡。丁香油的主要成分为丁香酚（又名丁子香酚），具有酚和醚的结构，如图1-12-1所示。同时，它也是丁香香味的主要成分之一。丁香酚具有一定的辛辣刺激味道，有很强的杀菌力，可作为局部镇痛药用于龋齿止痛，且兼有局部防腐作用；可以用于香水香精、其他各种化妆品香精和皂用香精配方中，还可以用于食用香精的调配。同时，丁香酚是其他一些香料的中间体。

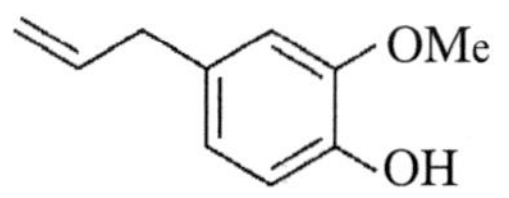

图 1-12-1　丁香酚的分子结构式

丁香酚是一种无色或淡黄色液体，因有酚和醚的基团而不溶于水，易溶于醚、乙醇、氯仿等有机溶剂。其沸点为253 ℃～254 ℃。丁香酚与水在一起加热到100 ℃左右，可以和水一起蒸出，因此，丁香酚可以通过水蒸气蒸馏进行提取。通过水蒸气蒸馏得到的油状物是丁香油，其主要成分是丁香酚。

酚类物质遇 Fe^{3+} 都会发生显色反应，如苯酚遇 Fe^{3+} 显紫色，反应方程式如下：

$$Fe^{3+} + 6C_6H_5OH = [Fe(C_6H_5O)_6]^{3-} + 6H^+$$

这一显色反应可以用来检测丁香酚的存在。

水蒸气蒸馏法是将含有挥发性成分的天然植物与水一起蒸馏，挥发性成分可以随着水蒸气一并蒸馏出来，经过冷凝后分取挥发性成分的一种浸提方法。水蒸气蒸馏法有一定的限制，其只适用于具有挥发性、热稳定性、与水不反应且不溶或难溶于水的有机成分的提取。这种有机成分的沸点一般都高于100 ℃，并且在100 ℃左右有一定的饱和蒸气压。当其与水一起加热时，有机成分的蒸气压和水的蒸气压的总和为一个大气压时，液体就开始沸腾，水蒸气就能够将具有挥发性的有机成分一并蒸出。

三、实验仪器与试剂

仪器设备：圆底烧瓶、直形冷凝管、分液漏斗、旋转蒸发仪、烧杯、试管。

试剂耗材：丁香花蕾、三氯化铁试剂、三氯甲烷、乙醇。所有化学试剂均为分析纯，且使用前未经纯化。

四、实验步骤

（1）丁香酚的提取：取10 g干丁香花蕾和搅拌子加入250 mL的圆底烧瓶中，并加入150 mL去离子水，装上蒸馏器，以油浴加热至沸腾，蒸馏至收集到的馏出液约100 mL。注意蒸馏液的气味，记录蒸馏温度。将蒸馏液移入分液漏斗，每次用约10 mL三氯甲烷萃取馏出液；合并萃取液于干燥的 100 mL 圆底烧瓶中，用旋转蒸发仪浓缩至无色或淡黄色油状物，称重约 500～700 mg，即为丁香油，其主要成分是丁香酚。

（2）丁香酚的检测：取少许浓缩液于试管中，加入 1 mL 乙醇溶解，加 2～3 滴三氯化铁试剂，显蓝色，证明苯酚基团的存在。

五、思考题

（1）从丁香中提取分离丁香酚的原理是什么？
（2）丁香酚具备了什么条件，使其可以通过水蒸气蒸馏提取？
（3）用三氯化铁检测时产生的配合物颜色为何为蓝色？

参考文献

［1］孙建民，单金缓．基础化学实验1基础知识与技能［M］．北京：化学工业出版社，2009．

［2］彭志远．索氏提取装置的改进［J］．中国教育技术装备，2017（6）：35－36．

［3］闫路娜，左惠凯，王莉．基于网络的化学软件在生物化学实验教学中的应用［J］．化学教育，2014，35（16）：53－57．

［4］陈益．浅述价层电子对互斥模型在判别分子构型中的应用［J］．化学教学，2007（6）：73－76．

［5］李琳，谭桂莲，苏春梅．黏度法测定聚乙烯醇相对分子质量的实验改进［J］．大学化学，2006，21（4）：53－55，57．

［6］张洪云，王振民．硅胶 G 薄层色谱分离叶绿素［J］．郑州大学学报：自然科学版，1986（2）：134－136．

［7］祁晓津，张康龙．基础化学实验：有机化学［M］．银川：宁夏人民出版社，2011．

［8］杨祖幸，汤洁，孙群，等．从茶叶中提取咖啡因实验方法及装置的改进［J］．实验室研究与探索，2008，27（3）：43－44．

［9］付振喜，王建清，金政伟，等．丁香挥发油的提取工艺及化学成分分析［J］．安徽农业科学，2010，38（11）：5628－5630，5637．

第二章 有机化学及生物学应用实验

2-1 苯甲酸、2-萘酚和1,4-二甲氧基苯的化学分离

一、实验目的

(1) 学习并掌握化学活性提取的原理。
(2) 理解有机化合物 pK_a 的物理意义、应用,以及有机化合物与酸、碱的反应过程。
(3) 学习萃取的基本原理及实验操作。

二、实验原理

解离常数 (K_a) 是水溶液中具有一定解离度的溶质的极性参数。K_a 增大,对于质子供体来说,其酸性增加;K_a 减小,对于质子受体来说,其碱性增加。pK_a 是 K_a 的负对数,和 pH 的关系为

$$pH = pK_a + \lg\left(\frac{\text{质子受体}}{\text{质子供体}}\right) \tag{2-1-1}$$

对于一元弱酸,在水中的解离平衡式为

$$HA \rightleftharpoons A^- + H^+$$

$$pK_a = pH - \lg\left(\frac{[A^-]}{[HA]}\right) \tag{2-1-2}$$

对于碱性化合物,有

$$B + H^+ \rightleftharpoons BH^+$$

$$pK_a = pH - \lg\left(\frac{[B]}{[BH^+]}\right) \tag{2-1-3}$$

当向体积为 V_0、浓度为 c_0 的酸溶液加入体积为 V、浓度为 c_1 的强碱(如 NaOH)溶液时,根据同离子效应,忽略弱酸电离出的 A^-,则溶液中存在如下关系:

$$[A^-] = c_1 \frac{V}{V+V_0} \tag{2-1-4}$$

$$[HA] = c_0 \frac{V_0}{V+V_0} - c_1 \frac{V}{V+V_0} \tag{2-1-5}$$

则

$$pK_a = pH + \lg\left(\frac{c_0 V_0}{c_1 V} - 1\right) \tag{2-1-6}$$

pK_a 是有机化合物非常重要的性质,决定化合物在介质中的存在形态,进而决定其溶解度、亲脂性、生物富集性及毒性。对于药物分子,pK_a 还会影响其药代动力学和生物化学性质。

苯甲酸、1,4-二甲氧基苯在常温下为白色固体有机物,2-萘酚呈淡褐色,均不溶于水而易溶于醇、醚等有机溶剂,所以不能根据物质在不同溶剂中的溶解度不同来达到分离目的。苯甲酸可以和

Na_2CO_3 或 NaOH 反应得到苯甲酸钠，苯甲酸钠为离子盐类，易溶于水；而 2-萘酚仅能够和 NaOH 反应而不和 Na_2CO_3 反应。利用加入碱的顺序可以把上述两种物质分离开来。1,4-二甲氧基苯均不和碱反应而保留在有机相中得到分离。反应方程式如下：

$$\text{PhCOOH} + \text{NaOH} \longrightarrow \text{PhCOONa}$$

$$\text{PhCOOH} + Na_2CO_3 \longrightarrow \text{PhCOONa}$$

$$\text{2-Naphthol} + \text{NaOH} \longrightarrow \text{2-Naphthoxide}$$

三、实验仪器与试剂

仪器设备：烧杯、分液漏斗。

试剂耗材：苯甲酸、2-萘酚、1,4-二甲氧基苯、乙醚、碳酸钠、氢氧化钠、硫酸镁、盐酸。所有化学试剂均为分析纯，且使用前未经纯化。

四、实验步骤

(1) 取一定质量的苯甲酸、2-萘酚和1,4-二甲氧基苯溶于乙醚配制成混合溶液（为淡褐色透明溶液），取 20 mL 于分液漏斗中，第一次加入 10 mL 5% 的 Na_2CO_3 溶液，利用 Na_2CO_3 使苯甲酸离子化，用乙醚萃取 2~3 次，得到有机相，分液得到水相溶液 A。

(2) 向有机相中加入 10 mL 5% NaOH 溶液，强碱 NaOH 能够使弱酸 2-萘酚离子化，用乙醚萃取 2~3 次，收集得到水相溶液 B。剩余的有机相溶液从上瓶口倒出，收集得到有机相溶液 C。

(3) 用稀释的盐酸将水相溶液 A 和 B 分别中和至呈弱酸性，用小块 pH 试纸标定至淡红色，过滤析出的有机物，并溶于 5 mL 乙醚。

(4) 分别用毛细管取得到的 A、B、C 的有机相溶液与原料进行 TLC 对比测试，通过 R_f 值来确认 A、B、C 是哪一种化合物。

五、注意事项

(1) 分液漏斗带磨口玻璃塞，为防止黏结，分别在塞子和旋钮处加一小纸条。使用前加水检漏。若有泄漏，涂少量的凡士林再检验。

(2) 萃取时充分振摇，并注意正确的操作姿势，要及时对空放气，注意安全。

(3) 打开塞子静置分液时，下层液体通过控制旋塞从下口放出，上层液体应从上口倒出。

(4) 分液时，若产生部分絮状物，可以用搅拌棒破除或稍微加热消除。

六、思考题

(1) 酸、碱的加入顺序对分离的影响有哪些？

(2) 酸、碱的选择是否合适？

(3) 不同有机溶剂的密度及其在萃取中的位置关系如何？

2-2 醇脱水反应

一、实验目的

（1）学习由环己醇制备环己烯的基本原理及实验操作。
（2）学习分馏和减压分馏的基本原理及操作方法。

二、实验原理

烯烃是一种重要的有机化工原料，工业上主要通过石油裂解的方法进行制备，也可以利用醇在氧化铝等催化剂的作用下发生高温催化脱水来进行制取；实验室里一般使用浓硫酸或浓磷酸作催化剂使醇脱水，或卤代烃在醇钠作用下脱卤化氢来进行制备。一般认为，该反应为单分子消除反应，而且整个反应是可逆的。为了促进反应完成，需要连续地把沸点较低的生成物——烯烃蒸出。由环己醇制备环己烯的反应方程式及反应机理如下：

主反应：环己醇 $\xrightleftharpoons{85\% \text{ H}_3\text{PO}_4}$ 环己烯 + H_2O

副反应：2 环己醇 $\xrightleftharpoons{85\% \text{ H}_3\text{PO}_4}$ 二环己醚 + H_2O

因为主反应是可逆的，这里采用的措施是在反应过程中同时蒸出反应生成的环己烯与水形成的二元共沸物（沸点 70.8 ℃，含水 10%）。同时，环己醇也能够与水形成另外一种二元共沸物（沸点 97.8 ℃，含水 80%）。为了使产物以共沸物的形式从反应体系中蒸出，并保证其纯度，本实验中采用分馏装置，并控制温度低于 90 ℃。

分馏就是让上升的蒸气和下降的冷凝液在分馏柱中发生多次热交换，相当于在分馏柱中进行多次蒸馏，使低沸点的物质不断上升而被蒸出，高沸点的物质不断地被冷凝，下降后回流到加热容器中，实现不同沸点物质的分离。

减压分馏通过真空水泵降低体系内部压力，物质的沸点也随之降低，可在较低温度下实现分离。

当醇羟基邻近处有两种 β-氢时，可能会生成两种不同的烯烃，一般趋于生成更稳定的多取代烯烃。常用的酸催化剂有硫酸、磷酸等。图 2-2-1 是本实验的装置示意图。

三、实验仪器与试剂

仪器设备：圆底烧瓶、蒸馏头、直形冷凝管、温度计、分液漏斗。
试剂耗材：环己醇、浓磷酸、无水硫酸钠、5%碳酸钠溶液、氯化钠、乙醚。所有化学试剂均为分析纯，且使用前未经纯化。

四、实验步骤

（1）制备粗品：在 50 mL 干燥的圆底烧瓶中加入 10 mL 环己醇（9.6 g，0.096 mol）和 1.8 mL 浓磷酸，充分振摇，混合均匀。加磁子，于磁力搅拌器上加热，用锥形瓶作接收器

（图 2-2-1）。控制加热速度使蒸馏头侧支口的温度不要超过 90 ℃，蒸馏出带水的混合物。当烧瓶中只剩下少量的残液并出现一阵阵的白雾时，即可停止加热，蒸馏时间约为 40 min。若由于季节原因实验室温度较低，可以利用锡纸保温，缩短实验时间。

（2）精制纯化：在馏出液中加入 3~4 mL 5%碳酸钠溶液中和微量酸，再加入乙醚进行萃取，得到透明的有机层。

（3）判断反应是否进行：取有机层和原料分别点板，选取乙醚为层析液，通过对比 R_f 值，确认反应进行程度及辨识产物。

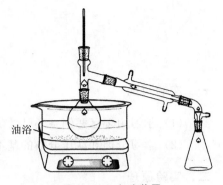

图 2-2-1　实验装置

五、注意事项

（1）环己醇在室温下为一种黏稠状液体，用量筒量取时应注意转移中的损失；加入磷酸时要注意搅拌，防止加入酸时局部酸的浓度过高。

（2）用纸巾、锡纸等进行包裹，能够保持分馏柱顶部温度。

六、思考题

（1）在分层萃取中加入有机相的最终位置和什么有关？

（2）怎样判断有机化合物的极性？怎样选取合适的层析液？

（3）在蒸馏终止前，出现的阵阵白雾是什么？

（4）写出下列醇和硫酸脱水后的产物：

① 3-甲基-1-丁醇；② 3-甲基-2-丁醇；③ 3,3-二甲基-2-丁醇。

2-3　从橙皮中提取橙油

一、实验目的

（1）学习从天然产物橙皮中提取主要成分橙油的实验原理和方法。

（2）了解并掌握水蒸气蒸馏的原理及基本操作。

二、实验原理

精油是天然植物组织经水蒸气蒸馏得到的具有一定挥发性有机成分的总称，大部分具有香味，主要组成为单萜类化合物。工业上经常用水蒸气蒸馏的方法来收集精油。橙油是一种常见的天然香精油，主要存在于柠檬、橙子和柚子等热带水果的果皮中。橙油中含有多种分子式为 $C_{10}H_{16}$ 的物质，均为无色液体，沸点和折射率都很类似，并且多具有旋光性，不溶于水，易溶于乙醇和冰醋酸。橙油的主要成分（90%以上）是柠檬烯，是一种环状单萜类化合物，结构式如图 2-3-1 所示。

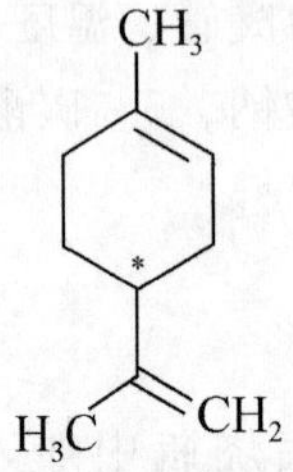

图 2-3-1　柠檬烯的分子结构式

柠檬烯的分子中有一个手性碳原子,具有光学异构体。果皮中的天然柠檬烯是 D-柠檬烯,绝对构型是 R 型。本实验中,从橙皮中提取以柠檬烯为主的橙油。首先将橙皮在水中回流,过滤后用二氯甲烷萃取,用旋转蒸发仪除去二氯甲烷,留下的残液即为橙油,分离得到的产品可以通过点板、气味等手段进行鉴定。

三、实验仪器与试剂

仪器设备:磁力搅拌器、直形冷凝管、三口烧瓶、圆底烧瓶、分液漏斗、旋转蒸发仪、锥形瓶。

试剂耗材:新鲜橙皮、二氯甲烷、无水硫酸钠。所有化学试剂均为分析纯,且使用前未经纯化。

四、实验步骤

(1) 实验装置如图 2-3-2 所示。将半个橙皮切碎,称重后置于 250 mL 三口烧瓶中,加入 150 mL 水,回流 30 min。

(2) 冷却后,可以通过抽滤除去橙皮,用 20 mL 乙醚萃取两至三次,合并萃取液,然后用 1 g 无水硫酸钠进行干燥。

(3) 滤去硫酸钠,将有机相转移至干燥且已称重的圆底烧瓶中,利用旋转蒸发仪除去乙醚,称重。以所用橙皮的质量为基准,计算橙油的回收百分率。(已知纯柠檬烯的沸点为 176 ℃)

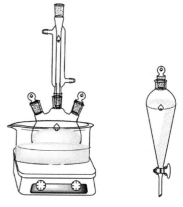

图 2-3-2 实验装置示意图

五、注意事项

产品中的有机溶剂一定要除尽,否则会影响产品的气味、纯度及产率。

六、思考题

柠檬烯在不同温度水中的溶解度分别是多少?

2-4 苯乙酮的制备

一、实验目的

(1) 掌握亲电芳香取代的原理。
(2) 学习利用傅列德尔-克拉夫茨(Friedel-Crafts)酰基化反应制备芳香酮的原理与方法。
(3) 掌握无水实验操作的基本实验技巧和要点。

二、实验原理

芳烃与卤烷作用,在有 $AlCl_3$ 等路易斯酸存在时,芳环上的氢原子被烷基取代生成烷基芳烃的反应,称为傅列德尔-克拉夫茨烷基化反应;芳烃与酰卤或酸酐作用,芳环上的氢原子被酰基取代生成芳酮的反应,称为傅列德尔-克拉夫茨酰基化反应。二者统称为傅列德尔-克拉夫茨反应,简称傅-克反应。利用这个反应可以合成乙苯:

$$\text{C}_6\text{H}_6 + CH_3CH_2Br \longrightarrow \text{C}_6\text{H}_5CH_2CH_3 + HBr$$

在烷基化反应中,反应并不会停止在烷基化阶段而得到目标产物。由于生成的烷基芳烃比芳烃更易于烷基化，还可以进一步发生反应，继续生成多烷基取代的芳烃。以苯的乙基化为例，除生成产物乙苯外，还可以生成二乙苯和三乙苯等。可以通过加入过量的苯有效提高乙苯的产率，因为反应是可逆的。

路易斯酸又称亲电子试剂，根据路易斯的酸碱电子理论对酸的定义，路易斯酸指的是可以接受电子对的物质，包括离子、原子团或分子等。由于它所包含的物质极为广泛，故路易斯酸又称广义酸。许多路易斯酸可作为傅-克反应的催化剂，如无水 $AlCl_3$、无水 $ZnCl_2$、$FeCl_3$、$SbCl_3$、$SnCl_4$、BF_3 等（属于非质子酸，在反应中是电子对的接受者，形成碳正离子，便于向苯环进攻）。在傅-克烷基化反应中，$AlCl_3$ 可以重复使用，所以 $AlCl_3$ 用量只需催化剂用量。

由傅-克酰基化反应制备苯乙酮的反应方程式：

$$\text{C}_6\text{H}_6 + (CH_3CO)_2O \xrightarrow{AlCl_3} \text{C}_6\text{H}_5COCH_3 + CH_3COOH$$

具体的反应历程：

$$(CH_3CO)_2O + AlCl_3 \longrightarrow CH_3COCl + CH_3COO\text{-}AlCl_2$$

$$CH_3COCl + AlCl_3 \rightleftharpoons CH_3C(O:AlCl_3)Cl \rightleftharpoons CH_3C^+(O^-AlCl_3)Cl$$

$$C_6H_6 + H_3C^+-C(O^-AlCl_3)-Cl \rightleftharpoons \text{[中间体]} \longrightarrow C_6H_5-C(CH_3)^+-COAlCl_3 + HCl$$

$$C_6H_5-C(CH_3)^+-COAlCl_3 \rightleftharpoons C_6H_5-C(CH_3)=O:AlCl_3 \xrightarrow[H_2O]{H^+} C_6H_5COCH_3 + Al(OH)Cl_2 + HCl$$

$$CH_3COO-AlCl_2 + H_2O \longrightarrow Al(OH)Cl_2 + CH_3COOH$$

$$Al(OH)Cl_2 + HCl \longrightarrow AlCl_3 + H_2O$$

（1）酰基化反应：苯乙酮首先与当量的 $AlCl_3$ 形成配合物，同时，副产物乙酸也与当量的 $AlCl_3$ 形成盐，反应中一分子酸酐消耗两分子以上的 $AlCl_3$。

（2）反应中形成的苯乙酮/$AlCl_3$ 配合物在无水介质中比较稳定，而有水时发生水解反应，结构会被破坏，再次析出苯乙酮。配合物不参与反应，因此，加入过量的 $AlCl_3$ 是为了保证在生成配合物后还有剩余的 $AlCl_3$ 作为催化剂参与反应。

（3）$AlCl_3$ 可以与含羰基的物质形成配合物，所以原料中的乙酸酐也能够和 $AlCl_3$ 形成配合物。另外，$AlCl_3$ 的量大时，可以使醋酸盐转变为乙酰氯，作为酰化试剂参与反应：

$$CH_3COO-AlCl_2 \longrightarrow CH_3COCl + AlOCl$$

（4）当苯过量时，苯不但作为反应试剂，也作为溶剂，因此，乙酸酐才是产率的基准试剂。

（5）酰基化反应的特点：产物纯，产量高。

傅-克酰基化反应是制备芳香酮最重要和常用的方法之一，酸酐是常用的酰化试剂，分子内的酰化反应还可用多聚磷酸（PPA）作催化剂。酰基化反应常用过量的液态芳烃、二硫化碳、硝基苯、二氯甲烷等作为反应的溶剂。该类反应一般为放热反应，通常是将酰基化试剂配成溶液后，慢慢滴加到盛有芳香族化合物的反应瓶中。

三、实验仪器与试剂

仪器设备：三口烧瓶（100 mL）、恒压滴液漏斗、磁力搅拌器、回流冷凝管、分液漏斗、蒸馏装置、旋转蒸发仪。

试剂耗材：无水三氯化铝、无水苯、乙酸酐、浓盐酸、二氯甲烷、氢氧化钠溶液（10%）、饱和食盐水、无水硫酸钠。所有化学试剂均为分析纯，且使用前未经纯化。

四、实验步骤

（1）将干燥的 10 mL 恒压滴液漏斗、回流冷凝管（上端通过一个氯化钙干燥管与氯化氢气体吸收装置相连接）和一个磨口塞与 100 mL 三口烧瓶按照图 2-4-1 所示进行连接，迅速加入 13 g（0.097 mol）粉状无水三氯化铝和 16 mL（约 14 g，0.18 mol）无水苯，于恒压滴液漏斗中加入 4 mL（约 4.3 g，0.04 mol）乙酸酐。在搅拌下，将乙酸酐缓慢滴加到三口烧瓶中，控制滴加速度以使烧瓶稍热为宜。滴加完毕后在油浴中搅拌回流，直到没有氯化氢气体逸出，反应结束。

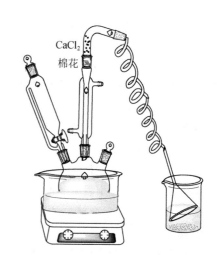

图 2-4-1　无水滴加搅拌气体吸收反应装置

（2）在通风橱中，将冷却到室温的反应混合物在搅拌下倒入装有 18 mL 浓盐酸和 30 g 碎冰的烧杯中，如果仍有固体不溶物，可补加适量浓盐酸使之完全溶解。将完全溶解的混合物通过分液漏斗利用二氯甲烷进行萃取，分出有机层，依次用 15 mL 10%氢氧化钠、15 mL 饱和食盐水洗涤，最后用无水硫酸钠干燥除水。

（3）利用旋转蒸发仪去除苯，称重，利用 TLC 计算 R_f 值，并计算产率。（已知纯苯乙酮为无色透明油状液体，沸点为 202 ℃）

五、注意事项

（1）滴加乙酸酐的时间以 10 min 为宜。

（2）无水三氯化铝的质量很重要，以呈白色粉末且开盖产生大量的烟为佳。如果大部分变黄，则表明已发生水解，不可用。

（3）吸收装置中盛有约 20%氢氧化钠溶液，防止倒吸。

（4）苯要用分子筛或无水硫酸钠处理过夜，最好用钠丝干燥 24 h。

六、思考题

（1）在傅-克酰基化反应与傅-克烷基化反应中，$AlCl_3$ 和芳烃的用量是否相同？为什么？

（2）反应完成后为什么要加入浓盐酸和碎冰的混合物？

（3）水对本实验有何影响？在仪器和操作中应注意什么？

2-5 三苯甲醇的制备

一、实验目的

(1) 掌握格氏反应的原理和进行格氏反应的条件。
(2) 了解格氏试剂的制备、应用。
(3) 掌握搅拌、回流、萃取、蒸馏等操作。
(4) 巩固无水实验的操作。

二、反应原理

格氏反应（Grignard Reaction）是有机化学中最经典、最基本、最重要的碳碳键形成反应之一，在有机合成和药物合成中发挥着举足轻重的作用。

1912年，法国化学家格利雅（Victor Grignard）因发展了有机镁试剂及其参与的反应在有机合成中的应用而获得了诺贝尔化学奖。有机镁试剂也称为格氏试剂，格氏试剂参与的反应称为格氏反应。值得一提的是，这里还体现了极性翻转的化学思想，即亲电性的卤代烷在和金属镁作用后，生成了亲核性极强的格氏试剂，可以和各种常见的亲电试剂，如醛、酮、亚胺、酯、环氧化物、二氧化碳等发生反应，应用非常广泛。

格氏试剂的制备：

(1) 格氏试剂的传统制法：卤代烃和金属镁在干燥的乙醚或四氢呋喃中制备，加热引发，有时候需要加入碘帮助引发。这也是应用最多的格氏试剂制备方法。

(2) 金属-卤素交换：如碘-镁交换，即用碘苯衍生物和异丙基格氏试剂反应就可以制得相应的苯基格氏试剂。

(3) 格氏试剂去质子化：如用乙基格氏试剂和乙炔反应制得乙炔格氏试剂。这种制备方法用得相对较少。

(4) 有些难以制备的格氏试剂还可以通过有机锂试剂和氯化镁或溴化镁发生金属交换制备。

通过格氏反应制取三苯甲醇的方法如下：

方法1：二苯甲酮与苯基溴化镁反应。

$$(C_6H_5)_2C=O \xrightarrow{C_6H_5MgBr,\ Et_2O} (C_6H_5)_3COMgBr \xrightarrow{NH_4Cl,\ H_2O} (C_6H_5)_3COH$$

方法2：苯甲酸乙酯与苯基溴化镁反应。

$$\underset{\text{二苯甲酮}}{\text{Ph}_2C=O} \xrightarrow[\text{(CH}_3\text{CH}_2)_2\text{O}]{\text{PhMgBr}} \text{Ph}_3C-\text{OMgBr} \xrightarrow{\text{NH}_4\text{Cl, H}_2\text{O}} \text{Ph}_3C-\text{OH}$$

可能发生的副反应如下：

$$\text{PhBr} + \text{PhMgBr} \xrightarrow{\text{无水乙醚}} \text{Ph-Ph}$$

三、实验仪器与试剂

仪器设备：三口烧瓶、回流冷凝管、恒压滴液漏斗、磁力搅拌器、旋转蒸发仪、真空泵、冰箱。

试剂耗材：镁屑（粉）、碘、溴苯、二苯甲酮、无水乙醚、氯化铵、乙醇、无水硫酸镁。所有化学试剂均为分析纯，且使用前未经纯化。

四、实验步骤

（1）格氏试剂——苯基溴化镁的制备。

在干燥的三口烧瓶内放入 0.75 g（0.031 mol）镁屑和一小粒碘，装上带干燥管的回流冷凝管，滴液漏斗中加入 3.4 mL（5 g 0.032 mol）溴苯和 12 mL 无水乙醚，滴加约三分之一溴苯的乙醚溶液（滴加速度保持溶液呈微沸状态，直至碘颜色消失）。继续滴加其余混合液并控制滴加速度，维持微沸状态（如果发现反应液黏稠，则补加适量乙醚）。滴加完毕后水浴加热回流半小时，使镁屑反应完全，得到苯基溴化镁。

（2）三苯甲醇的制备。

将制备好的苯基溴化镁乙醚溶液置于冰浴中，在搅拌下滴加 5.5 g（0.030 mol）二苯甲酮和 15 mL 无水乙醚的混合液。滴加完毕后将反应混合物水浴加热继续回流 0.5 h，使反应完全。在冰水浴中冷却，在搅拌下慢慢滴加 6 g 氯化铵配成的饱和水溶液（用水 22 mL）分解加成产物。

（3）后处理。

用乙醚萃取混合液，无水硫酸镁干燥有机层，过滤后进行旋转蒸发，除去乙醚，瓶中的剩余物冷却后凝为固体，抽滤收集。粗产品用乙醇和水的混合液进行重结晶，干燥后产量约 4~4.5 g。

五、注意事项

（1）所用仪器、药品必须经过严格的干燥处理。

（2）卤代烃与镁的反应很难发生，通常可以稍微加热或用一小粒碘作催化剂，以促使反应开始，但碘量不能太大。

（3）若絮状氢氧化镁未全溶，则可加入少量稀盐酸，促使其溶解。

（4）溴苯滴加速度太快，反应就会过于剧烈，增加副产物的生成。

（5）重结晶时可先将粗产品加热溶于少量乙醇中，再逐滴加入预热的水，直至溶液刚好出现浑浊为止，然后再加入一滴乙醇使浑浊消失，冷却，结晶析出，这样可以保证溶解刚好完全而不至于溶液过多影响结晶速度和晶型。

六、思考题

（1）本实验可能发生的副反应有哪些？如何避免？

（2）溴苯加得太快或一次加入对反应有什么影响？

(3) 在对格氏试剂过夜保存时须采取什么措施？在进行格氏反应时是否需要特殊保护？
(4) 试述碘在本反应中的作用。
(5) 在制备苯基溴化镁时，为什么溴苯不宜加入过快？
(6) 在制备三苯甲醇时，加入饱和氯化铵溶液的目的是什么？
(7) 反应结束，可用哪些方法除去未反应完的溴苯及副产物？

2-6 二苄叉丙酮的制备

一、实验目的

(1) 学习羟醛缩合反应增长碳链的基本原理和实验操作方法。
(2) 学习利用反应物的投料比控制反应物、利用衍生物来鉴别羰基化合物的方法。

二、实验原理

具有 α-H 的醛在稀碱催化下生成碳负离子，然后碳负离子作为亲核试剂对醛（或酮）进行亲核加成，生成 β-羟基醛，β-羟基醛受热脱水成不饱和醛。在稀碱或稀酸的作用下，两分子的醛（或酮）可以互相作用，其中一个醛（或酮）分子中的 α-H 加到另一个醛（或酮）分子的羰基氧原子上，其余部分加到羰基碳原子上，生成一分子 β-羟基醛（或一分子 β-羟基酮）。这个反应叫作羟醛缩合或醇醛缩合（Aldol Condensation）反应。通过醇醛缩合，可以在分子中形成新的碳碳键，并增长碳链。

将有 α-H 的酮滴加到无 α-H 的醛中可以得到 α,β-不饱和醛（或酮），这种交叉的羟醛缩合称为克莱森-施密特反应。这是合成侧链上含两种官能团的芳香族化合物及含几个苯环的脂肪族体系中间体的重要方法。在苯甲醛和丙酮的交叉羟醛缩合反应中，可以通过改变反应物的投料比得到两种不同产物：

$$\text{PhCHO} + \text{CH}_3\text{COCH}_3 \longrightarrow \text{PhCH=CHCOCH}_3 + \text{H}_2\text{O}$$

$$2\,\text{PhCHO} + \text{CH}_3\text{COCH}_3 \longrightarrow \text{PhCH=CHCOCH=CHPh} + 2\text{H}_2\text{O}$$

在机理上，羟醛缩合是碳负离子对羰基碳的亲核加成。醛（或酮）分子中的羰基结构使 α-碳原子上的氢原子具有较大的活性，在酸性催化剂作用下，羰基氧原子质子化，增强了羰基的诱导作用，促进 α-H 解离生成烯醇。

酸催化的反应机理：

在碱性催化剂作用下，α-碳原子失去氢原子形成碳负离子共振杂化物，达到平衡后生成烯醇盐。

碱催化的反应机理：

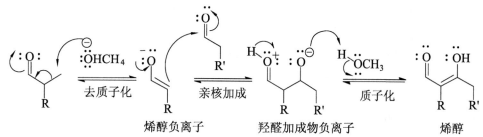

烯醇盐紧接着与另一分子醛（或酮）的羰基进行亲核加成，形成新的碳-碳单键，得到 β-羟基醛（或酮）。由于 α-H 比较活泼，含有 α-H 的 β-羟基醛（或酮）很容易失去一分子水，形成具有更加稳定共轭双键结构的 α,β-不饱和醛（或酮）。

酸催化的脱水机理：

碱催化的脱水机理：

催化剂可以通过催化过程使得目的产物的选择性达到工业应用的要求。对于反应所使用的催化剂，根据其所具有的酸碱活性中心，可分为酸性催化剂、碱性催化剂、酸碱催化剂。

常用的酸性催化剂有 $(VO)_2P_2O_7$、铌酸和 MFI 沸石等。在酸性催化剂的阳离子活性中心（Bronsted 酸中心或 Lewis 酸中心），醛羰基活化形成烯醇正碳离子从而发生缩合反应。

羟醛缩合反应中经常采用的碱性催化剂包括碱性化合物、有机胺类化合物及阴离子交换树脂等。

三、实验仪器与试剂

仪器设备：磁力搅拌器、圆底烧瓶、布氏漏斗、锥形瓶、抽滤瓶、烧杯、表面皿。

试剂耗材：苯甲醛、丙酮、冰醋酸、稀盐酸、10％氢氧化钠溶液、5％氢氧化钠溶液、95％乙醇、氯化钠。所有化学试剂均为分析纯，且使用前未经纯化。

四、实验步骤

（1）二苄叉丙酮的制备。

① 将 2.7 mL（0.025 mol）苯甲醛（新蒸馏）、0.9 mL（0.012 5 mol）丙酮、20 mL 95％乙醇、25 mL 10％氢氧化钠溶液在搅拌下依次加入烧杯中。

② 继续搅拌 20～30 min，抽滤。

③ 用水洗涤一次，再用 1 mL 冰醋酸和 25 mL 95％乙醇组成的混合液浸泡、洗涤，再用水洗涤一次并抽干。

④ 烘干后称重，计算产率。

纯二苄叉丙酮为淡黄色松散的片状晶体，熔点为 110 ℃～111 ℃（113 ℃分解）。

（2）苄叉丙酮的制备。

① 将 3.5 mL 苯甲醛、6 mL 丙酮、8.5 mL 水在搅拌下依次加入圆底烧瓶中。

② 在搅拌下滴加 2 mL 5％氢氧化钠溶液（25 ℃～30 ℃），温度不宜过高。

③ 滴加完后，继续搅拌 30～45 min。

④ 用稀盐酸中和至中性（大约加 5～6 滴）。

⑤ 加少量氯化钠（盐析，增大水相溶液的密度，易于分层）。

⑥ 用分液漏斗分离出苄叉丙酮（呈黄色油状）。

五、注意事项

（1）若最终浓缩前溶液颜色不是淡黄色而是棕红色，可加入少量活性炭进行脱色。

（2）烘干温度应控制在 50 ℃～60 ℃，以免产品熔化或分解。

（3）苯甲醛及丙酮的量应准确量取，搅拌不能太剧烈。

六、思考题

（1）本实验中可能发生的反应有哪些？

（2）碱的浓度偏高对反应有什么影响？

（3）生成二苄叉丙酮和苄叉丙酮的反应条件及产物有什么区别？

（4）二苄叉丙酮进行重结晶的方法有哪些？

（5）若反应生成的产品呈红棕色，可采用什么处理方法？

2-7　柱层析

一、实验目的

（1）了解偶氮苯的光学异构反应，深入理解光化学反应的机理。

（2）了解柱层析分离有机化合物的原理，掌握层析柱装填和洗脱的操作方法。

二、实验原理

偶氮苯是一种芳香偶氮化合物，是众多偶氮染料的母体结构。偶氮苯含有的两个苯基分别与偶氮基—N＝N—两端相连。偶氮苯有顺（Z）、反（E）两种异构体。顺式异构体为橙红色片状晶体，不稳定，在加热或可见光照射下能够变成反式异构体。反式异构体为橙红色棱形晶体，蒸气呈深红色，溶于乙醇、乙醚、醋酸和水。反式异构体的热力学性质稳定。溶解的偶氮苯在一定强度的紫外光的照射下，不稳定的顺式异构体逐渐增加，直至达到平衡，形成一种顺、反异构体的混合物，这种光致异构是很多偶氮类功能材料光化学响应的基础。具体过程如下：

柱层析和薄层层析是类似的分离方式，其原理相同，均属于固-液吸附色谱。玻璃管中装入的粉末作为固定相，待分离的溶液作为流动相在重力作用下流经固定相时，不同物质对溶剂和吸附剂的亲和力不同，因而被吸附的程度不同，流动速度产生差异，使不同极性的化合物得以分离。原材料中的靛红与偶氮苯在极性上具有较大差异，可以使用极性适中的展开剂，通过柱层析将二者分离。

柱层析常用的吸附剂有氧化铝、硅胶、氧化镁、碳酸钙及活性炭等。吸附剂要求颗粒大小均匀，颗粒越细，分离效果越佳，但此时洗脱阻力会增大，所以要选择颗粒大小合适的吸附剂。氧化铝分酸性、中性和碱性三种，本实验使用中性氧化铝。

化合物的吸附能力与它的极性成正比，具有较大极性基团的化合物，其在吸附剂上吸附能力较强。氧化铝对各化合物的吸附性按以下次序递减：酸＞醇、胺、硫醇＞酯、醛、酮＞烃＞卤化物、醚＞烯＞饱和烃。强吸附性的化合物要用强极性溶剂来洗脱。

作为洗脱剂的溶剂要求其具有一定极性，适合于被分离物分离，体积尽量要小，此外要求易挥发、易除去（乙醚等挥发性太大的溶剂不适合）。洗脱剂的极性按下列次序递增：己烷或石油醚＜环己烷＜四氯化碳＜三氯乙烯＜二硫化碳＜甲苯＜苯＜二氯甲烷＜氯仿＜乙醚＜乙酸乙酯＜丙酮＜丙醇＜乙醇＜甲醇＜水＜吡啶＜乙酸。

三、实验仪器与试剂

仪器设备：柱色谱硅胶（200~300 目）、锥形瓶、毛细管、层析柱、量筒、展缸。

试剂耗材：乙酸乙酯、二氯甲烷、石油醚、硅胶、靛红与偶氮苯的均匀混合物（使用前需在窗台日照一周）。所有化学试剂均为分析纯，且使用前未经纯化。

四、实验步骤

（1）将层析柱固定在铁架台上，一定要保持柱子竖直。

（2）在烧杯中加入硅胶（SiO_2），加入石油醚溶解，用搅拌棒搅动除去气泡。在层析柱的下方放置一个锥形瓶，以收集流下的液体。加入少量洗脱剂于层析柱中。

（3）打开层析柱活塞，控制溶剂下流、浸润隔板，然后关闭活塞。加入硅胶悬浊液，并用少量溶剂洗去内壁上残余的硅胶。用洗耳球敲击玻璃管，使硅胶下沉、填装均匀，保证硅胶最上层成均匀平面，然后用漏斗缓慢沿柱子侧壁在硅胶表面覆盖一层海砂（注意：不要破坏硅胶的上平面）。放掉海砂上层多余溶剂，关闭活塞备用。

（4）用滴管沿柱子侧壁加入靛红与偶氮苯混合物的溶液。打开活塞，使溶剂液面降至海砂表面，然后关闭活塞。再用少量的展开剂冲洗黏附在柱壁上的液滴，打开活塞，放出一定的溶剂。重复操作，直到将所有化合物冲到硅胶里面。

（5）沿侧壁加入大量的洗脱剂，打开活塞放出溶剂，用洗耳球和真空活塞加压保持一定的流速，观察色带的形成和分离。

（6）在第一个有色带到达柱底没有流出之前，换干净的锥形瓶收集全部色带。继续洗脱并收集于另一个锥形瓶中，当第二个有色带到达柱底时，换干净的锥形瓶收集全部色带。

（7）采用 TLC 对分离得到的两种溶液和原料溶液进行比对分析，通过计算 R_f 值总结分离效果。将硅胶倒入指定的废物桶中，并洗净层析柱。

五、思考题

（1）靛红与偶氮苯的极性哪一个较强？为什么？

（2）柱层析时柱中若留有空气或者硅胶上沿不平，对分离效果有什么影响？可以采取什么操作来避免？

（3）偶氮苯在光照时发生异构化的机理是什么？

2-8 硼氢化钠还原苯乙酮

一、实验目的

(1) 掌握硼氢化钠还原苯乙酮合成外消旋体 1-苯乙醇的反应原理和实验方法。
(2) 学习采用薄层色谱快速监测反应过程的方法。
(3) 熟练掌握色谱柱纯化的方法。

二、实验原理

金属氢化物在现代有机化学中是一种非常重要的还原试剂，具有对反应条件要求温和、副反应少及产物产率高的优点，尤其是某些烃基取代的金属化合物显示出了对官能团的高度选择性和较好的立体选择性。最常用的金属氢化物为氢化铝锂（$LiAlH_4$）、硼氢化钾（钠、锂）[$K(Na、Li)BH_4$]。其中，$NaBH_4$ 反应条件温和、价格便宜，因此在有机还原反应中得到了广泛应用。AlH_4^- 和 BH_4^- 具有亲核性，可向极性不饱和键中带正电的碳原子进攻，继而发生负离子转移而进行还原。由于 AlH_4^- 和 BH_4^- 都有四个可供转移的负离子，还原反应可逐步进行，在理论上 1 分子的氢化铝锂或硼氢化钠可以还原 4 分子的羰基化合物。

本实验是用硼氢化钠还原醛（或酮），是一种最直接和通常能得到高产率的醇的方法。硼氢化钠与苯乙酮的反应是放热反应，所以逐滴加入苯乙酮并且用冰水浴控制反应温度很重要。因为氢气是逐渐产生的，所以用酸处理时要在通风良好的房间中进行。反应路线如下：

$$\underset{}{\text{C}_6\text{H}_5\text{COCH}_3} + NaBH_4 \xrightarrow{CH_3CH_2OH} [\underset{}{\text{C}_6\text{H}_5\text{CH}(CH_3)O}]_4 B^- Na^+ \xrightarrow{H_2O/HCl} 4\ \underset{}{\text{C}_6\text{H}_5\text{CH}(OH)CH_3} + H_3BO_3$$

由于反应溶剂乙醇是水溶性的，过多产物将溶解在含水乙醇层中，仅通过水和乙醚完全提取分离有机和无机产物是无法实现的。为了避免这种现象，后处理的第一步就是蒸掉过多的乙醇。当大部分乙醇被移除时，产品苯乙醇随后也被蒸出。由于苯乙醇的沸点较高，减压蒸馏比较合适。

三、实验仪器与试剂

仪器设备：磁力搅拌器、三口烧瓶、量筒、锥形瓶、分液漏斗、层析柱、层析缸。

试剂耗材：苯乙酮、硼氢化钠、柱色谱硅胶（200～300 目）、乙醇。所有化学试剂均为分析纯，且使用前未经纯化。

四、实验步骤

(1) 将 0.5 g 硼氢化钠加入 100 mL 三口烧瓶中，并加入 10 mL 95％乙醇，搅拌至固体溶解。冰水浴中通过滴液漏斗滴加 4.0 g 苯乙酮。

(2) 将滴液漏斗中的苯乙酮与 3 mL 乙醇的混合溶液缓慢滴入硼氢化钠的乙醇溶液中，同时开启磁力搅拌器，持续缓慢搅拌混合体系。控制冰浴温度低于 10 ℃。随着苯乙酮的滴入，有白色沉淀产生，滴加时间控制在 30 min。滴加完成后，将反应体系在室温下继续搅拌 15 min。

(3) 室温反应结束后，采用薄层层析监测反应体系的反应程度，展开剂乙酸乙酯∶石油醚＝1∶8。当薄层层析检测到原料消失后，浓缩除去乙醇，分别加入 20 mL 乙酸乙酯和 15 mL 10％HCl 水溶液萃取。最后有机相用 10 mL 饱和食盐水洗涤后，再用无水硫酸钠干燥。

（4）过滤浓缩后，通过硅胶柱，洗脱剂可以为乙酸乙酯和乙醚的混合液，调整比例进行分离纯化。

五、思考题

为什么反应温度不能够高于 50 ℃？

参考文献

[1] 荣国斌，苏克曼. 大学有机化学基础 [M]. 上海，北京：华东理工大学出版社，化学工业出版社，2000.

[2] 王玉兰. 实验室提取橙油的两种方法 [J]. 内蒙古石油化工，2012 (11)：18.

[3] 陈才元，龚楚儒，胡胜利，等. 苯乙酮制备实验的探讨与改进 [J]. 湖北师范学院学报：自然科学版，1999 (2)：90—93.

[4] 李公春，孙婷，曹义春，等. 三苯甲醇制备实验的改进 [J]. 实验室科学，2010，13 (1)：93—94.

[5] 陆新华，邹建平，卞国庆，等. 二苄叉丙酮制备实验的改进 [J]. 实验室科学，2009 (6)：68—70.

[6] 钟建华，蒋济隆，陈家威，等. 聚合物支载的硼氢化钠还原剂系统对苯乙酮的不对称还原 [J]. 有机化学，1992 (3)：290—293.

第三章

电化学基础实验

3-1 循环伏安法测定铁氰化钾在玻碳电极上的氧化还原特性

一、实验目的

(1) 学习并理解电极可逆反应的发生条件和判断依据。
(2) 学习电化学循环伏安法测定氧化还原特性的基本原理和方法。
(3) 熟悉电化学工作站的使用,并根据所测数据验证并判断电极反应。

二、实验原理

循环伏安法(Cyclic Voltammetry,CV)是在工作电极上加上对称的三角波扫描电位信号(图 3-1-1),即从起始电位 E_0 开始扫描到终止电位 E_1,再回扫至起始电位 E_0,通过软件记录得到相应的电流-电位 (i-E) 曲线的方法。从图 3-1-2 中可以看到,在三角波扫描的前半部记录的是峰形的阴极波,而后半部记录的是峰形的阳极波。

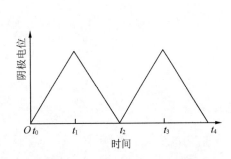

图 3-1-1 三角波扫描电位曲线

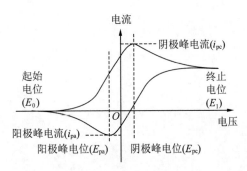

图 3-1-2 循环伏安曲线

从起始电位 E_0 开始扫描到终止电位 E_1,物质在电极上完成一个还原-氧化循环,从记录得到的循环伏安曲线(图 3-1-2)的波形、峰电位(E_{pc} 和 E_{pa})和峰电流(i_{pc} 和 i_{pa})可以对电极反应的机理进行判断。

循环伏安法已在电化学、无机化学、有机化学和生物化学的研究中得到了广泛应用。循环伏安法是一种十分常见的近代电化学测量技术,能够迅速地观察到所研究体系在广泛电位范围内的氧化还原行为。通过对循环伏安曲线的分析,可以判断电极反应产物的稳定性,它不仅可以发现中间状态产物并加以鉴定,而且可以知道中间状态是在什么电位区间及其稳定性,还可以研究电极反应的可逆性。电极反应可逆性的判断依据如表 3-1-1 所示。

表 3-1-1 电极反应可逆性的判断依据

类别	可逆 O+ne⁻ ⇌ R	准可逆	不可逆 O+ne⁻ ⟶ R
峰电位（E_p）响应的性质	E_p 与 v 无关，ΔE_p 较小	接近可逆过程，具有氧化峰和还原峰，E_p 随 v 改变发生移动	通常为单峰，无回扫峰；E_p 会随 v 改变而发生移动；两峰电位之差相距越大，表明不可逆程度越大
峰电流（i_p）函数的性质	i_p 与 $v^{\frac{1}{2}}$ 成线性关系	i_p 随 v 增大而增大，仍正比于 $v^{\frac{1}{2}}$	i_p 与 $v^{\frac{1}{2}}$ 成线性关系，但是比例系数小于可逆反应
两峰电流（i_{pa}/i_{pc}）之比	$i_{pa}/i_{pc} \approx 1$，与 v 无关	i_{pa}/i_{pc} 大于或小于 1	i_{pa}/i_{pc} 明显大于或小于 1

注：O 为电解液中物质存在的氧化态，R 为电解液中物质存在的还原态，v 为扫描速度，ΔE_p 为阴极峰和阳极峰电位之差，i_{pa} 为阳极峰电流，i_{pc} 为阴极峰电流。

如果在测定时溶液中被测样品浓度非常低，为了维持一定的电流，常在溶液中加入一定浓度的惰性电解质，如 KCl、KNO_3、$NaClO_4$ 等。如图 3-1-3 所示是在 KNO_3（0.4 mol·L⁻¹）的电解质溶液中，$K_3[Fe(CN)_6]$（5.0×10⁻⁴ mol·L⁻¹）在 Pt 工作电极上电化学反应得到的结果。扫描速度为 10 mV·s⁻¹，铂电极面积为 2.6 mm²。

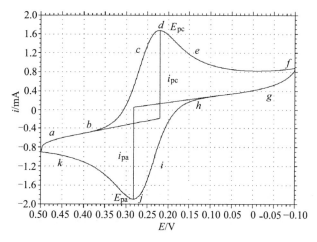

图 3-1-3 典型的循环伏安图

从图 3-1-3 可见，起始电位 E_0 为 +0.5 V（a 点），电位比较正的目的是避免电极接通后 $[Fe(CN)_6]^{3-}$ 发生电解。然后沿负电位扫描，当电位至 $[Fe(CN)_6]^{3-}$ 可还原时，即还原电位，将产生阴极电流（b 点），其电极反应为 $[Fe(CN)_6]^{3-} + e^- = [Fe(CN)_6]^{4-}$。随着电位变负，阴极电流迅速增加（$bcd$），直至电极表面的 $[Fe(CN)_6]^{4-}$ 浓度趋近于零，电流在 d 点达到最高峰，然后迅速衰减（def），这是因为电极表面附近溶液中的 $[Fe(CN)_6]^{3-}$ 几乎全部因电解转变为 $[Fe(CN)_6]^{4-}$ 而耗尽，即所谓的贫乏效应。当电压扫描至 -0.10 V（g 点）处，虽然已经转向开始阳极化扫描，但这时的电极电位仍相当负，扩散至电极表面的 $[Fe(CN)_6]^{3-}$ 仍在不断地还原，故仍呈现阴极电流，而不是阳极电流。当电极电位继续正向变化至 $[Fe(CN)_6]^{2-}$ 的析出电位时，聚集在电极表面附近的还原产物 $[Fe(CN)_6]^{4-}$ 被氧化，其反应为 $[Fe(CN)_6]^{4-} - e^- = [Fe(CN)_6]^{3-}$，这时产生阳极电流（$ijk$）。阳极电流随着扫描电位正移迅速增加，当电极表面的 $[Fe(CN)_6]^{4-}$ 浓度趋近于零时，阳极电流达到峰值（j 点）。扫描电位继续正移，电极表面附近的 $[Fe(CN)_6]^{4-}$ 耗尽，阳极电流衰减至最小（k 点）。当电位扫至 +0.5 V 时，完成一次循环，即得循环伏安图。

简而言之，在正向扫描（电位变负，阴极向扫描）时，$[Fe(CN)_6]^{3-}$ 在电极上还原产生阴极电流，从而指示电极表面附近其浓度变化信息。在反向扫描（电位变正，阳极向扫描）时，产生的 $[Fe(CN)_6]^{4-}$ 重新氧化产生阳极电流，从而指示其是否存在和变化。因此，循环伏安法能循序提供电活性物质电极反应过程的可逆性、化学反应历程、电极表面吸附等许多信息。

从循环伏安图中可得到的几个重要参数：阳极峰电流（i_{pa}）、阴极峰电流（i_{pc}）、阳极峰电位（E_{pa}）和阴极峰电位（E_{pc}）。测量确定 i_p 的方法：沿着基线作切线外推至峰下，从峰顶作垂线至切线，其间高度即为 i_p（图 3-1-2）。E_p 可直接从横轴与峰顶对应处读取。

可逆氧化还原电对的电位 E_θ，可由下式求解：

$$E_\theta = \frac{E_{pa} + E_{pc}}{2} + \frac{0.029}{n} \lg \frac{D_O}{D_R}$$

两峰之间的电位差值（ΔE_p）可由下式求得：

$$\Delta E_p = E_{pa} - E_{pc} \approx \frac{59}{n}$$

对可逆体系的正向峰电流，由 Randles-Savick 方程可表示为

$$i_p = 2.69 \times 10^5 A n^{\frac{3}{2}} D^{\frac{1}{2}} v^{\frac{1}{2}} c^{\frac{1}{2}}$$

式中，i_p 为峰电流，A 为电极面积（cm^2）；n 为电子转移数，D 为扩散系数（$cm^2 \cdot s^{-1}$），c 为被测物质浓度（$mol \cdot L^{-1}$），v 为扫描速度（$V \cdot s^{-1}$）。根据上式，i_p 与 $v^{\frac{1}{2}}$ 成线性关系，对研究电极反应过程具有重要意义。

三、实验仪器与试剂

仪器设备：电化学工作站（苏州瑞斯特 RST4800 型）、三电极电解池测试装置、玻碳电极、Ag/AgCl 电极（或饱和甘汞电极）、铂电极。

试剂耗材：1.0×10^{-3} mol·L^{-1} $K_3[Fe(CN)_6]$ 溶液（含 0.2 mol·L^{-1} KNO_3）。所有化学试剂均为分析纯，且使用前未经纯化。

四、实验步骤

（1）选择仪器实验方法：电位扫描技术——循环伏安法。

（2）参数设置：初始电位为 0.60 V；开关电位 1 为 0.60 V；开关电位 2 为 -0.20 V；等待时间为 3~5 s；扫描速度根据实验需要设定；循环次数为 2~3 次；灵敏度选择 10 μA；滤波参数为 50 Hz；放大倍数为 1。

（3）操作步骤：

① 以 $K_3[Fe(CN)_6]$ 溶液为实验溶液，分别设定扫描速度为 0.02 V·s^{-1}、0.05 V·s^{-1}、0.10 V·s^{-1}、0.20 V·s^{-1}、0.30 V·s^{-1}、0.40 V·s^{-1}、0.50 V·s^{-1} 和 0.60 V·s^{-1}，记录扫描伏安图，并将实验结果填入表 3-1-2。

表 3-1-2　线性扫描伏安法的测量

扫描速度/(V·s^{-1})	0.02	0.05	0.10	0.20	0.30	0.40	0.50	0.60
峰电流（i_p）/mA								
峰电位（E_p）/V								

② 配制系列浓度的 $K_3[Fe(CN)_6]$ 溶液（含 0.2 mol·L^{-1} KNO_3）：1.0×10^{-3} mol·L^{-1}，2.0×10^{-3} mol·L^{-1}，4.0×10^{-3} mol·L^{-1}，6.0×10^{-3} mol·L^{-1}，8.0×10^{-3} mol·L^{-1}，1.0×10^{-2} mol·L^{-1}。固定扫描速度为 0.10 V·s^{-1}，记录各溶液的扫描伏安图，将实验结果填入表 3-1-3。

表 3-1-3　不同浓度溶液的峰电流的测量

浓度/(mol·L^{-1})	1.0×10^{-3}	2.0×10^{-3}	4.0×10^{-3}	6.0×10^{-3}	8.0×10^{-3}	1.0×10^{-2}
峰电流（i_p）/mA						

③ 以 1.0×10^{-3} mol·L^{-1} K$_3$[Fe(CN)$_6$] 溶液为实验溶液，改变扫描速度，将实验结果填入表 3-1-4。

表 3-1-4　不同扫描速度下的峰电流之比和峰电位之差的测量

扫描速度/(V·s^{-1})	0.02	0.05	0.10	0.20	0.30	0.40	0.50	0.60
峰电流之比（$\|i_{pc}/i_{pa}\|$）								
峰电位之差（ΔE_p）/V								

五、数据处理

(1) 将表 3-1-2 中的峰电流对扫描速度 v 的 1/2 次方作图（i_p-$v^{\frac{1}{2}}$），将得到一条直线，试解释。
(2) 将表 3-1-2 中的峰电位对扫描速度作图（E_p-v），并根据曲线解释电极过程。
(3) 将表 3-1-3 中的峰电流对浓度作图（i_p-c），将得到一条直线，试解释。
(4) 表 3-1-4 中的峰电流之比几乎不随扫描速度的变化而变化，并且接近于 1，试解释。
(5) 以表 3-1-4 中的峰电位之差对扫描速度作图（ΔE_p-v），并根据曲线说明可以得出什么结论。

六、注意事项

(1) 实验前电极表面要处理干净。
(2) 为了使液相传质过程只受扩散控制，应加入电解质，并在溶液处于静止状态下进行电解。
(3) 每次扫描前，为使电极表面恢复初始状态，应将电极提起后再放入溶液中，或将溶液搅拌，等溶液静止后再扫描。
(4) 避免电极夹头互碰导致仪器短路。
(5) CN$^-$ 遇酸形成 HCN，HCN 有剧毒，在使用时务必小心。

七、思考题

(1) 铁氰化钾的浓度与峰电流 i_p 是什么关系？峰电流与扫描速度又有什么关系？
(2) K$_3$[Fe(CN)$_6$] 和 K$_4$[Fe(CN)$_6$] 溶液的循环伏安图是否相同？为什么？
(3) 若实验中测得的 ΔE_p 值与文献值有差异，试分析原因。

3-2　单质铁的极化曲线测定

一、实验目的

(1) 掌握恒电位法测定电极极化曲线的原理和实验技术。
(2) 了解 Cl$^-$、缓蚀剂等因素对铁电极极化的影响。
(3) 了解极化曲线在金属腐蚀与防护中的应用。

二、实验原理

(1) 铁的极化曲线测定。

金属的电化学腐蚀是金属与介质接触时所发生的自溶解过程。例如：

$$Fe \longrightarrow Fe^{2+} + 2e^- \tag{3-2-1}$$

$$2H^+ + 2e^- \longrightarrow H_2 \tag{3-2-2}$$

Fe 不断被溶解，同时产生 H_2。Fe 电极、H_2 电极及 H_2SO_4 溶液构成了腐蚀原电池，其腐蚀反应为

$$Fe + 2H^+ \longrightarrow Fe^{2+} + H_2 \uparrow \qquad (3\text{-}2\text{-}3)$$

这就是 Fe 在酸性溶液中不断被腐蚀的原因。

当电极不与外电路接通时，其净电流为零。Fe 溶解的阳极电流 I_{Fe} 与 H_2 析出的阴极电流 I_H 在数值上相等，但方向相反，即 $I_{corr} = I_{Fe} = -I_H \neq 0$。其中，$I_{corr}$ 为 Fe 在 H_2SO_4 溶液中的自腐蚀电流。I_{corr} 对应的电位 E_{corr} 称为 Fe/H_2SO_4 体系的自腐蚀电位。

如图 3-2-1 所示，ra 为阴极极化曲线。当对电极进行阴极极化，即加比 E_{corr} 更负的电位时，反应（3-2-1）受到抑制，而反应（3-2-2）开始加速，电化学过程以析出 H_2 为主，这种效应称为"阴极保护"。塔菲尔（Tafel）半对数关系为

$$\eta_H = a_H + b_H \lg\left(\frac{I_H}{A}\cdot cm^{-2}\right) \qquad (3\text{-}2\text{-}4)$$

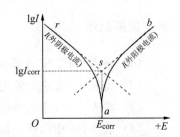

图 3-2-1　铁的极化曲线

图 3-2-1 中 ab 为阳极极化曲线。当对电极进行阳极极化，即加比 E_{corr} 更正的电位时，反应（3-2-2）受到抑制，反应（3-2-1）加速，电化学过程以 Fe 溶解为主，此过程符合以下关系：

$$\eta_{Fe} = a_{Fe} + b_{Fe} \lg\left(\frac{I_{Fe}}{A}\cdot cm^{-2}\right) \qquad (3\text{-}2\text{-}5)$$

（2）铁的钝化曲线测定。

如图 3-2-2 所示，abc 段是 Fe 的正常溶解，生成 Fe^{2+}，称为活化区。cd 段称为活化钝化过渡区。对应于 c 点的电流称为致钝电流，电位称为致钝电位。de 段的电流称为维钝电流，此段电极处于比较稳定的钝化区，Fe^{2+} 与溶液中的 SO_4^{2-} 形成 $FeSO_4$ 沉淀层，能够阻滞阳极反应，由于 H^+ 不容易到达 $FeSO_4$ 层内部，使 Fe 表面的 pH 增大，Fe_2O_3、Fe_3O_4 开始在 Fe 表面生成，形成了致密的氧化膜，极大地阻碍了 Fe 的继续溶解，因而出现钝化现象。ef 段称为过钝化区。

在如图 3-2-3 所示的恒电位法原理示意图中，W 表示研究电极，C 表示辅助电极，r 表示参比电极。参比电极和研究电极组成原电池，可确定研究电极的电位。辅助电极与研究电极组成电解池，使研究电极处于极化状态。

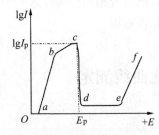 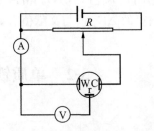

图 3-2-2　铁的钝化曲线　　图 3-2-3　恒电位法原理示意图

在实际测量中，常采用的恒电位法有下列两种：

静态法：将电极电位较长时间地维持在某一恒定值，同时测量电流密度随时间的变化，直到电流基本上达到某一稳定值。如此逐点地测量在各个电极电位下的稳定电流密度值，就可以获得完整的极化曲线。

动态法：控制电极电位以较慢的速度连续地扫描，同时测量对应电位下的瞬时电流密度，并以瞬时电流密度值与对应的电位作图，就可以得到整个极化曲线。所采用的扫描速度根据研究体系的性质选定。一般说来，电极表面建立稳态的速度越慢，则扫描速度也应越慢，才能使测得的极化曲线与采用静态法测得的结果相接近。

三、实验仪器与试剂

仪器设备：电化学工作站（苏州瑞斯特 RST4800 型）、三电极电解池测试装置、硫酸亚汞电极、Fe 电极、Pt 片电极。

试剂耗材：0.1 mol·L^{-1} H$_2$SO$_4$ 溶液、1.0 mol·L^{-1} H$_2$SO$_4$ 溶液、1.0 mol·L^{-1} HCl 溶液、乌洛托品（缓蚀剂）。所有化学试剂均为分析纯，且使用前未经纯化。

四、实验步骤

（1）电极处理：用金相砂纸将铁电极表面打磨平整光亮，用蒸馏水清洗，再用滤纸吸干残留的水。每次测量前都需要重复此步骤。

（2）测定极化曲线：

① 打开 RST4800 电化学工作站窗口。

② 安装电极，使电极进入电解质溶液中。将绿色夹头夹 Fe 电极，红色夹头夹 Pt 片电极，黄色夹头夹参比电极。

③ 测定开路电位。选中电化学实验方法中的"开路电位 E-t 曲线"实验技术，双击选择参数，可用仪器默认值，单击"确认"。单击"▶"开始实验，测得的开路电位即为电极的自腐蚀电位 E_{corr}。

④ 开路电位稳定后，测电极极化曲线。选中"塔菲尔图"，双击。为使 Fe 电极的阴极极化、阳极极化、钝化、过钝化全部表示出来，初始电位设为 −1.0 V，终止电位设为 2.0 V，扫描速度设为 0.1 V·s^{-1}，其他可用仪器默认值，极化曲线自动画出。

（3）按步骤（1）（2）分别测定 Fe 电极在 0.1 mol·L^{-1} 和 1.0 mol·L^{-1} H$_2$SO$_4$ 溶液、1.0 mol·L^{-1} HCl 溶液及含 1% 乌洛托品的 1.0 mol·L^{-1} HCl 溶液中的极化曲线。

五、数据处理

（1）分别求出 Fe 电极在不同浓度的 H$_2$SO$_4$ 溶液中的自腐蚀电流密度、自腐蚀电位、钝化电流密度及钝化电位范围，分析 H$_2$SO$_4$ 浓度对 Fe 钝化的影响。

（2）分别计算 Fe 在 HCl 及含缓蚀剂的 HCl 介质中的自腐蚀电流密度及按下式换算成的腐蚀速率：

$$v = 3\,600\frac{Mi}{nF} \tag{3-2-6}$$

式中，v 为腐蚀速率（g·m^{-2}·h^{-1}），M 为 Fe 的摩尔质量（g·mol^{-1}），i 为钝化电流密度（A·m^{-2}），F 为法拉第常数（C·mol^{-1}），n 为发生 1 mol 电极反应得失电子的物质的量。

六、思考题

（1）平衡电极电位、自腐蚀电位有什么区别？

（2）分析 H$_2$SO$_4$ 浓度对 Fe 钝化的影响。比较盐酸溶液中加和不加乌洛托品时 Fe 电极上自腐蚀电流的大小。Fe 在盐酸中能否钝化？为什么？

（3）测定钝化曲线为什么不采用恒电流法？

（4）如果对某种体系进行阳极保护，首先必须明确哪些参数？

3-3 镍电沉积实验

一、实验目的

(1) 熟悉梯形结构的镀槽（Hull 槽）的基本工作原理、实验操作和结果分析方法。

(2) 掌握金属电沉积的基本原理和基本研究方法。

(3) 试验添加剂糖精、苯亚磺酸钠、镍光亮剂 XNF 和十二烷基硫酸钠对电沉积光亮镍的影响。

二、实验原理

电沉积是用电解的方法在导电基底的表面上沉积一层具有所需形态和性能的金属沉积层的过程。传统上电沉积金属的目的主要是改变基底表面的特性，改善基底材料的外观、耐腐蚀性和耐磨性。现在，电沉积已广泛应用于制备半导体、磁膜材料、催化材料、纳米材料等功能性材料和微机电加工领域。

具体的电沉积过程是由外部电源提供的电流通过插入镀液中两个电极（阴极和阳极）形成闭合回路。当电流通过电解液时，在阴极上发生金属离子的还原反应，同时在阳极上发生金属的氧化反应（可溶性阳极）或溶液中某些化学物质（如水）的氧化反应（不溶性阳极）。其反应一般表示如下：

阴极反应：$M^{n+} + ne^- \rightleftharpoons M$

副反应：$2H^+ + 2e^- \rightleftharpoons H_2$（酸性镀液）

$2H_2O + 2e^- \rightleftharpoons H_2 + 2OH^-$（碱性镀液）

当镀液中有添加剂时，添加剂也可能在阴极上发生反应。

阳极反应：$M - ne^- \rightleftharpoons M^{n+}$（可溶性阳极）

或 $2H_2O - 4e^- \rightleftharpoons O_2 + 4H^+$（不可溶性阳极，酸性）

镀液的组成（如涉及的金属离子、导电盐、配合剂及添加剂的种类和浓度等）、电沉积的电流密度、镀液酸碱度、镀液的温度甚至镀液的搅拌情况等因素对沉积层的结构和性能都有着很大的影响。通过确定镀液组成和沉积条件，能够保证电镀制备出具有物理、化学性质一致的沉积层。

镍电沉积层在防护装饰和功能性方面都有广泛的应用。大量的金属或合金镀层，如 Cr、Au 及其合金、枪黑色 Sn-Ni 合金、CdSe 合金等都是在光亮的镍镀层上电沉积得到的。在低碳钢和锌铸件的表面上沉积镍，可保护基体材料免受腐蚀，可通过抛光或直接电沉积光亮镍进一步达到装饰的目的。在被磨损、腐蚀或加工过度的零件上进行局部电镀镍，可以对破损的零件进行修复。在电沉积镍的过程中，用金刚石、碳化硅等刚性粒子或聚四氟乙烯等柔性分子作为分散微粒进行复合电镀，得到的复合电沉积层具有很高的硬度和良好的耐磨性。

电沉积镍的过程中发生的主要反应如下：

阴极：$Ni^{2+} + 2e^- \rightleftharpoons Ni$

阳极：$Ni - 2e^- \rightleftharpoons Ni^{2+}$

在整个电沉积过程中，至少包含了镀液中的水合（或配合）镍离子向阴极表面扩散、镍离子在阴极表面得到电子成为吸附原子（电还原）和吸附原子在阴极表面扩散进入金属晶格（电结晶）三个步骤。镀液中镍离子的浓度、添加剂与缓冲剂的种类和浓度、pH、温度，以及所使用的电流密度、搅拌情况等都能够影响电沉积的效果。用 Hull 槽实验能够在较短的时间内，用较少的镀液得到较宽电流密度范围内的沉积效果。

Hull 槽实验可以简便且快速地测试镀液性能、镀液组成和工艺条件的改变对镀层质量产生的影响,是电镀工艺中最常用、最直观、半定量的一种方法。通过实验,一般可以确定镀液各种成分的合适用量、合适的工艺条件,测定镀液中添加剂或杂质的大致含量,测定镀液的分散能力,以及分析、排除实际生产过程中可能出现的故障。

Hull 槽是梯形结构的渡槽,阴、阳极分别置于不平行的梯形的两边,容量常见的有 1 000 mL 和 267 mL 两种。一般操作是在 267 mL 的 Hull 槽中加入 250 mL 镀液,以便于折算镀液中添加物质的含量。Hull 槽的结构如图 3-3-1 所示。由于阴、阳极间的距离有规律地变化,在固定外加总电流时,阴极上的电流密度分布也相应有规律地变化。当总电流为 1 A 时,阴极上的电流分布见表 3-3-1。

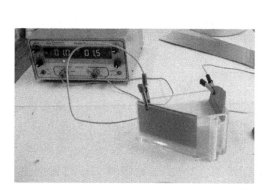
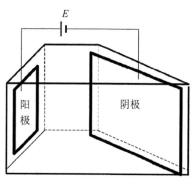

图 3-3-1 267 mL Hull 槽及其结构示意图

表 3-3-1 267 mL Hull 槽中装有 250 mL 镀液时阴极上的电流分布(总电流 1 A)

项目	至阴极近端的距离/cm								
	1	2	3	4	5	6	7	8	9
电流密度/(A·dm^{-2})	5.45	3.74	2.78	2.08	1.54	1.09	0.72	0.40	0.11

Hull 槽实验结果可用图 3-3-2 表示,沉积电流密度范围一般为图 3-3-2 中的 bc 范围($ab=ad/2$,$cd=bd/3$)。在开始实验时必须仔细检查电路是否接触良好或短路,以免影响实验结果或烧坏电源;阴极片的除油和酸洗的前处理要彻底,以免影响镀层质量;添加剂要严格按计算量加入;新配镀液要预电解;电镀时要带电入槽;电镀过程中镀液会挥发,应及时加入去离子水并调整 pH。

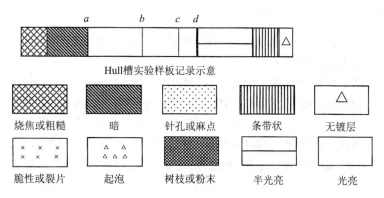

图 3-3-2 Hull 槽样板及镀层状况记录符号

三、实验仪器与试剂

仪器设备:Hull 槽、电化学工作站(苏州瑞思特 RST4800 型)、电吹风。

试剂耗材:硫酸镍、硼酸、氯化钠、除油液、酸洗液、糖精、苯亚磺酸钠、镍光亮剂 XNF、十二烷基硫酸钠、镍板阳极、不锈钢或纯铜片阴极、导线。所有化学试剂均为分析纯,且使用前未经纯化。

四、实验步骤

(1) 配制基础镀液。配制 500 mL 基础镀液,加入的各物质的浓度:$Ni_2SO_4 \cdot 6H_2O$ 为 300 g·L^{-1},NaCl 为 10 g·L^{-1},H_3BO_3 为 35 g·L^{-1};pH 为 3.5～4.5(用稀硫酸或稀氢氧化钠调节);温度为 55 ℃～65 ℃。

(2) 将 250 mL 基础镀液加入洗净干燥的 267 mL Hull 槽并置于恒温槽中。

(3) Hull 槽阴极片(10 cm×7 cm 的不锈钢或纯铜片)的表面用金相砂纸打磨、抛光,经碱除油和 30% 盐酸弱腐蚀,依次用自来水和去离子水清洗后置于 Hull 槽中。以镍为阳极,以 1 A 的总电流沉积 10 min。取出阴极片,用水冲洗干净,经干燥后观察并按图 3-3-2 记录阴极上镍的沉积情况、镀液组成和具体的实验条件。

(4) 在上述电镀液中依次加入糖精、苯亚磺酸钠、镍光亮剂 XNF 和十二烷基硫酸钠,使其浓度分别为 1.0 g·L^{-1}、0.1 g·L^{-1}、3 g·L^{-1} 和 0.1 g·L^{-1},分别进行与步骤(3)相同的实验和记录。

(5) 在含所有添加剂的光亮镍镀液中,根据步骤(3)的实验条件,比较镀液搅拌与不搅拌、常温和实验温度下镍的沉积层的质量,并进行记录。

五、思考题

(1) 电沉积过程的步骤主要有哪些?
(2) 光亮镍镀液中各添加剂的主要作用是什么?
(3) 从 Hull 槽实验结果可以获得哪些有关电沉积效果的信息?

3-4 旋转圆盘电极测定扩散系数

一、实验目的

(1) 了解旋转圆盘电极的工作原理。
(2) 掌握旋转圆盘电极测定扩散系数的方法。
(3) 测定 $[Fe(CN)_6]^{3-}$ 和 $[Fe(CN)_6]^{4-}$ 在水溶液中的扩散系数。

二、实验原理

旋转电极是一种特殊的电化学研究电极,常见的有旋转圆盘电极(RDE)和旋转环盘电极(RRDE)。当电极旋转时,电极表面的扩散层厚度均匀一致。通过控制旋转速度,可调节扩散层厚度,这就可能改变电极过程的控制步骤,有目的性地进行研究工作。

旋转圆盘电极的结构如图 3-4-1 所示。将制成圆盘状的金属电极镶嵌在非金属绝缘支架上,由金属圆盘引出导线和外电源相接,就构成了旋转圆盘电极。对整个圆柱体的表面应进行抛光处理,以保证平整。

电极的实际使用面积是金属圆盘的下表面。电极旋转时由于流体的黏度,圆盘附近的液体被抛向电极的四周,下面的溶液向圆盘的中心区上升,形成如图 3-4-2 所示的液体流动。根据 Levich 提出的旋转电极附近的流体力学理论,电极上各点沿轴向的传质状况相同,电流密度相同,浓度分布相同。

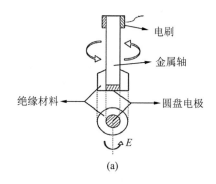
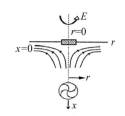

图 3-4-1　旋转圆盘电极（RDE）示意图　　图 3-4-2　旋转圆盘电极表面附近的溶液流动模式

由于旋转电极具有上述特点，它被广泛应用于电化学的各个领域，如电化学机理研究、电化学分析、各种电化学反应动力学参数的测定及扩散系数的测定，其结果比较准确。

根据流体动力学理论，对于水溶液，在层流条件下，旋转电极表面的扩散层厚度 δ 近似为

$$\delta = 1.61 D^{\frac{1}{3}} \gamma^{\frac{1}{6}} \omega^{-\frac{1}{2}} \tag{3-4-1}$$

根据浓度差极化方程式，极限扩散电流 i_d 与扩散层厚度 δ 的关系为

$$i_d = \frac{nFDc^\circ}{\delta} \tag{3-4-2}$$

将 δ 代入求得 i_d 为

$$i_d = 0.62 nFD^{\frac{2}{3}} \gamma^{-\frac{1}{6}} c^\circ \omega^{\frac{1}{2}} \tag{3-4-3}$$

式中，F 为法拉第常数，为 96 500 C·mol^{-1}；D 为反应粒子的扩散系数，单位为 cm^2·s^{-1}；n 为该粒子进行电化学反应时得（或失）电子数；γ 为溶液的动力学黏度，等于黏度与密度之比（$\gamma = \eta/\rho$），对于 25 ℃ 的水溶液，$\gamma = 10^{-2}$ cm^2·s^{-1}；c° 为反应粒子的本体浓度，单位为 mol·L^{-1}；ω 为电极的转速，单位为 rad·s^{-1}。

根据式（3-4-3），在层流条件下，i_d 与 $\omega^{\frac{1}{2}}$ 成线性关系，如图 3-4-2 所示。因此，可以测定一些 ω 下的 i_d，由斜率求出扩散系数 D。

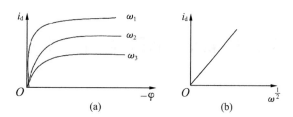

图 3-4-2　i_d 与 $\omega^{\frac{1}{2}}$ 成线性关系

三、实验仪器与试剂

仪器设备：电化学工作站（苏州瑞斯特 RST4800 型）、旋转圆盘电极（科瑞特 ATA-1B）。

试剂耗材：铁氰化钾（K$_3$[Fe(CN)$_6$]）、亚铁氰化钾（K$_4$[Fe(CN)$_6$]）、KCl、去离子水。所有化学试剂均为分析纯，且使用前未经纯化。

四、实验步骤

（1）配制 1 mmol·L^{-1} K$_3$[Fe(CN)$_6$]、1 mmol·L^{-1} K$_4$[Fe(CN)$_6$]、1 mol·L^{-1} KCl 溶液。

（2）取下旋转圆盘电极的特制电解池，洗净，加入溶液至电解池高度的 2/3 处。装好辅助电极和参比电极。拆装电解池时一定要注意不要把水或溶液弄到底座或电极头上方的螺旋处。

（3）在电解液中通氮气 15 min，以除去溶液中溶解的氧气。

(4) 将旋转圆盘电极作为研究电极，其他接线与循环伏安实验完全相同，先测出开路电位，即平衡电位。

(5) 开启旋转系统，预热后，调至 1 000 r·min^{-1} 左右。由平衡电位开始向负进行慢扫，扫描速度 2～10 mV·s^{-1}，扫描范围由平衡电位向负约 0.7 V，同时用记录仪启示 i-E 曲线。此时研究电极上发生的是 [Fe(CN)$_6$]$^{3-}$ 还原为 [Fe(CN)$_6$]$^{4-}$ 的反应。再由平衡电位向正进行同样速度的慢扫，扫描范围由平衡电位向正约 0.7 V，此时研究电极上发生的是 [Fe(CN)$_6$]$^{4-}$ 氧化为 [Fe(CN)$_6$]$^{3-}$ 的反应。1 000 r·min^{-1} 的测试完成后，分别在 200 r·min^{-1}、400 r·min^{-1}、800 r·min^{-1}、2 000 r·min^{-1}、3 000 r·min^{-1} 左右进行相同的测定。测定曲线可记录在同一记录纸上。

(6) 逐渐减小转速直至关闭系统。关机后，小心取下电解池，洗净后加入二次蒸馏水，重新装好。

五、数据处理

(1) 根据不同转速下 [Fe(CN)$_6$]$^{3-}$ 还原的 i_d 值，作 i_d-$\omega^{\frac{1}{2}}$ 直线，由斜率根据计算公式算出 [Fe(CN)$_6$]$^{3-}$ 的扩散系数。

(2) 用同样的方法求 [Fe(CN)$_6$]$^{4-}$ 的扩散系数。

扩散系数的文献值可采用：

$$D_{[Fe(CN)_6]^{3-}} = 7.6 \times 10^{-6} \text{ cm}^2 \cdot \text{s}^{-1}$$
$$D_{[Fe(CN)_6]^{4-}} = 6.3 \times 10^{-6} \text{ cm}^2 \cdot \text{s}^{-1}$$

六、思考题

(1) 认真了解本实验的内容，体会旋转圆盘电极在电化学研究其他方面的应用。

(2) i_d 与 $\omega^{\frac{1}{2}}$ 的关系是一条通过原点的直线，这意味着当 $\omega=0$ 时 $i_d=0$。实验情况如何？如何理解？

3-5　电化学交流阻抗谱分析阻容复合元件的电化学过程

一、实验目的

(1) 了解电化学交流阻抗的原理和定义。
(2) 掌握电化学工作站仪器的操作。

二、实验原理

电化学阻抗谱法（Electrochemical Impedance Spectroscopy，EIS）是最基本的电化学研究方法之一，在涉及表面反应行为的研究中具有重要作用。交流阻抗法是指施加一个小振幅（≤10 mV）的交流（一般为正弦波）电压或电流信号，使电极电位在平衡电极电位附近波动，在达到稳定状态后，测量其响应电流或电压信号的振幅，用实验结果作出阻抗 Z 的虚部 Z'' 与实部 Z' 的关系曲线图（Nyquist 图）或 $\lg|Z|$ 与频率 f 的关系曲线图（Bode 图），依次计算出电极的复阻抗，然后根据等效电路，通过阻抗谱的分析和参数拟合，求出电极反应的动力学参数。当采用不同频率的激励信号时，这一方法还能提供丰富的有关电极反应的机理信息，如欧姆电阻、吸脱附、电化学反应、表面膜及电极过程动力学参数等，在电极过程动力学、各类电化学体系（如电沉积、腐蚀、化学电源）、生物膜性能、材料科学（包括表面改性）、电子元器件和导电材料的研究中得到了广泛

的应用。

交流阻抗法的特点：

（1）由于采用小幅度的正弦电位信号对系统进行微扰，电极上交替出现阳极和阴极过程，二者作用相反，故即使扰动信号长时间作用于电极，也不会导致极化现象的积累性发展和电极表面状态的积累性变化。因此，EIS 法是一种"准稳态方法"（图 3-5-1）。

（2）由于电位和电流间存在线性关系，测量过程中电极处于准稳态，使得测量结果的数学处理简化。

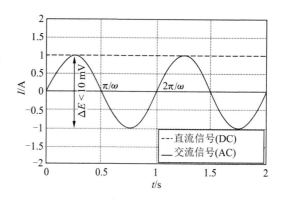

图 3-5-1 正弦交流电压的矢量图

（3）EIS 是一种频率域测量方法，可测定的频率范围很宽，因而能比常规电化学方法得到更多的动力学信息和电极界面结构信息。

用 EIS 研究某一个电化学系统时，一般先将该电化学系统看作一个等效电路，这个等效电路是由电阻（R）、电容（C）、电感（L）等基本元件按串联或并联等不同方式组合而成的。通过 EIS，可以测定等效电路的构成及各元件的大小，利用这些元件的电化学含义来分析电化学系统的结构和电极过程的性质等。

以标准的三电极电化学体系［图 3-5-2(a)］为例，对于实际的样品电解池，有多个接触界面。通常，在工作电极与参比电极间就是所施加的交流频率（正弦波）电位信号的范围。在这个区间内，可以认为有以下几种元件：① 线缆的电阻；② 工作电极内部的电阻；③ 工作电极与溶液接触界面的电阻；④ 工作电极与参比电极间的溶液电阻；⑤ 工作电极与溶液接触界面由双电层引起的电容。其中，由于线缆的电阻、工作电极内部的电阻、工作电极与参比电极间的溶液电阻均是串联状态，可认为是一个电阻。由于线缆的电阻和工作电极内部的电阻都远低于溶液电阻，一般将其简称为溶液电阻。接触界面的电阻及接触界面双电层引起的电容一般是在同一个位置产生的，故认为是并联状态。在忽略浓差极化时，电极处于传荷过程控制，等效电路如图 3-5-2(b)所示。其中，R_w 是电解液的电阻，C_{dl} 是工作电极的双电层电容，R_{ct} 是双电层中由氧化还原反应电子转移的电阻。在高频段，R_w 阻抗占主导地位，所以 $Z=R_w$，且相位角为 0°。在低频段，双电层的阻抗很高，$Z=R_w+R_{ct}$，相位角均为 0°。在中间频率时，双电层电容［这时阻抗 $Z=-j/(\omega C_{dl})$］影响相位角，测量得到阻抗在 R_w 和（R_w+R_{ct}）之间。

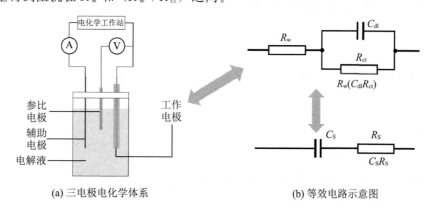

(a) 三电极电化学体系　　(b) 等效电路示意图

图 3-5-2 三电极电化学体系及其等效电路示意图

根据等效电路，可以确定电极阻抗为

$$Z=R_w+\frac{1}{\frac{1}{R_{ct}}+j\omega C_{dl}} \tag{3-5-1}$$

整理上式，得

$$Z = R_w + \frac{R_{ct}}{1+\omega^2 C_{dl}^2 R_{ct}^2} - j\frac{\omega C_{dl} R_{ct}^2}{1+\omega^2 C_d^2 R_r^2} \quad (3\text{-}5\text{-}2)$$

其中，实部（Z_{Re}）和虚部（Z_{Im}）分别为

$$Z_{Re} = R_w + \frac{R_{ct}}{1+\omega^2 C_{dl}^2 R_{ct}^2} \quad (3\text{-}5\text{-}3)$$

$$Z_{Im} = \frac{\omega C_{dl} R_{ct}^2}{1+\omega^2 C_d^2 R_r^2} \quad (3\text{-}5\text{-}4)$$

实部和虚部均为频率 ω 的函数，并且随着频率 ω 的变化而变化。在传荷控制下，电极等效电路中只存在电阻、电容元件，等效电路也可以用一个电阻（R_S）和一个电容（C_S）串联的电路代替［图 3-5-2（b）］。因此，电极阻抗也可以写为

$$Z = R_S - j\frac{1}{\omega C_S} \quad (3\text{-}5\text{-}5)$$

其中，实部（Z_{Re}）和虚部（Z_{Im}）分别为

$$Z_{Re} = R_S = R_w + \frac{R_{ct}}{1+\omega^2 C_{dl}^2 R_{ct}^2} \quad (3\text{-}5\text{-}6)$$

$$Z_{Im} = \frac{1}{\omega C_S} = \frac{\omega C_{dl} R_{ct}^2}{1+\omega^2 C_d^2 R_r^2} \quad (3\text{-}5\text{-}7)$$

EIS 是研究电极过程动力学、电极表面现象和测定固体电解质电导率的重要手段。阻抗谱图有 Nyquist 图、导纳图、复数电容图、Bode 图和 Warburg 图等。其中，Nyquist 图是以阻抗虚部（Z''）对阻抗的实部（Z'）作的图。复合元件（RC）的阻抗复平面图和导纳复平面图如图 3-5-3 和图 3-5-4 所示。

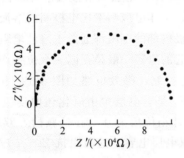
图 3-5-3　复合元件的阻抗复平面图

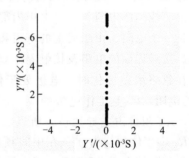
图 3-5-4　复合元件的导纳复平面图

三、实验仪器

仪器设备：电化学工作站（苏州瑞思特 RST4800 型）、阻容电路。

四、实验步骤

（1）检测条件：

① 检测方法：电化学交流阻抗测量系统中的"电化学阻抗谱"。

② 使用电子元件：$R_S(R_P C_d)$ 阻容电路，其中 $R_S = 2\text{ k}\Omega$，$R_P = 10\text{ k}\Omega$，$C_d = 2\text{ μF}$；交流阻抗测试用阻容电路图如图 3-5-5 所示。

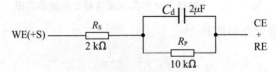

图 3-5-5　交流阻抗测试用阻容电路图

③ 参数设置：电位 0 mV；交流幅值 10 mV；最大频率 100 kHz；最小频率 0.1 Hz；频率点数 50 点；频率分布规律对数分布；等待时间 1 s；电流量程 10 μA；放大倍数 1 倍；低通滤波频率 Auto filter。

（2）评判标准：

① 所得图形为一个标准的半圆形（图 3-5-6）。

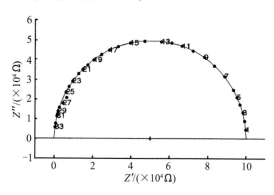

图 3-5-6　阻抗复平面图（Nyquist 图）

② 高频端与实轴交于 R_S，低频端与实轴交于 R_S+R_P，半圆顶点频率 $f^* = \dfrac{1}{C_d R_P}$。

（3）检验结果：

同时满足上述两个评判标准视为合格。实验操作具体步骤：
① 打开电化学工作站，选取交流阻抗技术。
② 按照上面的电路图连接元件并接好电极。
③ 设置参数，进行测试。
④ 记录数据，计算 R_S、C_d 并与实际值对比。

五、思考题

（1）阻抗和导纳的定义是什么？

（2）在绘制 Nyquist 图和 Bode 图时为什么所加正弦波信号的幅度要小于 10 mV？

（3）在实际测量系统中，绘制 Nyquist 图为什么往往得不到理想的半圆？绘制 Bode 图为什么往往得不到低频区的平台段？

3-6　恒电流暂态法测定电化学反应的动力学参数

一、实验目的

（1）掌握恒电流暂态法的基本原理和实验技术。

（2）测定 $Cu/CuSO_4$ 体系中铜电极上的交换电流密度和反应速率常数 K'。

二、实验原理

用稳态法测定电极体系的动力学参数，常常由于浓度极化而受到限制，而暂态测量可以大大提高瞬间扩散电流，这对测量快速的电化学反应动力学参数是十分有利的；同时暂态测量考虑了时间的因素，可以利用各基本过程对时间的不同响应，使复杂的等效电路得以简化，从而可以测得电极过程的有关参数。

对一个电极反应：$O + ne^- \rightleftharpoons R$，其等效电路如图 3-6-1 所示。

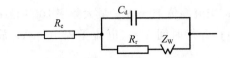

图 3-6-1 电极反应的等效电路图

恒电流阶跃分析是将极化电流突然从零跃迁至 i 并保持此电流不变（图 3-6-2），同时记录下电极电位 E 随时间的变化，也叫恒电流脉冲法。将一个恒定的脉冲阶跃电流加到研究电极上，得到恒电流阶跃下的 E-t 曲线，如图 3-6-3 所示。$0 \to a$ 段为接通电路瞬间溶液欧姆极化所引起的电极电位的变化（当溶液中加入大量的局外支持电解质或测量溶液很浓时，一般欧姆极化可以忽略）；$a \to b$ 段主要是双层两侧的电极电位变化；$b \to c$ 段主要是电化学极化引起的电位变化；$c \to d$ 段为浓差极化占主导，在 d 点的电极表面处反应粒子的浓度趋于零。

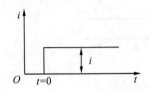
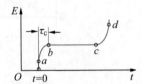

图 3-6-2 恒电流阶跃法中电流波形 **图 3-6-3 恒电流阶跃下电位-时间曲线**

恒电流极化下，在电极表面处单位时间内所消耗的粒子数目是恒定的，所以反应粒子就要不断地由溶液深处向电极表面扩散，当扩散到电极表面的反应粒子不足以补充所消耗的粒子时，电极表面反应粒子的浓度随时间而下降，浓差极化不断发生，直至电极表面反应粒子的浓度趋于零，电极电位急剧变负，直至负至另一种粒子可以放电的电位。

在忽略电迁移和对流，且无均相化学转化的情况下，要研究暂态扩散过程，就要借助于菲克第二定律。对于平面电极，菲克第二定律可写为

$$\frac{\partial c}{\partial t} = D \frac{\partial^2 c}{\partial x^2} \qquad (3\text{-}6\text{-}1)$$

式中，c 为反应物浓度，D 为扩散系数，t 为极化时间，x 为与电极表面间的距离。求解该偏微分方程时，需要对初始条件和两个边界条件做出以下假设：① 扩散系数 D 为常数，即扩散系数不随扩散粒子浓度的变化而变化。② 开始电解时，扩散粒子完全均匀分布在液相中，可作为初始条件，即 $t=0$ 时，$c(x,0)=c^0$，式中 c^0 为反应粒子的初始浓度。③ 距离电极表面无限远处总不出现浓差极化，作为一个边界条件，即 $x \to \infty$ 时，$c(\infty,t)=c^0$。这一条件常称为平面电极的"半无限扩散条件"。④ 另一边界条件取决于电解时电极表面上所维持的具体极化条件。在恒电流极化下，极化电流 i 保持不变。由恒电流阶跃条件，这一边界条件为 $\left(\frac{\partial c}{\partial t}\right)_{x=0} = \frac{i}{nFD} =$ 常数，其中 n 为转移电子数，F 为法拉第常数。

根据上述初始条件和边界条件，菲克第二定律的解为

$$c(x,t) = c^0 + \frac{i}{nF}\left[\frac{x}{D}\text{erfc}\left(\frac{x^2}{2\sqrt{Dt}}\right) - 2\sqrt{\frac{t}{\pi D}}\exp\left(-\frac{x}{4Dt}\right)\right] \qquad (3\text{-}6\text{-}2)$$

$\text{erfc}(\lambda) = 1 - \text{erf}(\lambda)$ 称为误差函数的共轭函数。误差函数 $\text{erf}(\lambda)$ 的定义为

$$\text{erf}(\lambda) = \frac{2}{\sqrt{\pi}}\int_0^\lambda e^{-y^2} \, dy \qquad (3\text{-}6\text{-}3)$$

式中，y 只是一个辅助变量，$\text{erfc}(\lambda)$ 和 $\text{erf}(\lambda)$ 在数学用表中可查。分析可知电极附近的反应物浓度不但与时间 t 有关，而且与离电极的距离有关。在电极表面上（$x=0$）有

$$c(0,t) = c^0 - \frac{2i}{nF}\sqrt{\frac{t}{\pi D}} \qquad (3\text{-}6\text{-}4)$$

由式（3-6-4）可知，反应粒子的表面浓度随 $t^{\frac{1}{2}}$ 线性下降，当反应粒子的表面浓度下降到零时，只有依靠其他的电极反应才能维持极化电流密度不变。为了实现新的电极反应，电极电位要发生突然变化。自开始恒电流极化到电极电位发生突跃所经历的时间称为过渡时间，用 τ 表示。可得过渡时间计算式：

$$\tau = \frac{n^2 F^2 \pi D c^{0^2}}{4 i^2} \tag{3-6-5}$$

将式（3-6-5）代入式（3-6-4），得

$$c(0,t) = c^0 \left[1 - \left(\frac{t}{\tau}\right)^{\frac{1}{2}}\right] \tag{3-6-6}$$

如果电极反应为混合控制，而且电极反应 $O + ne^- \longrightarrow R$ 完全不可逆，即假定电化学极化和浓度极化同时存在且过电位较大以致可以忽略逆反应影响时，电流密度 i_k 与电极电位 E 的关系为

$$i_k = nFK'c(0,t)\exp\left[-\frac{\alpha nF}{RT}(E-E_\Psi)\right] = nFK'c_O^0 \left[1-\left(\frac{t}{\tau}\right)^{\frac{1}{2}}\right]\exp\left(-\frac{\alpha nF}{RT}\eta_k\right) \tag{3-6-7}$$

将式（3-6-5）两边取自然对数得

$$\eta_k = -\frac{RT}{\alpha nF}\ln\frac{nFK'c_O^0}{i_k} - \frac{RT}{\alpha nF}\ln\left[1-\left(\frac{t}{\tau}\right)^{\frac{1}{2}}\right] \tag{3-6-8}$$

式中，i_k 为恒定的极化电流密度，K' 为 $E=E_\Psi$ 时的反应速率常数，η_k 为过电位。$c(0,t)$ 为反应物 O 在电极表面的瞬间浓度；c_O^0 为溶液的本体浓度。将曲线外推到 $t=0$ 处，则有 $\ln\left[1-\left(\frac{t}{\tau}\right)^{\frac{1}{2}}\right]=0$，此时不发生浓差极化，也就是 η_k 完全由电化学极化所控制，因此

$$\eta_{k(t=0)} = -\frac{RT}{\alpha nF}\ln\frac{nFK'c_O^0}{i_k} \tag{3-6-9}$$

依此类推，测量若干不同恒电流阶跃下的电位-时间曲线，可得到若干组无浓差极化的 η-i 数据。利用 η_k-t 曲线作图求得过渡时间 τ，如图 3-6-4 所示。再以 η_k-$\ln\left[1-\left(\frac{t}{\tau}\right)^{\frac{1}{2}}\right]$ 作图得直线，如图 3-6-5 所示。根据直线的斜率可以求出 αn 的数值，代入式（3-6-9）可求出 K'。直线外推到 $t=0$ 时的 η_k 值即为无浓差极化过电位 $\eta_{k(t=0)}$。

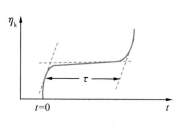
图 3-6-4　η_k-i 图求过渡时间

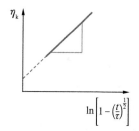
图 3-6-5　η_k-$\ln\left[1-\left(\frac{t}{\tau}\right)^{\frac{1}{2}}\right]$ 图

如果电极反应较快，以致通过恒定电流所引起的过电位数值不大，则逆反应的影响不能忽略。这种情况下的数学处理很复杂，但仍可将电位-时间曲线外推到 $t=0$ 处，以求得不出现浓差极化时相应于给定 i 的过电位（$\eta=0$）。这样，利用不同强度的恒电流脉冲——求出相应的 $\eta=0$ 值，然后画出曲线，即消除了浓差极化后的极化曲线，从而获得电化学动力学参数。

三、实验仪器与试剂

仪器设备：电化学工作站（苏州瑞思特 RST4800 型）。

试剂耗材：0.5 mol·L^{-1} H$_2$SO$_4$ 溶液、铜电极（3 根）。

四、实验步骤

(1) 测量步骤：

① 将实验用铜电极在 0.5 mol·L^{-1} H$_2$SO$_4$ 溶液中浸泡，用蒸馏水清洗，并将电解液加入电解池。

② 连接好实验线路，打开计算机和电化学工作站开关，双击电化学工作站软件图标，进入分析测试系统。

③ 在分析测试系统中选择计时电位法。

④ 测量待测体系的稳定电位。

⑤ 选择、调节阶跃电流为 0.5 mA，记录 E-t 曲线。

⑥ 依次调节阶跃电流为 0.5 mA、1.0 mA、1.5 mA、2.0 mA、2.5 mA、3.0 mA、4.0 mA、5.0 mA、7.0 mA，记录不同电位下的 E-t 曲线。

⑦ 测量结束，关闭电源，拆掉导线，取出电极，用蒸馏水冲洗后放在干燥箱里备用，洗净电解池。

(2) 数据记录与处理：

① 将所得 E-t 曲线直接外推到 $t=0$，得到无浓差极化值 $[\eta_{k(t=0)}]_1$。

② 将所得 E-t 曲线按照图 3-6-4 所示的方法求出 τ，再以 η_k-$\ln\left[1-\left(\dfrac{t}{\tau}\right)^{\frac{1}{2}}\right]$ 作图，将所得直线外推到 $t=0$，得到 $[\eta_{k(t=0)}]_2$ 值，并由直线斜率求 α_n，代入式 (3-6-9) 求 i_k 和 K' 值。

五、思考题

(1) 什么是过渡时间？它在电化学应用中有什么用途？

(2) 从理论上分析平面电极上的非稳态扩散不能达到稳态，而实际情况下经过一定时间后可以达到稳态，为什么？

(3) 稳态扩散和非稳态扩散有什么区别？是不是出现稳态扩散之前都一定存在非稳态扩散阶段？为什么？

(4) 为什么在浓差极化条件下，当电极表面附近的反应粒子浓度为零时，稳态电流并不为零，反而得到极大值（极限扩散电流）？

参考文献

[1] 舒余德. 电化学方法原理 [M]. 长沙：中南大学出版社，2015.

[2] 庄全超，许金梅，田景华，等. 石墨负极电化学扫描循环过程的 EIS、Raman 光谱和 XRD 研究 [J]. 高等学校化学学报，2008，29 (5)：973−976.

[3] 夏春兰，吴田，刘海宁，等. 铁极化曲线的测定及应用实验研究 [J]. 大学化学，2003，18 (5)：38−41.

[4] 吕江维，曲有鹏，田家宇，等. 循环伏安法测定电极电催化活性的实验设计 [J]. 实验室研究与探索，2015，34 (11)：30−37.

[5] 何细华，胡蓉晖，杨汉西，等. 泡沫镍的电沉积制备技术 [J]. 电化学，1996，2 (1)：66−70.

[6] 林文修，张珊珊. 镍在铜上的电沉积实验 [J]. 化学教学，1996 (4)：11.

第四章

材料分析与测试方法实验

4-1 扫描电镜测定尖晶石氧化物的表面形貌

一、实验目的

(1) 了解扫描电镜的基本结构和工作原理。
(2) 掌握二次电子像和背散射电子像的区别与联系。
(3) 掌握扫描电镜粉末样品制备方法,熟悉扫描电镜的基本操作。

二、实验原理

扫描电子显微镜(Scanning Electron Microscopy,SEM),简称扫描电镜,它在加速高压作用下将电子枪发射的电子经过栅极聚焦和多级电磁透镜会聚成细小的电子束,会聚电子束在扫描线圈的控制下在样品表面上一行行地扫描,并激发出二次电子、背散射电子等多种电信号,通过对这些信号进行接收、放大,就获得了样品表面的形貌和成分。扫描电镜由电子光学系统、扫描系统、信号收集显示系统、真空系统和电源系统等几部分组成,此外还包括一些附加的仪器和部件、软件等。如图 4-1-1 所示是日本 Hitachi SU8010 型扫描电镜实物图和结构示意图。

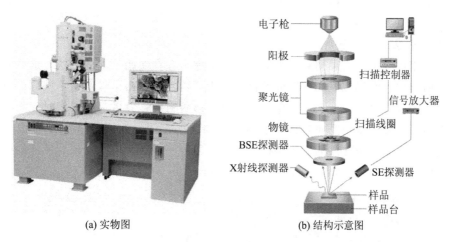

(a) 实物图　　(b) 结构示意图

图 4-1-1　扫描电子显微镜

1. 扫描电镜的基本结构

(1) 电子光学系统。它是扫描电镜的核心部分,由电子枪、电磁透镜、光阑和样品室等组成。电子枪的作用是发射电子,它是整台扫描电镜最重要的部件之一。电子枪的束流大小、束斑尺寸、能量分辨率及亮度等参数很大程度上影响了扫描电镜的分辨率。电子枪根据电子产生方式的不同可分为热发射、热场发射和冷场发射三种类型。其中,冷场发射有着最大的束流密度和最小的束斑直径,因此冷场发射电子枪被广泛地应用于高分辨扫描电镜。类似于光学显微镜,扫描电镜使用电磁透镜来聚焦电子束。电磁透镜是一个围有铁壳、装有极靴的短螺旋管线圈。通电时线圈产生磁场，电子束斑在电磁透镜中受到洛伦兹力和加速电压的共同作用螺旋前进，使电子束斑逐级聚焦缩小。电磁透镜分为聚光镜和物镜两种类型。聚光镜一般装配在真空柱中，位于电子枪之下，它会在电子束锥角张开之前将电子束会聚，决定了电子束的尺寸（决定分辨率）。物镜位于真空柱的最下方，即试样上方，主要功能是对电子束做最终聚焦，将电子束再次缩小并聚焦到凸凹不平的试样表面。类似于光学透镜，电磁透镜中存在的像差、像散等也是影响扫描电镜分辨率的重要因素，一般加装消像散器可以消除像散；而像差很难消除，一些高级的扫描电镜中通过加装球差矫正器，可以极大地降低像差，进而改善分辨率。在每级电磁透镜附近都装有光阑，光阑的作用是调控电子束的发散程度和束流大小，改变光阑大小也会影响到成像时的分辨率。样品室内有样品台和信号探测器，样品台在多轴马达的驱动下可以做平移、旋转、倾斜等运动，以满足不同的拍摄需求。

（2）扫描系统。会聚电子束到达试样表面后，在扫描线圈的控制下可以在样品表面做可控而有规律的光栅状扫描。此外，扫描系统还可以通过改变入射电子束在样品表面扫描的幅度来获得不同放大倍数的扫描图像。

（3）信号收集显示系统。当会聚的高能电子束入射到样品表面时，会与样品发生相互作用，并激发出二次电子、背散射电子、俄歇电子和特征 X 射线等多种电信号。扫描电镜通过不同类型的电子探测器可以将这些信号收集并检测，经光电倍增管放大，最后转变成图像或图谱。譬如，采用闪烁计数器来检测二次电子（SE）、背散射电子（BSE）、透射电子等信号；埃弗哈特-索恩利探测器（Everhart-Thornley Detector，ETD）多用于收集和探测 <100 eV 的低能电子（SE 为主，还有少部分 BSE）；高能电子探测器的表面有 p-n 结的硅二极管，主要收集能量较高的背散射电子（>5 kV）。

（4）真空系统。它的作用是建立能确保电子光学系统正常工作、防止样品污染所必需的真空度。若电子枪中存在气体，会产生气体电离和放电。高真空还可以避免炽热阴极灯丝受到氧化而烧断，同时避免电子与气体分子相碰撞而散射及污染样品。一般情况下要求保持优于 10^{-6} Torr 的真空度。

（5）电源系统。它主要为扫描电镜各部分（电子枪、电磁透镜、真空系统等）提供所需的电源，主要由稳压、稳流和相应的安全保护电路组成。

2. 扫描电镜成像原理及分类

扫描电镜使用过程中可以观测到荧光屏中的电子像会存在明暗不同的区域，这种明暗程度的差异称为衬度。由试样表面形貌差别而形成的衬度称为形貌衬度。由试样表面不同部位原子序数不同而形成的衬度称为成分衬度。二次电子像衬度主要是形貌衬度；背散射电子像衬度既可以显示形貌程度，又可以显示成分衬度。图 4-1-2 是同一样品区域的二次电子像和背散射电子像。通过比较可以发现二次电子像主要反映样品的形貌特征，而背散射电子像在反映样品形貌特征的同时还能反映样品的化学组成信息。

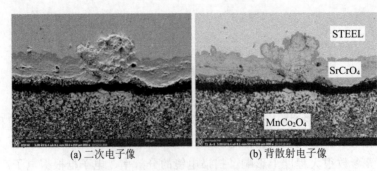

(a) 二次电子像　　　　　　(b) 背散射电子像

图 4-1-2　二次电子像与背散射电子像

在使用扫描电镜观察样品的形貌时多采用二次电子像，这是因为二次电子主要来自样品表面被入射电子束轰击出来的核外电子，激发深度范围为样品表面 1~10 nm，且能量较低（0~50 eV，平均 30 eV），故二次电子像能够很好地反映出样品表面的微观形貌。二次电子像的衬度不仅和二次电子产生量有关，还和探测器对二次电子的接收量有关。探测器对二次电子的接收量与试样朝向探测器的夹角存在着一定的关系，试样朝向探测器的二次电子接收量大于背向探测器的二次电子接收量，所以朝向探测器的试样表面相对背向试样表面会显得亮些。此外，对于表面有一定形貌的试样，其形貌被看成由许许多多与入射电子束构成不同倾斜角度的微小形貌，如凸点、尖峰、台阶、平面、凹坑、裂纹和孔洞等细节构成。这些不同的细节部位发出的二次电子数各不相同，从而产生亮暗不一的衬度。

背散射电子像在电镜成像中的使用率和图像分辨率也都比较高，仅次于二次电子像。背散射电子的产额基本上随原子序数的增大而增加，所以背散射电子像不仅能分析试样的形貌特征，还可以用于显示试样化学组分的特征，在一定范围内能对试样表面的化学组成进行粗略的定性分析。

扫描电镜是一种多功能仪器，具有很多优越的性能，在材料科学、生物学、半导体材料与器件等学科都有广泛应用，利用它可以进行如下分析：① 样品表面形貌分析。扫描电镜二次电子像分辨率高，对形貌特征敏感，能够直接观察样品凹凸不平表面的微观结构。② 材料断口分析。扫描电镜景深大，图像三维立体感强，可以很好地还原材料断口的形貌，分析断裂原因。③ 纳米尺寸分析。扫描电镜具有放大本领和分辨率高的特点，可以很好地对纳米材料进行研究。④ 成分分析。通过背散射电子像和能谱仪可以对样品的成分进行分析。

本实验中使用的是 Hitachi SU8010 型冷场扫描电子显微镜。它的真空系统采用分子泵和离子泵，抽真空速度快，设备的真空度高达 10^{-8} Torr。该设备在高倍模式下放大倍数为 100~300 000，在低倍模式下放大倍数为 20~2 000；二次电子像的分辨率在加速电压 15 kV 下达 1.0 nm，在加速电压 1 kV 下达 10 nm；最大的样品尺寸是 10 mm。它配备有德国布鲁克能谱仪，能谱的分析工作距离为 15 mm，在进行形貌观察的同时可以进行微区的成分分析，能谱的分析精度达到千分之一。

三、实验仪器与试剂

仪器设备：冷场发射型扫描电子显微镜（Hitachi SU8010 型）、洗耳球、样品台。

试剂耗材：碳纳米管或尖晶石氧化物粉末、导电胶。

四、实验步骤

（1）样品制备与装载。

① 将导电胶裁剪成合适大小粘贴在样品台上，用牙签挑取微量的粉末样品涂覆在导电胶上，最后用洗耳球将样品表面吹干净。

② 将样品台安装在样品台座上，调节样品台螺杆高度，使样品的最高点与高度规的下边缘对齐，然后将样品台与样品台座锁紧待用。

③ 在附件操作界面上，单击"HOME"，绿色显示条停止闪烁后，样品台回归交换状态。

④ 按样品交换仓上的"AIR"按钮至闪烁；待蜂鸣器响后，打开样品仓，当样品杆在"UNLOCK"位置时插入样品并转至"LOCK"位置；合上样品仓，按"EVAC"按钮至闪烁；蜂鸣器响后，按"OPEN"按钮至闪烁；蜂鸣器响后，交换门打开，推入样品杆到底；将样品杆从"LOCK"位置转回"UNLOCK"位置后抽出，按"CLOSE"按钮至闪烁；蜂鸣器响后，交换门关闭。

⑤ 在样品台大小高度确认对话框中单击"OK"确认。

（2）样品形貌观察。

① 单击高压显示窗口，打开高压控制对话框，选择强度 2，单击"Flashing"，然后单击"Excute"执行 Flashing。记录下 Flashing 后的发射电流 I_e 和刚加高压后显示的引出电压 V_{ext}。

② 根据不同的样品及观察需要，在高压控制对话框"V_{acc}"下拉列表中选择合适的加速电压；在"Set I_e to"下拉列表中选择合适的发射电流；单击"ON"加高压。

③ 选择合适的光阑孔聚焦样品，调节聚焦、消像散获得清晰的图像。

④ 移动控制面板中的轨迹球，选择感兴趣的区域，在不同的放大倍率下，分别拍摄样品的二次电子像和背散射电子像。

（3）取样关机。

① 所有操作结束后，单击操作界面右上角的"HOME"键，等待绿色指示条停止闪烁，样品台恢复至初始位置。

② 单击操作界面左上角的"OFF"键关闭高压，按照样品交换流程取出样品台。样品交换舱抽真空完成后，单击操作界面右上角的关闭键，出现"FE-PC SEM"显示框。约 1 min 后，SEM 程序即退出。

③ 关闭计算机，关闭显示单元"DISPLAY"开关。

五、数据记录与处理

（1）在不同放大倍率下对样品进行观察、拍照，在同一区域分别拍摄样品的二次电子像和背散射电子像并保存。

（2）利用 Image J 软件对扫描电镜照片进行分析，描述所拍摄样品的形貌特征和化学组分信息，统计纳米颗粒的尺寸及其分布。

六、思考题

（1）影响二次电子成像的因素有哪些？

（2）试比较二次电子成像与背散射电子成像的区别及各自适用的场景。

（3）荷电产生的原因及其应对措施有哪些？

4-2　X 射线衍射对未知样品进行物相鉴定

一、实验目的

（1）学习 X 射线衍射仪的工作原理和基本结构。

（2）掌握 X 射线衍射仪的操作方法和粉末样品的制备方法。

（3）了解 X 射线衍射仪实验流程、参数设置，能够独立完成实验测试。

（4）理解物相定性分析的基本原理，掌握利用 Jade 软件进行物相鉴定的方法。

二、实验原理

X 射线衍射仪（X-Ray Diffractometer，XRD）是利用 X 射线衍射原理研究物质内部结构的一种大型分析仪器。当一束 X 射线照射到晶体样品上时会发生衍射现象，通过对衍射结果进行分析就可以获知物质的结构。X 射线衍射仪是 X 射线晶体学领域在原子尺度范围内研究材料结构的主要仪器，也可用于研究非晶体。

1. X 射线衍射的原理

（1）布拉格公式。1912 年德国物理学家劳厄（Max Von Laue）提出一个科学预见：由于 X 射线的波长与一般物质中原子的间距同数量级，当 X 射线射入原子有序排列的晶体时，受到物体中原子的散射，每个原子都产生散射波，这些波互相干涉，结果就产生了衍射现象。1913 年英国科学家布拉格父子（W. H. Bragg and W. L. Bragg）证明了 X 射线在晶体上衍射的基本规律为

$$2d\sin\theta = n\lambda \tag{4-2-1}$$

其中，d 是晶体的晶面间距，即相邻晶面之间的距离；θ 是衍射光的方向与晶面的夹角；λ 是 X 射线的波长；n 是一个整数，为衍射级次。式（4-2-1）称为布拉格方程，其几何示意图如图 4-2-1 所示。X 射线在晶体中的衍射现象，其本质是大量原子散射波相互干涉的结果。对于不同晶体来说，所产生的衍射花样与其内部的原子分布相关，而布拉格方程所反映的是衍射线方向与晶体结构之间的关系。因此，对于任何晶体来说，只有满足布拉格方程的入射角度才能够产生干涉增强，进而表现出衍射条纹，这是 XRD 谱图的根本意义。

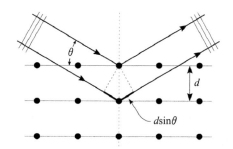

图 4-2-1　晶体衍射与布拉格方程的几何示意图

对于不同晶系，晶面间距（d）与晶胞参数（a、b、c、α、β、γ）之间存在确定的对应关系，对 XRD 谱图分析后可以获知衍射角（θ）和晶面指数（h、k、l），最后通过布拉格方程就可以计算出晶胞参数。以对立方晶系为例，它的晶胞参数可由下式求得：

$$a = \frac{d_{hkl}}{\sqrt{h^2+k^2+l^2}} = \frac{\lambda}{2\sin\theta \sqrt{h^2+k^2+l^2}} \tag{4-2-2}$$

其中，d_{hkl} 为晶面间距；λ 为 X 射线波长，为 0.154 056 nm；h、k、l 为晶面指数。

（2）谢乐（Scherrer）公式。当 X 射线入射到小晶体时，其衍射线条将变得弥散而宽化。晶体的晶粒越小，X 射线衍射谱带的宽化程度就越大。谢乐公式描述的就是晶粒尺寸与衍射峰半峰宽之间的关系：

$$D_{hkl} = \frac{k\lambda}{\beta\cos\theta_{hkl}} \tag{4-2-3}$$

其中，β 为半峰宽，即衍射强度为极大值一半处的宽度，单位以弧度表示；D_{hkl} 只代表晶面法线方向的晶粒大小，与其他方向的晶粒大小无关；k 为形状因子，球状粒子的 $k=1.075$，立方晶体的 $k=0.9$，一般要求不高时就取 $k=1$；θ_{hkl} 为衍射角。在实际应用中，谢乐公式常用来计算平均晶粒尺寸。

2. 多晶 X 射线衍射仪

多晶 X 射线衍射仪是基于布拉格公式研制而成的，通过它既可以利用已知的晶体（d 已知）测量 θ 角来研究未知 X 射线的波长，也可以利用已知的 X 射线（λ 已知）测量未知晶体的晶面间距。图 4-2-2 是本实验中使用的德国 Bruker 公司的 D8 Advance 型 X 射线衍射仪的实物图及其结构示意图。它的核心部件是 X 光源发生器和 X 射线探测器。当入射 X 射线照射在多晶（粉末）样品上，X 射线管和探测器以相同角速度绕测角仪圆轴线相向旋转。当入射线与平行于样品表面的某一指数晶面之间的夹角满足布拉格方程时，即可产生衍射。用探测器接收衍射信号并累计其强度。随着衍射角从低角至高角增大，当 X 射线从不同的角度照射样品时，会在不同的晶面发生衍射，探测器将接收从该晶面反射出来的衍射光子，从而得到角度和强度关系的谱图。X 射线衍射分析是进行物相定性、定量分析及晶体结构研究最常用的方法，可用于物相的定性和定量分析、精确测定点阵常数和纳米晶尺寸、分析结晶度和表面残余应力等。

 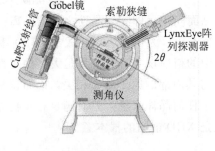

(a) 实物图　　　　　　　　　　(b) 结构示意图

图 4-2-2　X 射线衍射仪

3. 物相定性分析方法

物相的定性分析是 XRD 测试中最常见的应用。每一种晶体物质和它的衍射花样都是一一对应的，不可能有两种晶体给出完全相同的衍射花样。将待测样品的 X 射线衍射谱图与标准物质的 X 射线衍射谱图进行对比，可以定性分析样品的物相组成，判断样品是否为晶体，以及晶胞是否膨胀或者收缩。物相定性分析基本步骤如下：

（1）分析衍射图谱，标记谱中各个衍射峰的强度、晶面指数和晶面间距。

（2）如果被测样品化学成分已知，先通过字母索引将包含主要元素的所有物相勾选，再筛选出三强线复合的 PDF 卡片，然后依次核对其余衍射峰。如果全部吻合，就能确定样品的物相，即可定相。以此类推，找出其余各相。

（3）如果被测样品化学成分未知，就需要利用数字索引。首先，计算出三强峰分别对应的晶面间距 d_1、d_2、d_3。然后，检索出最强峰 d_1 所在的大组，这时在大组中找到与 d_2 接近的几行。当 d_1 和 d_2 确定后，再依次比较第三至第八强线，将 8 个强峰均符合的 PDF 卡片挑选出来（可能有多张）。最后，对照剩余的 d 值和强度比值，如果 d 值在误差范围内均吻合，就能确定样品的物相，即可定相。

三、实验仪器与试剂

仪器设备：X 射线衍射仪（德国 Bruker 公司 D8 Advance 型）。

试剂耗材：未知物相的粉末样品、样品台载玻片、药匙。

四、实验步骤

（1）样品制备。

取适量的待测粉末样品，均匀填入样品台的凹槽中间，并用洁净平整的载玻片将其压平实，使试样面与样品台表面齐平，并保持试样面平整，如图 4-2-3 所示。样品制备好后，将样品台转移到样品架上，关闭舱门。

图 4-2-3　XRD 粉末样品的制备流程

（2）XRD 测试。

① 打开仪器控制软件 DFFRAC.Measurement Center，选择"Lab Manager"，无须密码，按

"Enter"键进入软件界面。

② 在 Diffrac.Commander 界面上，勾选"Request"，然后单击"Initialize"，对所有马达进行初始化。注意：每次开机时均需要进行初始化，仪器会自动提醒，未初始化显示为叹号（!），初始化正常后显示为对勾（✓）。

③ 衍射仪准直步骤：使用刚玉标准样品，测试从 34.5°～36.0°的衍射峰，步长选择 0.01°/step，标准 Kα1 峰位在 35.149°，可以接受的偏差为± 0.01°。

④ 设置扫描参数：2θ起始角度（Start）、终止角度（Stop）、步长（Increment）等。

⑤ 设置完成后，再次确认主机门是否关闭，单击"Start"开始测试。测试结束后，保存数据到指定的文件夹中。

五、数据记录与处理

（1）利用 X 射线衍射仪采集未知样品的 XRD 图谱，保存数据。
（2）标定衍射峰、计算峰面积，利用 Jade 软件对样品进行物相分析。
（3）计算样品的晶胞参数。
（4）利用谢乐公式计算晶体样品的平均晶粒尺寸。

六、思考题

（1）X 射线在晶体上产生衍射的条件是什么？
（2）XRD 样品制备的影响因素有哪些？
（3）如何在 X 射线谱中区分非晶、多晶和单晶？
（4）是否所有满足布拉格方程的晶面都会产生衍射？为什么？

4-3　水合草酸钙的热重分析

一、实验目的

（1）掌握热重分析的基本原理、仪器结构。
（2）了解热重分析仪的使用方法，熟悉实验操作步骤。
（3）掌握热重分析的数据处理和分析方法。

二、实验原理

热重分析（Thermogravimetry Analysis，TGA）是在程序控制温度下，测量物质的质量与温度（或时间）关系的技术手段。TGA 常用来研究在加热和冷却过程中，与物质质量变化相关的物理现象和化学现象，如蒸发、升华、吸收、吸附和脱附等物理变化，以及化学吸附、脱溶剂（尤其是脱水）、分解和固相-气相反应（如氧化或还原）等化学反应。此外，TGA 也可以用来评估物质的热稳定性。如果某种物质具有热稳定性，那么在一定的温度范围内就不会观察到质量的变化。

1. 热重分析仪的结构与工作原理

热重分析仪主要由高精度热天平、加热炉体、程序控温系统、气氛控制系统、称重变换器、放大器、模/数转换器、数据实时采集和记录仪等几部分组成，图 4-3-1 是本实验所采用的水平差动型热重分析仪的实物图及其结构示意图。它的工作原理是在加热炉内有测量样品质量和参比物质量的两个天平，质量测定是通过采用差动技术控制的 2 个独立的高灵敏度天平检测并将样品和参比的质量差作为 TGA 信号输出。当样品的质量发生变化时（其原因包括分解、氧化、还原、吸附与解吸附等）会引起天平位移，天平位移量经转化成电磁量，电磁量的大小正比于样品的质量变化量。

这个微小的电量再经放大器放大后被记录仪记录。由于热电偶直接设置在样品、参照物支架的正下方，因此，在精确测量样品温度的同时，还可以同时输出差热信号。设备中采用了差动技术，能够有效地消除天平臂膨胀、对流、浮力的影响，减少基线漂移，实现高灵敏度热重测量。

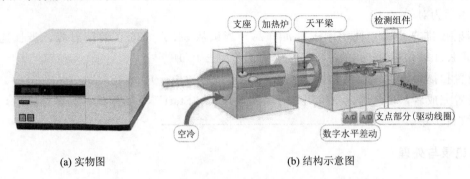

(a) 实物图　　　　　　　　　　　(b) 结构示意图

图 4-3-1　热重分析仪

2. 热重曲线

热重法试验得到的曲线称为热重曲线（TGA 曲线）。TGA 曲线的纵坐标表示质量百分比，表示样品在当前温度（或时间）下的质量与初始质量的比值；横坐标表示温度（或时间），自左至右表示温度（或时间）增加。温度变化过程中，当样品质量发生变化时，TGA 曲线上就会出现失重（或增重）台阶，通过分析失重（或增重）过程所发生的温度区域，就能定量地计算出失重（或增重）比例。图 4-3-2 是 $CuSO_4 \cdot 5H_2O$ 的热重曲线，在热重曲线上出现了三个失重台阶，结合 TGA 曲线可知每段反应的物质失重，从而推断出 $CuSO_4 \cdot 5H_2O$ 中的 5 个结晶水在加热过程中是分三步脱去的：70 ℃左右失去 2 个结晶水，140 ℃左右失去 2 个结晶水，230 ℃左右失去 1 个结晶水。因此，利用 TGA 曲线可以得到样品的热变化所产生的热物性方面的信息。

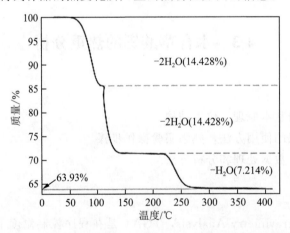

图 4-3-2　五水合硫酸铜（$CuSO_4 \cdot 5H_2O$）的热重曲线

在进行热重测试时需要综合考虑仪器、实验条件和试样三个方面因素对测试结果的影响，否则测试结果与真实值之间会出现很大偏差。

仪器因素主要包括浮力及对流的影响。当温度较低时，气体密度大，而随着温度的升高，气体密度会逐渐减小，这会导致气体浮力发生改变。因此，假设样品质量未发生变化，由于温度升高导致浮力下降，就会造成试样增重，这种现象称为表观增重。如果样品在测试时发生挥发冷凝，受热分解或升华而逸出的挥发物会在分析仪的低温区冷凝，这不仅污染仪器，而且会使实验结果出现严重的偏差，尤其是挥发物在支撑杆上的冷凝会使测定结果毫无意义。样品盘的大小、形状和材料的性质等也会对测试过程产生影响。

实验条件因素：① 升温速率。在较高的升温速率下，反应尚未进行就达到了更高的温度，导致热滞后现象严重，TGA 曲线上的起始温度（T_i）和终止温度（T_f）均高于真实值。此外，升温过快还会影响 TGA 曲线上的拐点，不利于中间产物的产出。一般来说，升温速率设置在 0.5～6 ℃·min^{-1}。② 气氛。测试可以在静态气氛或动态气氛下进行，在动态气氛下测试时需要严格控制测试条件以便获得可重复的实验数据；不同的气体对 TGA 曲线也会产生影响。

试样因素主要体现在样品的用量、粒度、热性质和装填方式等方面。例如，过量的样品会导致吸热和放热引起的温度偏差变大，不利于热扩散和热传递。样品粒度过细会加速反应速率，导致反应的起始和终止温度降低，反应区间变窄。样品粒度过粗又会降低反应速率，导致反应滞后。因此，试样因素需要在测试前充分考虑，确保样品用量适中，粒度大小均匀，装填不宜过紧实。

三、实验仪器与试剂

仪器设备：热重分析仪（日本 Hitachi 公司 TG/DTA7300 型）、空气压缩机、鼓风干燥箱、药匙、陶瓷坩埚等。

试剂耗材：水合草酸钙（CP 级）、称量纸。

四、实验步骤

（1）称取一定量水合草酸钙，放入烘箱中于 60 ℃下干燥 2 h，备用。

（2）打开气阀，设置出气阀压力为 0.2 MPa，流量计调节为 200 mL·min^{-1}。启动计算机，进入"EXSTAR"子用户，开启分析仪，待分析仪显示器上显示"Linkwait"时，连接分析仪，进入 TG/DTA 工作站，开启炉体，在天平的两个托盘上分别放置一个清洁的坩埚。

（3）合上炉体，等待 TGA 信号稳定后，单击 TG/DTA 测量窗口上的"ZERO"按钮进行清零，直至 TGA 信号显示值为 10 μg 以下。

（4）再次开启炉体，取出右侧样品盘上的试样坩埚。注意：操作过程中不要让任何东西碰到天平梁。将坩埚转移至操作台上，用药匙加入适量的待测样品（5 mg 左右），注意不要将样品粘到坩埚外壁。把坩埚重新放回样品托盘上，合上炉体。待 TGA 信号稳定后，此时显示的 TGA 信号值为样品的质量。

（5）在设置实验条件窗口，打开"Set Sample Condition"，依次输入：样品名称、质量（可自动称量读取）、文件名和操作者；继续打开"Method"，设置程序温度值，开始温度设为 30 ℃，终点温度设为 1 000 ℃，升温速率设为 20 ℃·min^{-1}。

（6）单击"Measure"按钮开始测量，在测试界面的图谱下方有测量的倒计时时间，当温度达到设定的温度上限时，测量结束。如果在程序运行期间需要终止测量，可直接按"Stop"按钮结束测量。

（7）差热曲线分析：如样品在设置的温度范围内发生熔解、分解及燃烧等现象，需在曲线上求出并注明其发生变化的温度和峰值，打印曲线图谱即完成测量。

（8）测量结束后，关闭气阀，开启炉体（高于 200 ℃时炉体不能开启），取出天平托盘上的两个坩埚，清洗干净，合上炉体，退出系统，切断电源，盖好机罩，填写仪器使用记录（降温开始时即可关闭气体，节约用气）。

五、数据处理

打开数据表格，选取质量作纵坐标（从上至下表示质量减少），以温度为横坐标，在 Origin 或 Excel 软件中作出热重曲线。根据热重曲线分析水合草酸钙在空气中受热分解过程中发生的物理和化学变化，计算水合草酸钙中结晶水的含量。

六、思考题

（1）实验前为什么要对样品做干燥处理？
（2）如何确定水合草酸钙加热失去结晶水的过程？

4-4 傅里叶变换红外光谱仪分析苯乙烯

一、实验目的

(1) 掌握傅里叶变换红外光谱测定的基本原理。
(2) 掌握傅里叶变换红外光谱实验的数据处理和分析方法。
(3) 掌握傅里叶变换红外光谱仪的操作方法和样品的制备方法。

二、实验原理

1. 傅里叶变换红外光谱仪的工作原理

光谱分析是鉴别物质及确定其化学组成、结构或者相对含量的重要技术手段和方法。光谱分析技术主要分为吸收光谱、发射光谱和散射光谱分析技术三类。红外光谱属于分子光谱,又可以分为红外发射光谱和红外吸收光谱两种,其中最常用的是红外吸收光谱。傅里叶变换红外光谱仪(Fourier Transform Infrared Spectrometer,简称 FTIR 光谱仪)是现在通用的一种测量稳态红外光谱的仪器。其工作原理是基于迈克尔逊干涉仪,当连续波长的红外光源照射样品时,样品中的分子会吸收某些波长光,而未被吸收的光则会到达检测器(称为透射方法)。将光模拟信号经数学处理(模数转换和傅里叶变换)后,就得到了包含样品信息和背景信息的透射或吸收光谱图。红外图谱中包含了样品分子结构特征。由于不同化学结构(分子)会产生不同的指纹光谱,因此,利用红外光谱不仅可以研究分子的结构和化学键,还可以用来表征和鉴别化学物质。

2. 傅里叶变换红外光谱仪的结构

图 4-4-1 是傅里叶变换红外光谱仪的实物图及其结构示意图。FTIR 光谱仪的组成部分主要包括红外光源、迈克尔逊干涉仪(分束器、动镜、定镜)、样品池、光阑、探测器、激光器、计算机数据处理系统、记录系统等。测试前要先根据测试范围不同选择合适的光源,常见的光源有钨丝灯及碘钨灯(近红外)、硅碳棒(中红外)、高压汞灯及氧化钍灯(远红外)。分束器是迈克尔逊干涉仪中的重要部件,它的作用是将红外光源发出的光分为反射束和透射束,两束光分别经定镜和动镜反射再回到分束器复合。当移动动镜时会使得两束光形成光程差,这时复合光就会产生相长或相消的干涉。干涉光通过样品池后会将含有样品的信息传递到检测器中,经傅里叶变换后最终得到样品的红外吸收光谱图。

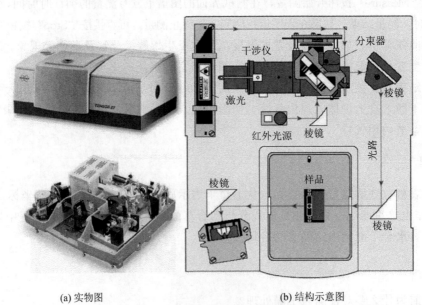

(a) 实物图　　　　　　　　　　(b) 结构示意图

图 4-4-1　傅里叶变换红外光谱仪

FTIR 光谱仪具有以下优点：① 分辨率高。由于引入了激光参比干涉仪，能够精确测定光程差，分辨率可达 0.1 cm^{-1}，波数准确度高达 0.01 cm^{-1}。② 扫描速度快。相比于色散型红外仪器，FTIR 光谱仪在不到 1 s 的时间内就可完成一次扫描，适用于分析快速化学反应和研究瞬间变化，可以解决气相色谱和红外的联用问题。③ 灵敏度极高。由于红外光谱仪的扫描速度很快，它可以在短时间内进行多次扫描，通过将样品信号进行累加、贮存，可以降低噪声，提高灵敏度。④ 适用于痕量分析。红外分析对样品量要求极低，即便是样品量少至 10^{-11}～10^{-9} g 也可以测量。⑤ 测量范围宽。可以研究 10 000～10 cm^{-1} 范围的红外光谱。

3. FTIR 光谱图

FTIR 光谱图的横坐标为波数（常见的为 4 000～600 cm^{-1}），纵坐标为样品对红外辐射的吸光值，有透射率 T 和吸光度 A 两种。透射率 T 是红外光透过样品的光强 I 和透过背景的光强 I_0 的比值，一般用百分数（％）表示；吸光度 A 则是透射率 T 倒数的对数。在一定范围内，红外光谱中的吸光度 A 与样品的厚度和浓度成正比关系，因此，光谱的吸光度值可用来对样品进行定量分析。图 4-4-2 是香草醛典型的 FTIR 光谱图。

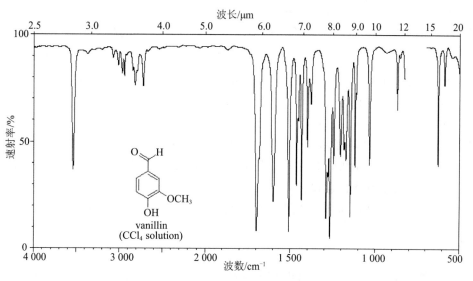

图 4-4-2　香草醛典型的 FTIR 光谱图

在分析红外光谱数据时，需要关注红外谱带的峰位、峰强和峰形三个要素。红外谱带的峰位是指图谱中特征吸收峰出现的位置。组成分子的各种官能团都有自己的红外特征吸收峰，对于不同化合物，相同官能团的吸收振动总是出现在一个窄的波数范围内，因此红外光谱中峰位不是一个固定的波数，而是与官能团所处的环境相关。红外谱带的峰数则与分子自由度有关，无偶极距变化的分子振动不会产生红外吸收。红外谱带的峰强是一个振动跃迁概率的量度，它与分子振动时瞬间偶极矩的变化大小相关，瞬间偶极矩变化越大，吸收峰越强。红外谱带的峰形常用来鉴别官能团，由于不同基团的同一种振动形式可能在相同的频率范围内都产生红外吸收，但是它们的峰形会有所不同。例如，—OH、—NH 的伸缩振动峰都在 3 400～3 200 cm^{-1}，但二者峰形有显著不同，根据峰形的不同有助于鉴别官能团。

三、实验仪器与试剂

仪器设备：傅里叶变换红外光谱仪（德国 Bruke 公司 Tensor 27 型）、分析天平、粉末压片机、玛瑙研钵、药匙、玻璃表面皿、红外线烤灯、压片模具等。

试剂耗材：溴化钾晶体、苯乙烯、无水乙醇、无尘纸等。所有化学试剂均为分析纯，且使用前未经纯化。

四、实验步骤

(1) 粉末样品制备：

① 用无尘纸和无水乙醇将表面皿、研钵、压片模具等擦拭干净。

② 称取适量溴化钾晶体置于表面皿上，打开红外线烤灯，照射 10 min。

③ 将样品和溴化钾按照质量比 1:(100~200) 放入研钵中，在红外线烤灯下研磨 10 min，研磨至颗粒细小。

④ 取 2~3 药匙混合物转移至模具中，旋动模具 2 min，使样品均匀分布。

⑤ 把模具放在压片机下，加压至 10 MPa，保持 10 s。

⑥ 取出模具，并移除模具的前后塞子。压制好的薄片样品应尺寸均一，呈透明态，稍许残缺不影响测试。

(2) 样品测试：

① 开机。打开仪器电源，待"Status"灯变绿表示状态正常。仪器通电后需预热 10 min，确保电子部件和光源稳定后，方可进行测量。

② 保存干涉峰位置。首次测量之前，需要确认正确的干涉峰的位置并将其保存。步骤如下：在软件界面中单击测量图标，在对话框中单击"高级测量"，在测量对话框中依次单击"检查信号""干涉图"，显示干涉图。如果没有显示干涉图，可以通过向左或向右移动扫描区域来寻找干涉峰。找到干涉峰后，单击保存峰位置，将干涉峰的位置储存下来。

③ 采集背景光谱。确定样品腔内无其他物品后，在基本设置页面单击"测量背景单通道光谱"。

④ 采集样品光谱。将待测样品置于光路中，依次输入样品名称、样品形态等信息，然后单击测量样品，测量对话窗口即消失，并进入谱图窗口。测量过程中可以在软件底部看到测量的进度。测量结束后，谱图会显示在谱图窗口。

⑤ 样品测定完毕，将样品取出，确保样品仓清洁，依次关闭仪器的电源、软件和测试计算机。

五、数据处理

(1) 谱图处理。单击调出自己的数据文件；单击扣除谱图中水和 CO_2 的干扰；单击调整基线；单击标峰位，然后选择"STORE"保存；单击手动标峰；单击打印谱图。

(2) 在 Origin 绘图软件中绘制出苯乙烯的傅里叶变换红外光谱图，查询标准谱图，分析所测数据中各个峰位所代表的基团，计算分子的不饱和度并画出其分子结构式。

六、思考题

(1) 实验前为什么要对样品做干燥处理？

(2) 傅里叶变换红外光谱中影响峰位、峰强的因素各有哪些？

4-5 氮气吸脱附仪测定乙炔黑的比表面积

一、实验目的

(1) 掌握比表面积测定的基本原理。

(2) 掌握氮气吸脱附仪测定材料比表面积的实验过程。

(3) 掌握氮气吸脱附实验的数据处理和分析方法。

二、实验原理

1. BET 多层吸附理论

表面是固体与周围环境,特别是液体和气体相互影响的部分,是影响许多材料和产品的质量和性能的重要物理性质之一。表面的大小即表面积,单位质量物料所具有的总面积又称为比表面积(单位是 $m^2 \cdot g^{-1}$)。测试比表面积常用的方法有气体吸附法、压汞法、电子显微镜(SEM 或 TEM)法、小角 X 射线散射(SAXS)法和小角中子散射(SANS)法等。其中,气体吸附分析技术作为多孔材料比表面和孔径分布分析不可缺少的手段得到了广泛应用。物理吸附分析不仅应用于传统的催化领域,而且渗透到新能源材料、环境工程等诸多领域。

多层吸附理论(简称 BET 理论)是目前最流行的比表面积计算方法,该理论由 Brunauer、Emmett 和 Teller 三位科学家于 1938 年提出,并以他们姓氏的首字母缩写命名。他们修正了 Langmuir 单分子层吸附理论,在此基础上提出了多分子层吸附模型,并建立了相应的吸附等温方程(BET 方程)。该方程的提出为颗粒表面吸附科学奠定了理论基础,并被广泛应用于颗粒表面吸附性能研究及相关检测仪器的数据处理。

在 BET 模型中,它的基本假设是:① 各吸附位具有相同的能量,因此吸附表面的能量是均匀的;同时,将被吸附分子间的作用力忽略。② 固体吸附剂对吸附质(气体)的吸附是多层的;从第 2 层开始至第 n 层 ($n \to \infty$),各层的吸附热都等于吸附质的液化热,如图 4-5-1 所示。由于 BET 方程是在多层吸附的理论基础上提出来的,所以它更能准确地反映物质的实际吸附过程,测试结果更准确。BET 方程的表达式如下:

$$\frac{p}{V(p_0-p)} = \frac{C-1}{V_m C} \times \frac{p}{p_0} + \frac{1}{V_m C} \tag{4-5-1}$$

式中,p 为气体吸附平衡压力;p_0 为气体在吸附温度下的饱和蒸气压;V 为样品表面气体的实际吸附量;V_m 为固体表面铺满单分子层时的饱和吸附量;C 是与吸附热相关的常数。如果根据 $\frac{p}{V(p_0-p)}$ 和 $\frac{p}{p_0}$ 的关系作一直线,通过计算直线的斜率和截距就可求得 $V_m = 1/(截距+斜率)$ 和 C。在实际应用中,如果对被测样品测量多组在不同气体分压下的多层吸附量(V),称为多点 BET;如果只测定一组相对压力 $\left(\frac{p}{p_0}\right)$ 数据,将其与原点相连后可以求出比表面积,称为单点 BET。相比于多点 BET,单点 BET 结果误差较大,准确度较低。

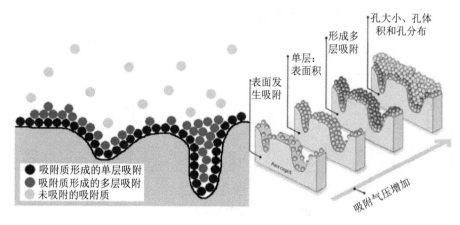

图 4-5-1 多分子层吸附模型示意图

BET 方程在使用时有一定的局限性,它只适用于相对压力 $\left(\frac{p}{p_0}\right)$ 介于 0.05~0.35 之间的吸附数据。这是由于当 $0 < \frac{p}{p_0} < 0.05$ 时，吸附表面还未建立多层吸附，甚至单层吸附也未完成，吸附表面的吸附不均匀；当 $\frac{p}{p_0} > 0.35$ 时，开始出现毛细凝聚现象，这也不符合多层物理吸附的模型。

通过 BET 方程求出 V_m 和 C 之后，还可以进一步计算出固体表面铺满单分子层时所对应的气体分子数。当单个分子截面积已知时，根据下式可以计算出吸附剂的总表面积和比表面积：

$$S = \frac{V_m}{22\,400} N_A \sigma_m \tag{4-5-2}$$

式中，S 是吸附剂的总表面积，σ_m 是吸附质分子的截面积，N_A 是阿伏加德罗常数。表 4-5-1 中列举了几种常用吸附质分子的截面积值。

表 4-5-1 常用吸附质分子的截面积值　　　　　　　　　　　　　　　　　单位：nm²

吸附质	液体密度法	范德华常数	吸附参比法
N_2	0.162（77 K）	0.153	0.162
Ar	0.138（77 K）	0.136	0.147
Kr	0.195（77 K）	—	0.202
O_2	0.141（77 K）	0.135	0.136
CO_2	0.170（195 K）	0.164	0.218
H_2O	0.105（298 K）	0.130	0.125
CH_4	0.158（77 K）	0.165	0.178

在用 BET 法测定比表面积时，吸附质分子在选择时应具有分子尽可能小、形状近似球形、对吸附表面惰性等特点。氮气是最常用的吸附质，它不仅满足上述条件，而且价格低廉，在大多数表面上都可以生成意义明确的 Ⅱ、Ⅳ 型吸附等温线，吸附温度在其液化点（-195 ℃）附近，低温还可以避免化学吸附。

2. 物理吸附分析仪

物理吸附分析仪主要测量的是在一定温度下，样品吸附量与压力的关系，即吸附等温曲线。依据气体吸附理论，如果知道了一定条件下固体表面吸附或脱附的气体量，选择合适的理论方程就可以计算出固体的比表面积和孔径分布等。通常，氮吸附仪的测试原理可分为静态法和动态法两大类，如图 4-5-2 所示。

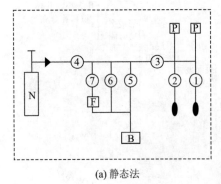
(a) 静态法

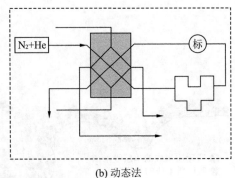
(b) 动态法

图 4-5-2　氮吸附仪的测试原理

（1）静态法。一般在密闭真空系统中，将样品管浸入液氮杜瓦瓶，通过改变氮气压力，压力传感器测出样品吸附前后的压力变化值，由此测出氮吸附量。静态法又分为静态重量法和静态容量法。

静态重量法采用一个灵敏的微量天平和压力传感器来直接测定气体吸附量,它的精度取决于天平的精度,同时需要做浮力修正。然而,由于吸附质不能直接与温度调节装置相连,导致在任何温度下都很难控制和测量吸附质的真实温度。因此,这类测试方法不适用于小比表面的测量。

静态容量法又称真空容量法,它是基于被校准过的体积和压力,利用总气量守恒实现的。吸附量可以通过计算进入样品管的总气体量和自由空间中的气体量的差值获得。静态容量测试是在已知容积的密闭系统中进行的。首先,将经预处理的样品(质量已知)加到样品管中,对其抽真空脱气,当真空度达到系统要求时,将样品管浸入液氮中,注入吸附气体。样品吸附气体时会导致管内压力下降,这时只需要测量吸附前后体系压力变化就能计算出气体吸附量。通过不断地向系统增加吸附质气体量来改变压力,这样就可以得到样品在不同平衡压力下的吸附量值。相比之下,静态容量法在实际操作中更容易达到真实的平衡状态,因此获得的吸附等温线也更加准确。目前,氮吸附比表面积和孔径分布仪大多采用静态容量法,比表面积的测定范围是 $0.1\sim2\,000\ \mathrm{m^2\cdot g^{-1}}$,孔径范围是 $2\sim30\ \mathrm{nm}$。

(2) 动态法,又称连续流动色谱法。与准静态平衡方法相反,这是载气(氦气)和吸附气体(氮气)的混合气流连续通过放有样品的流化床的方法。它采用常压连续流动的氦-氮混合气,通过改变氮/氦比例,获得不同氮分压;热导检测器作为氮浓度传感器,测出样品吸附前后氮浓度的变化,由此测出氮吸附量。动态法在气体吸附或脱附的全过程中,通过气相色谱技术来测量吸附或脱附的气体量。

动态法的核心是采用热导池工作站作为气体浓度的传感器系统,可以实时地将样品表面吸附或脱附时导致的气体浓度的变化转换成电信号,并在时间-电位曲线上得到一个吸附(或脱附)峰,气体吸附量与峰面积相关,因此,通过计算峰面积就可以计算出气体吸附量。

本实验使用的全自动比表面积与孔隙度分析仪(美国 Micromeritics 公司 Tristar II 3020 型)采用静态容量法等温吸附的原理,其实物图及其工作原理如图 4-5-3 所示。整套测试装置由仪器本体、脱气系统、真空系统、供气系统几部分组成。孔径测定仪借助于气体(氮气)吸附原理可进行等温吸附和脱附分析,可用来确定材料的比表面积、微孔体积和面积、中孔体积和面积、总孔体积等。

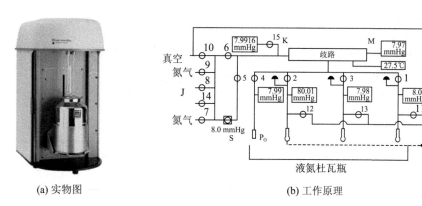

(a) 实物图　　　　　　　(b) 工作原理

图 4-5-3　全自动比表面积与孔隙度分析仪

在进行气体吸附实验之前,需要经历脱气将固体表面的污染物,如水和油等清除干净。大多数情况下,表面清洁(脱气)过程是将固体样品置于一玻璃样品管中,然后在真空下加热。通常脱气温度越高,分子扩散运动越快,脱气效果越好。但是脱气温度的选择不能高于固体的熔点或玻璃的相变点(一般不超过熔点温度的一半),避免高温导致样品结构的不可逆变化。

三、实验仪器与试剂

仪器设备:氮气吸脱附仪(美国 Micromeritics 公司 Tristar II 3020 型)、鼓风干燥箱、真空干燥箱、分析天平。

试剂耗材：乙炔黑、液氮、氮气、无水乙醇。

四、实验步骤

(1) 样品处理。

① 清洁和标识样品管：将样品管用无水乙醇清洗干净，在 80 ℃下烘烤 4 h，冷却至室温后，塞上塞子待用。

② 样品的预处理：将待测样品乙炔黑置于真空干燥箱中，在 110 ℃下干燥 2 h，自然冷却至室温后，转移至干燥器皿中保存。

(2) 比表面积测量。

① 将样品加至样品管中。利用纸槽将样品加至样品管的底部。注意：样品质量应大于 0.1 g 或者体积至样品管圆球约三分之一处，加入过程中样品不要粘到长管内壁上。

② 称量样品质量。由于分析结果表述为单位质量的表面积，因此需要知道样品的准确量。要仔细称量样品管和样品。样品的准确质量通常由以下方法获得：称量脱气前样品管空管质量 W_0，称量脱气前加有样品的样品管总质量 W_1，称量脱气后加有样品的样品管总质量 W_2，称量分析后加有样品的样品管总质量 W_3。分别可以求出不同阶段样品的质量：脱气前样品质量 $W_4=W_1-W_0$，脱气后样品质量 $W_5=W_2-W_0$，分析后样品质量 $W_6=W_3-W_0$。

③ 接上样品管→打开电源，开始加热→加热 20 min 左右后关闭进气口和抽气口→打开真空泵→缓慢打开抽气口→加热 2 h 左右后取出样品管，置于加热包外冷却→关闭电源→冷却到室温后关闭抽气口→关闭真空泵→打开进气口，使样品管恢复常压→取下样品管进行称量→打开抽气口。

④ 将脱气处理好的样品和样品管装载到测试主机上，在分析口上安装杜瓦瓶，将杜瓦瓶中液氮加至离上端 5 cm 处，待液氮液面稳定后，关闭安全门。

⑤ 打开氦气和氮气，将减压表出口压力设为 0.1 MPa；打开主机电源，设置测试参数后进行测试。

⑥ 结束测试，进行数据处理。最后，关闭软件，关闭主机电源，关闭气路。

五、数据记录与处理

记录数据，将相关数据填入表 4-5-1，作出乙炔黑的氮气吸脱附曲线。

表 4-5-1 乙炔黑质量的测量

脱气前质量/g	W_0（样品管）		W_4（样品）	
	W_1（样品管＋样品）			
脱气后质量/g	W_2（样品管＋样品）		W_5（样品）	
分析后质量/g	W_3（样品管＋样品）		W_6（样品）	

六、思考题

(1) 实验前为什么要对样品做干燥处理？

(2) 装入液氮时为什么要对液氮量做要求？

4-6 激光粒度仪测定电池活性材料的粒度

一、实验目的

（1）了解粒度测试的基本知识和基本方法。
（2）了解激光粒度分析的基本原理和特点。
（3）掌握用激光粒度分析仪测定电池活性材料的粒度和粒度分布的方法。

二、实验原理

大部分固体材料都是由各种形状不同的颗粒构造而成的，颗粒的形状和大小可能会对材料的结构和性能产生重要的影响。因此，对颗粒的大小及其分布情况进行分析，对于研究材料的性能极为关键。常见的粒度测试方法有动态/静态显微镜图像法、沉降法、散射法、筛分法和激光法等。其中，激光法结合了激光、光电、精密机械等技术，适合测量固态颗粒、气泡和两相悬浮物质，具有响应速度快、测试范围宽、重复性高等优点，是实验室中进行粒度分析最常用的手段之一。

1. 激光粒度仪的工作原理

激光法是根据激光照射到颗粒后产生衍射或散射这一物理现象测试粒度分布的。激光具有很好的单色性和方向性，因此在传播的过程中几乎不发生散射现象。但当激光光束遇到颗粒时，将发生散射现象。散射光的偏转角度与颗粒的粒径存在一定的规律：颗粒越大，颗粒引发的散射光的偏转角度就越小；反之，产生的散射光的偏转角度越大。这是由于光在传播中，波前受到与波长尺度相当的隙孔或颗粒的限制，以受限波前处各元波为源的发射在空间干涉而产生衍射和散射，衍射和散射的光能的空间（角度）分布与光波波长和隙孔或颗粒的尺度有关。用激光作光源，光为波长一定的单色光，衍射和散射的光能的空间（角度）分布就只与粒径有关。对颗粒群的衍射，各颗粒级的多少决定着对应各特定角处获得的光能量的大小，各特定角光能量在总光能量中的比例反映出各颗粒级的分布丰度。按照这一思路可建立表征粒度级丰度与各特定角处获得的光能量的数学物理模型，进而研制仪器，测量光能，由特定角度测得的光能与总光能的比较推出颗粒群相应粒径级的丰度比例量。

如果此时在样品的后面放置一个富氏透镜，那么这些不同角度的散射光就会在透镜的焦平面上形成明暗交替的光环，即艾里斑（Ariy Disk）。艾里斑中富含着颗粒的粒度信息，可以简单理解为半径较大的光环对应着粒径较小的颗粒，半径较小的光环对应着粒径较大的颗粒。如果在焦平面上放置一些光电传感器，这样就可以将光信号转换成电信号，并传输到计算机中，通过米氏散射理论对这些信号进行数学处理，就可以得到粒度分布了。图 4-6-1 是激光粒度仪工作原理示意图。

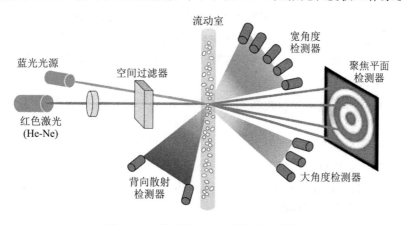

图 4-6-1 激光粒度仪工作原理示意图

2. 激光粒度仪的结构

激光粒度仪按照光路可分为发射单元、接收单元和测量窗口三个部分。其中，发射单元由激光器和光束处理器件（空间过滤器、准直镜等）组成，主要作用是发射单色的平行光；接收单元是仪器的核心部分，包括不同的角度检测器、光电探测器；测量窗口是分散均匀的样品通过的区域，用于测量样品的粒度信息。工作时，激光器发出的激光束经聚焦、空间滤波和准直后形成单色的平行光，随后平行激光束通过测量窗口照射到样品颗粒上发生散射，散射光被角度检测器和光电探测器收集，再经过信号转换和处理，就得到了样品的粒度及其分布信息。

本实验中采用的是英国马尔文公司生产的 MS3000 型激光粒度仪，它采用高能量、高稳定性的 He-Ne 激光器作为发射光源，波长为 633 nm，粒度测试范围达 0.01～3 500 μm，数据采集速率高达 10 kHz，可以在 10 s 内完成样品测试。

三、实验仪器与试剂

仪器设备：激光粒度仪（英国马尔文公司 MS3000 型）、LV 型全自动湿法分散器、湿法套装样品池、超声波清洗机、烧杯。

试剂耗材：去离子水、$LiMn_2O_4$ 材料、石墨材料。

四、实验步骤

（1）开启激光粒度仪，预热 15 min，启动计算机，运行相应软件。

（2）清洁系统：在测试开始前需要清洁系统，可以通过"工具"→"附件"进入 Hydro LV 的操作控制窗口，或者单击"手动测量"按钮进入测量窗口，选择清洁方式（快速、标准、深度）。

（3）确认文件：打开已有的文件或新建一个文件，确保记录存放在你所需要的文件名下（待测样品若已有 SOP，打开 SOP 运行即可；若无 SOP，样品已知测试条件，可新建 SOP 然后运行；若既无 SOP 也无测试条件，则需进行手动测量）。

（4）在"首页"菜单中选择"手动测量"，进入测试窗口。首先会弹出手动测量设置的窗口，可以在该窗口中按顺序设置样品信息，如样品名称、光学参数、测量时间、测量次数等，在附件里设置搅拌速度、超声方式等。可以单击右上角的箭头逐条设置，设置完成后单击"确定"按钮，进入测试窗口。

（5）注入去离子水，确认进样器内有水，确认搅拌处于工作状态（单击搅拌速度后的"开始"按钮）。单击"开始"，仪器会先初始化，自动对光。"初始化仪器"结束后，光强一般要在 70% 以上，以 80% 为宜。如果激光强度低，则表示没有洗干净，需要继续清洗。

（6）单击"测量背景"，背景状态值不能超过 50，从高到低没有突出的峰。

（7）取适量样品于 100 mL 烧杯中，加入 50 mL 左右去离子水和分散剂，搅拌形成悬浮液；然后将烧杯置于超声波清洗机中超声分散 5 min，观察样品有无漂浮颗粒；将分散好的样品取出，缓慢倒入样品池中，加入样品的同时观察遮光比，测试时遮光比应控制在 5%～25% 之间。在软件界面中单击"分析"按钮，开始测量。测试过程中如果需要加超声分散或者改变搅拌速度，可通过右侧的超声控制和搅拌控制来相应调整；测试过程中如果需要改变样品名称和注解等，也可以通过右侧第二个选项"样品文档"来实时改变。

（8）测试完成后，页面上会显示多次测试的趋势图和数据统计值。如需继续测试，可以单击"开始"按钮重复测试。

（9）测试完成后必须立刻清洁系统，避免污染。可以通过测试序列中的"清洁系统"或者右侧的附件控制部分来清洁，也可以退出测试窗口后通过"附件"控制来清洁。

（10）测试结果会自动添加到记录列表中，选择相应的记录在报告中显示或者打印即可。建议测试完成后再单击"保存"按钮保存数据。

（11）关机顺序：先关计算机软件，再关仪器主机。

五、数据记录与处理

(1) 记录数据,绘制所测试样品的粒度分布表和粒度分布图。
(2) 根据测试结果,计算 D10、D50、D90。

六、思考题

(1) 粒度分析有哪些常用的方法?
(2) 激光粒度分析的基本原理和特点是什么?
(3) 如何描述测量结果的重复性?影响测量结果重复性的主要因素是什么?

4-7 旋转流变仪测定电极浆料的黏度

一、实验目的

(1) 了解旋转流变仪的结构和工作原理。
(2) 掌握采用旋转流变仪测定电极浆料黏度的方法及原理。

二、实验原理

锂离子电池的电极浆料是典型的非牛顿型高黏度流体,浆料的流变特性等制程因素对电池的最终性能产生了决定性影响。浆料是一种由活性材料、导电剂和黏结剂等组成的复合结构。如果浆料中活性物质颗粒分散不均匀,成膜时就容易产生裂缝和空隙,使电子的传输中断,进而影响电池性能。因此,制备均匀分散、稳定的浆料是电池生产的重要环节。研究电极浆料的流变特性是分析研究其分散状态的重要手段。此外,电极浆料的流变特性与浆料的制备工艺密切相关,浆料中各组分的含量、搅拌方式和投料顺序都会最终影响浆料的分散状态。因此,研究电极浆料的流变性能,可以为优化电池工艺、提升电池性能提供强有力的参考数据。

实验室中常采用旋转流变仪来研究电极浆料的流变性能,它依靠旋转运动使样品受到简单剪切的作用而产生移动,可用于快速地确定材料的黏度、弹性模量等流变性能。电极浆料是一种由多种不同比重、不同粒度的原料组成的固液混相的非牛顿流体,使用旋转流变仪能获得电极浆料的黏度、流动性、流平性、流变性等信息,可以为电池生产的工艺优化提供重要的参考依据。

1. 旋转流变仪的工作原理

旋转流变仪工作时是利用夹具的相对运动来产生流动的。产生流动的方法有两种:第一种是由莫里斯·库埃特于1888年提出的应变控制型,它通过驱动夹具测量产生的力矩,即控制施加的应变,测量产生的应力;第二种是由塞尔于1912年提出的应力控制型,它通过施加一定的力矩测量产生的旋转速度,即控制施加的应力,测量产生的应变。常用的测量黏度等流变性能的几何结构有平行板、锥板和同轴圆筒三种,如图 4-7-1 所示。本实验中采用的是图 4-7-1 (a) 中的平行板结构。

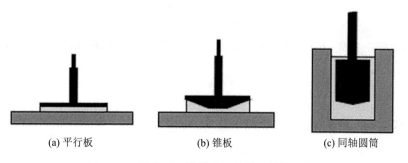

图 4-7-1 平行板、锥板和同轴圆筒结构示意图

平行板结构的优点：① 板间距离易调节，能够将板间距减小至很小来抑制二次流动、减少惯性矫正、提高传热性等，适合在较高的剪切速率下使用；② 方便加装光学设备和施加电磁场，可开展原位测试；③ 平行板中剪切速率是沿径向分布的，可以作为独立变量；④ 板间距可以根据填料的尺寸快速调整；⑤ 平行板表面平整，易于检查、方便清洗。

平行板多用于高温测量和多相体系的测量，它一般由上、下两个半径为 R 的同心圆盘构成。上圆盘可旋转，平行板间距为 h，且间距易调节。在盘的边缘是与空气接触的自由边界，此处的界面压力和应力对扭矩和轴向应力测量的影响可以忽略不计。测试时，间距可以比分散粒子大很多，一般的标准是

$$\frac{d_p}{h} \ll 1 \tag{4-7-1}$$

式中，d_p 是分散粒子的直径。但当平行板间距过大时，又会引起流动不均匀，使得剪切速率沿径向方向线性变化。在间距很小（$h/R \ll 1$）时，或者在低旋转速度下，稳态条件下的速度分布（v_θ）可由下式计算：

$$v_\theta = \Omega r \left(1 - \frac{z}{h}\right) \tag{4-7-2}$$

式中，Ω 为角速度；z 为板间高度，$0 < z \leqslant h$；r 为流体在圆盘上铺展的半径，$0 < r \leqslant R$。剪切速率（$\dot{\gamma}$）可以表示为

$$\dot{\gamma} = \Omega \frac{r}{h} \tag{4-7-3}$$

对于非牛顿流体，剪切速率会随着径向位置不同而有所变化，此时，黏度不再与扭矩成正比，因此，需要进行 Robinowitsh 型的推导。扭矩（T）可以表示为

$$T = 2\pi \int_0^R [-\sigma_{z\theta}(r) r^2] dr = 2\pi \int_0^R \frac{\eta(r)\Omega r^3}{h} dr \tag{4-7-4}$$

将方程中的变量 r 转换成 $\dot{\gamma}$，得

$$T = 2\pi \left(\frac{h}{\Omega}\right)^3 \int_0^{\dot{\gamma}_R} \eta(\dot{\gamma}) \dot{\gamma}^3 d\dot{\gamma} \tag{4-7-5}$$

结合式（4-7-3），这个结果可以写成

$$T = 2\pi \left(\frac{R}{\dot{\gamma}_R}\right)^3 \int_0^{\dot{\gamma}_R} \eta(\dot{\gamma}) \dot{\gamma}^3 d\dot{\gamma} \tag{4-7-6}$$

式中，$\dot{\gamma}_R$ 表法流体铺展半径为 R 时的剪切速率。对 $\dot{\gamma}_R$ 求导，并利用 Leibnitz 法则，可以得到

$$\frac{d\left(\frac{T}{2\pi R^3}\right)}{d\dot{\gamma}_R} = \eta(\dot{\gamma}_R) - 3\dot{\gamma}^{-4} \int_0^{\dot{\gamma}_R} \eta(\dot{\gamma}) \gamma^3 d\dot{\gamma} \tag{4-7-7}$$

应用式（4-7-1）~式（4-7-6），得到最终的黏度

$$\eta(\dot{\gamma}_R) = \frac{T}{2\pi R^3 \dot{\gamma}_R} \left[3 + \frac{d\ln\left(\frac{T}{2\pi R^3}\right)}{d\ln \dot{\gamma}_R}\right] \tag{4-7-8}$$

对于非牛顿流体，首先用 $\ln T$ 对 $\ln R$ 作图，然后利用局部斜率由式（4-7-8）计算黏度。对于满足指数定律的流体，扭矩

$$T = 2\pi m \int_0^R (\dot{\gamma}_{z\theta})^n r^2 dr \tag{4-7-9}$$

且 $\ln T$ 与 $n\ln R$ 成比例，因此黏度可以由以下简化的表达式给出：

$$\eta(\dot{\gamma}_R) = \frac{T}{2\pi R^3 \dot{\gamma}_R}(3+n) \tag{4-7-10}$$

对于非牛顿流体，指数定律的指数 n 可以由扭矩 T 与角速度 Ω 的双对数曲线的斜率确定，参数 m 可以从其截距得到。旋转流变仪的测试模式一般可以分为稳态测试、瞬态测试和动态测试，区分它们的标准是应变或应力施加的方式。

2. 旋转流变仪的结构

本实验中使用的是马尔文公司的 Kinexus Pro 型旋转流变仪，它主要由马达、测试夹具、光学解码器、马达转子、空气轴承五个部分构成。工作时，测试夹具在驱动马达的带动下转动，旋转迫使夹具间的被测样品受到剪切作用力，样品产生的扭矩等变化被光学解码器收集，采集到的信息经处理后就可以得到样品的剪切应力和剪切速率，再根据牛顿内摩擦定律获得流变性能参数。

制备电极浆料是锂离子电池生产制造过程中最为关键的环节。电极浆料是一种高黏稠、固液两相的悬浮体系和复杂的非牛顿流体，它具有剪切变稀特性，以及很强的触变性、屈服特性和黏弹特性。电极浆料制备工艺对其流变性能有一定的影响。例如，当电极浆料中原料组成和比重发生改变时，会引起浆料的流动性、流平性和抗沉降稳定性等流变性能发生变化，进而对电池极片的涂布产生影响。也有研究发现浆料制备顺序对浆料流变特性和电池性能的影响。此外，电极浆料在储存过程中，浆料中的颗粒由于仅受重力作用影响，剪切黏度会随着放置时间增加而变小。若存储时间超过 3 h，则剪切黏度可由 9.68 Pa·s 减小至 7.22 Pa·s。本实验利用旋转流变仪研究不同配比的磷酸铁锂正极浆料在单一剪切速率下的黏度，进而建立不同的浆料体系的黏度变化规律。

三、实验仪器与试剂

仪器设备：旋转流变仪（英国马尔文公司 Kinexus Pro 型）、平板环境温控单元、Kinexus 循环器、无油静音空压机、平行板（直径 20 mm）。

试剂耗材：磷酸铁锂正极浆料（电极配方分别为 6∶2∶2、7∶1.5∶1.5、8∶1∶1）。

四、实验步骤

（1）打开空压机电源，空压机开始工作，待空压机气压至少超过 5 bar 后，接通空气调节阀门，确保进入旋转流变仪空气轴承的气压达到 3 bar，检查旋转流变仪主机面板上的空气指示灯变为"绿色"。

（2）取掉旋转流变仪空气轴承保护锁，打开旋转流变仪背部的电源开关。

（3）打开计算机，单击桌面上的"rSpace for Kinexus"图标，打开旋转流变仪操作分析软件。

（4）开启旋转流变仪操作分析软件后，软件会自动弹出初始化对话框，提示仪器初始化，单击"初始化"按钮或者在仪器面板上按"√"键，旋转流变仪空气轴承组件上升至顶端，完成初始化。

（5）安装测量夹具：选择合适的测量夹具，安装到旋转流变仪上，软件会自动提示夹具进行间距校零，校零后自动抬升到操作高度。

（6）加载样品：单击"Load Sample"按钮，操作人员按照软件提示完成整个加样过程。

（7）单击"rFinder"按钮或者按快捷键"F3"，打开搜索引擎，搜索相关测试方法，双击选择测试方法，然后单击"Start Current Sequence"按钮运行测试方法，或者直接在收藏夹里面找到合适的测试程序，测试结束后保存数据。

（8）清理样品：测试结束后清理样品，单击"Unload Sample"按钮，按照软件提示完成整个样品清理过程。

（9）关闭操作软件，关闭旋转流变仪电源，安装空气轴承保护锁。

（10）关闭空气压缩机。

（11）测定不同配比电极浆料在同一剪切速率下的黏度。

五、数据记录与处理

记录不同配比电极浆料黏度数据并绘制成曲线，分析电池配方与黏度间的关联性。

六、思考题

（1）旋转流变仪在聚合物成型加工中有哪些方面的应用？

（2）加料量、转速、测试温度对实验结果有哪些影响？

参考文献

[1] 黄孝瑛. 材料微观结构的电子显微学分析 [M]. 北京：冶金工业出版社，2008.

[2] 杨玉林，范瑞清，张立珠，等. 材料测试技术与分析方法 [M]. 哈尔滨：哈尔滨工业大学出版社，2014.

[3] 任海侠，敬永红，宋进，等. 扫描电镜实验分析技术及应用 [J]. 石化技术，2018，25(11)：115，275.

[4] 陈卫红，刘柳絮，刘润芝，等. 基于X射线衍射仪的多晶体粉末样品物相实验分析 [J]. 黑龙江科技信息，2016 (28)：106-107.

[5] 翁诗甫. 傅里叶变换红外光谱仪 [M]. 北京：化学工业出版社，2005.

[6] 黄亮，王锐，王巧云. 激光粒度分析仪标准纳米粒子的粒度分布测定 [J]. 暨南大学学报：自然科学版，2013，34 (3)：311-314.

[7] 陈宁，果晶晶，宫惠峰. 纳米颗粒粒度测量方法进展 [J]. 现代科学仪器，2012 (2)：160-163.

第五章 电源工艺学实验

5-1 电极配方对电池极片性能的影响

一、实验目的

(1) 了解电池极片中的活性物质、导电剂和黏结剂等组分的作用。
(2) 了解电极配方与电池极片性能间的关联性。
(3) 掌握制备不同电极配方电池极片的工艺流程和实验步骤。

二、实验原理

电池极片是电池的核心部分,它是一种由颗粒组成的多孔复合结构,它的微观结构受制备工艺的影响,直接决定了电池的性能。以锂离子电池极片为例,图 5-1-1 是电池极片微观结构的示意图,它主要由以下几部分组成:① 活性物质材料,用于嵌入或脱出锂离子(正极材料提供锂源,负极材料接受锂离子);② 导电剂和黏结剂均匀分散构成的三维导电网络结构;③ 孔隙,可以填充电解液,为极片中锂离子的传输提供通道;④ 金属集流体,用于收集电子和与电池外部相连。极片中各组成部分的体积分数满足下式:

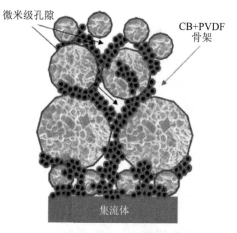

图 5-1-1　电池极片微观结构示意图

$$\varphi_{AM}+\varphi_{CA}+\varphi_{B}+\varepsilon=1$$

式中,φ_{AM} 为活性物质的体积分数,φ_{CA} 为导电剂的体积分数,φ_{B} 为黏结剂的体积分数,ε 为极片孔隙率,即电解液的体积分数。电极中活性物质、导电剂和黏结剂之间的比例及它们的分布状态会影响电子、离子的传输和电极界面的电化学反应等,从而影响电池性能。

(1) 活性物质的影响。对于活性物质来说,它的粒径尺寸决定电极的离子电导率。一般而言,粒径越小越利于锂离子的扩散传输,进而影响到电极整体的导电能力及其倍率性能。但过小的尺寸会增加电极的比表面积,会消耗大量的锂离子用于形成固体电解质界面(Solid Electrolyte Interface,SEI)膜,同时还会导致电极的振实密度和能量密度降低。

(2) 导电剂的影响。常用的导电剂有导电炭黑(Super-P)、科琴黑、碳纤维、碳纳米管、石墨烯等。导电剂主要用于提升电极的电导率,同时还具有稳定浆料,避免浆料出现分离、凝聚等作用。有时添加导电剂的多少还会影响到电极中电解液的分布。例如,过多的导电剂会使电解液在部分区域富集,减缓锂离子的传输,进而影响到电池的循环性能。此外,过多的导电剂还会降低电极密度,导致电池的容量下降。过少的导电剂则会降低电极中活性物质的利用率,导致电池倍率性能不佳。因此,在实际生产中,针对不同的活性物质体系,导电剂的选择及其用量十分关键。

(3) 黏结剂的影响。黏结剂一方面可以起连接的作用,另一方面可以在一定程度上抑制浆料凝聚。对于不同活性物质和导电剂，适用的黏结剂种类也有所不同。例如，聚偏二氟乙烯（PVDF）、羧甲基纤维素钠（CMC）、聚丙烯酸（PAA）和海藻酸钠多用于负极极片，聚偏二氟乙烯（PVDF）和聚四氟乙烯（PTFE）常用于正极极片。

理想的电极微观结构是活性物质、导电剂、黏结剂三者均匀分散，导电剂包覆在活性物质颗粒表面，彼此相连形成电子传输网络；黏结剂使得颗粒涂层的结合强度和机械稳定性高，活性物质颗粒保持原始形貌并分散均匀、整齐排列，形成从电极表面到集流体的垂直孔道，确保电解液充分浸润，实现锂离子的快速传导。电极浆料的好坏与制作过程中不同组分的种类、配比、投料顺序、搅拌工艺和时间等因素密切相关。本实验选取 $LiMn_2O_4$ 正极材料、黏结剂 PVDF、导电剂 Super-P 作为电极材料，按照不同的配比在 N-甲基吡咯烷酮（NMP）分散剂中进行分散，得到适合黏度的浆料后，在一定的速度下将浆料涂覆在铝箔集流体上，经干燥、切割和剥离，通过扫描电镜（SEM）照片观察不同电极配方对电池极片性能的影响。

三、实验仪器与试剂

仪器设备：分析天平、磁力搅拌器、涂布机、鼓风干燥箱、真空干燥箱、极片冲片机、数显测厚仪、试验型辊压机、移液器、黏度计、扫描电镜（SEM）、Zwick 万能材料试验机、钢化玻璃板（20 cm×30 cm）、烧杯（10 mL）等。

试剂耗材：$LiMn_2O_4$ 粉末（电池级）、PVDF、Super-P、NMP 溶剂、铝箔集流体等。

四、实验步骤

（1）不同配比电池极片的制备：

实验中分别以 $LiMn_2O_4$ 粉末、Super-P 和 PVDF 作为活性物质材料、导电剂和黏结剂，NMP 作为溶剂。集流体采用铝箔，宽度为 100 mm，厚度为 30 μm，质量为 8.05 mg·cm^{-2}。实验中采用三种不同的电极配方，质量比为 $LiMn_2O_4$∶Super-P∶PVDF＝8∶1∶1、7∶1.5∶1.5 和 6∶2∶2。

① $LiMn_2O_4$ 粉末、Super-P 和 PVDF 在使用之前需要置于真空干燥箱中，在 120 ℃下烘烤 2 h 进行脱水预处理。实验中电极材料总质量为 0.5 g，计算三种电极配方中各物质组成对应的质量。以下以 8∶1∶1 比例的电极制备为例。

② 配制黏结剂溶液。用分析天平称取 0.25 g PVDF 粉末，将其加入 10 mL NMP 溶剂中，封口后磁力搅拌 4 h，得到澄清透明的 PVDF/NMP 黏结剂溶液。

③ 用移液器量取 2 mL PVDF/NMP 溶液加入烧杯中，称取 0.05 g 导电剂缓慢加入溶液中，磁力搅拌 20 h，得均匀的溶液。注意，导电剂在加入过程中尽量不要碰到烧杯的上侧壁，加入太快还会使导电剂从烧杯中散出。

④ 称取 0.4 g 活性物质材料缓慢加入烧杯中，磁力搅拌 1～2 h，搅拌时间不固定，以浆料呈黏稠状态为准。

⑤ 将铝箔裁剪成 40 mm×100 mm 的长条。取一块洁净的玻璃板，先在其表面滴加几滴 NMP 溶剂，用无尘纸将 NMP 擦拭均匀，随后小心地将铝箔的亚光面与玻璃板紧密贴合，确保铝箔平整无气泡。

⑥ 将浆料置于铝箔上，采用 75 μm 刮刀，通过涂布机将其均匀涂敷在铝箔表面上。

⑦ 将涂敷好的电池极片转移至鼓风干燥箱中，在 60 ℃下烘 4 h。烘干完成后移入真空干燥箱中，在 120 ℃下真空干燥 12 h。采用辊压机将极片厚度压制到原始厚度的 75% 左右，通过数显测厚仪测定极片的最终厚度。

（2）极片理化性能的测试与分析：

使用黏度计测量三种电极浆料的黏度；通过 SEM 观察电池极片的表面形貌，采用 Zwick 万能材料试验机测量极片剥离时的机械性能差异。

五、数据记录与处理

（1）记录并比较三种电极浆料黏度差异，分析黏度与电池材料配比之间的关系。
（2）根据 SEM 图像分析三种极片的表面形貌差异。
（3）根据获得的极片剥离时的机械性能曲线，分析其与黏结剂含量之间的关系。

六、思考题

（1）电极制备过程中，黏结剂和导电剂用量过多分别有哪些好处？同时也会带来哪些问题？
（2）电极活性物质材料用量过多会产生什么问题？

5-2　不同混料方法对电池极片性能的影响

一、实验目的

（1）了解电极浆料制备时采用的混料方法及其特点。
（2）了解不同混料方法对电极中活性物质、导电剂、黏结剂等分散均匀性的影响。
（3）掌握电池电极浆料和极片制备的工艺流程和实验步骤。

二、实验原理

电极浆料的制备对电池性能有着十分重要的影响，而搅拌工艺的不同是决定正负极浆料性能的关键因素。搅拌的目的是将电极浆料分散均匀，分散不均匀则可能出现团聚现象，进而影响电池的电化学性能。以导电剂为例，理想的导电剂应均匀包覆在活性颗粒表面，并彼此之间相互连通导电，如果因分散不均匀而出现了团聚现象，就会影响到极片的电子传导，如图 5-2-1 所示。黏结剂分布不均匀则会影响极片的机械性能。

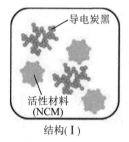

图 5-2-1　电极浆料导电剂可能的分布结构示意图

目前，实验室制备电极浆料时采用流体力剪切分散、球磨分散和超声分散等分散方式，这几种分散方式的作用机理有所差异，因而对电极的最终形貌和电化学性能产生很大影响（图 5-2-2）。

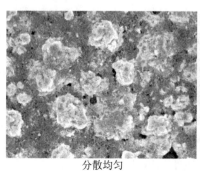
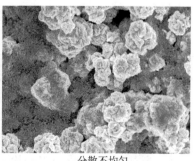

图 5-2-2　电池极片表面的 SEM 图像

(1) 流体力剪切分散。

流体力剪切分散主要依靠分散设备与流体相互作用时产生的剪切力，将浆料中的颗粒不断地分散再结合，最终使各物质混合均匀。剪切力的大小与剪切速率、浆料中集聚颗粒的截面积和浆料黏度等因素有关。采用流体力剪切分散制备的浆料，其颗粒尺寸一般大于 100 nm（即便初始颗粒的尺寸仅有几纳米或几十纳米）。随着剪切强度增加，浆料混合的均匀程度增加，达到平衡时的颗粒粒径减小，但孔隙率会逐渐减小，这样反而不利于 Li^+ 的大量传输。此外，过大的剪切力还会打断黏结剂的分子链，使分子链长度变短，削弱黏结剂的作用。因此，采用这种方法制备电极浆料时，需要采用一个合适的剪切强度，使得电极内部结构与浆料混合程度达到最佳。除了剪切强度，采用高剪切分散时还要充分考虑活性物质、导电剂的颗粒尺寸、平衡后的粒径尺寸、浆料密实度与黏结剂的自身性质等因素。

(2) 球磨分散。

球磨分散是制备锂离子电池电极浆料时常用的技术之一。它具有诸多优点，如电极材料不需要预混合，降低了因溶剂挥发带来的污染，操作简单，成本低等。但是球磨分散效率低，分散时间过长是限制其应用的主要问题。有研究发现，采用球磨分散三元正极材料时可以减小材料粒径，其减小程度与球磨时间和速度有关。在低转速球磨的条件下，球磨后的材料在容量、倍率性能、容量保持率方面都有了较大提高；高转速球磨则增加了电荷传输电阻，使材料各项电化学性能都有不同程度的下降。

虽然适当的球磨强度可以很大程度地提高材料的电化学性能，但是球磨分散后的材料其表面形貌发生了很大变化。由于颗粒与颗粒、颗粒与磨球之间强烈的相互作用，当颗粒形貌对于材料性能有较大影响时，球磨分散工艺将不再是有效的分散方法。

(3) 超声分散。

超声分散基于超声空化效应，即当超声强度足够高时，会在溶液中产生大量气泡，生成的气泡不断生长、破裂，产生冲击波，冲击波可以促使流体流动，实现分散效果。采用超声分散制备的电极浆料具有独特的优势和特点。例如，在固体含量较高的浆料中活性物质、导电剂不易发生沉降，采用超声分散不仅可以在溶剂用量不高的情况将浆料分散均匀，还可以缩短涂布干燥时间，提高电池制作效率。但是超声强度过高时，瞬间产生的大量气泡不能有效地通过溶液，可能会打断高分子黏结剂的分子链，降低黏结剂的黏结作用。此外，超声分散过程中分散温度、浆料浓度、黏结剂分子量等因素也会对最终浆料的质量产生影响。

本实验以石墨负极材料为研究对象，将其与电极黏结剂（PVDF）、导电剂（Super-P）在 NMP 分散剂中进行分散，采用不同的搅拌方式，经过一定时间的搅拌后，得到合适黏度的浆料。在一定的速度下将浆料涂覆在铜箔集流体上，经干燥、切割和剥离，通过观察扫描电镜（SEM）照片比较不同搅拌方式对电池极片性能的影响。

三、实验仪器与试剂

仪器设备：分析天平、高速剪切机、磁力搅拌器、超声波细胞粉碎机、高速混料球磨机、涂布机、鼓风干燥箱、真空干燥箱、极片切割机、数显测厚仪、辊压机、扫描电镜、平整玻璃、玻璃瓶（25 mL）等。

试剂耗材：石墨负极材料、PVDF、Super-P、NMP 溶剂、铜箔。

四、实验步骤

量取 20 mL 的 NMP 溶剂加入 25 mL 的玻璃瓶中，称取 0.2 g 的 PVDF 粉末加入 NMP 溶剂中，置于磁力搅拌器上搅拌 0.5 h，直至得到均一透明的溶液，静置待用。

(1) 采用三种不同的搅拌方式制备石墨负极浆料。

① 采用高速剪切机制备石墨负极浆料：将 0.04 g 石墨负极材料和 0.005 g Super-P 依次加入 5 mL 的 PVDF/NMP 溶液中，将高速剪切机的刀头完全浸入溶液中，转速设置为 8 000 r·min^{-1}，搅拌 20 min 后得到均匀的黑色浆状物，标记为浆料 A。

② 采用高速混料球磨机制备石墨负极浆料：将 0.04 g 石墨负极材料和 0.005 g Super-P 依次加入高速混料球磨机的离心管中，加入 5 mL 的 PVDF/NMP 溶液；然后用镊子加入 12 粒氧化锆小球装载在混料机中，设置振荡时间为每次 60 s，重复 10 次。最终得到均匀的黑色浆状物，标记为浆料 B。

③ 采用超声分散制备石墨负极浆料：将 0.04 g 石墨负极材料和 0.005 g Super-P 依次加入 5 mL 的 PVDF/NMP 溶液中，置于超声波细胞粉碎机中超声分散 0.5 h 后得到均匀的黑色浆状物，标记为浆料 C。超声分散过程中为了避免 NMP 挥发和吸水，可以用封口膜对玻璃瓶进行密封处理。

(2) 制备电极片：取三张铜箔贴附在玻璃板上，将 A、B、C 三种浆料分别置于铜箔上，用刮刀将其涂布均匀。然后将制成的石墨材料涂层放在鼓风干燥箱中，在 80 ℃下烘 4 h。烘干完成后将极片转移至真空干燥箱中，在 110 ℃下真空干燥 12 h。最后采用辊压机将干燥后的极片压制至其初始厚度的 75%。

(3) 采用扫描电镜拍摄三种电池极片的表面形貌。

五、数据记录与处理

结合扫描电镜照片，分析三种分散方式的差异。

六、思考题

(1) 为什么搅拌方式可以影响电极不同物质间的分布情况？
(2) 你认为制备电极浆料时，最好的混料方式是什么？
(3) 如果还要进一步提高电池极片的质量，怎样进一步优化混料方式？

5-3 压制对电池极片厚度、孔隙率等性能的影响

一、实验目的

(1) 认识并掌握锂离子电池极片的压制过程。
(2) 了解压制条件对电池极片厚度、电导率、形貌等因素的影响。
(3) 理解压制对电池极片电化学性能的影响。

二、实验原理

涂布、干燥完成后的极片中活性物质与集流体间的剥离强度很低，需要对其进行压制（辊压），以增强活性物质与箔片的黏结强度，否则极片在随后的电解液浸泡、电池使用过程中极易发生剥落，导致电池失活。此外，经辊压后的极片体积变小，可以提升电芯的能量密度；压制还可以压缩极片中各组分之间的空隙，降低电池的电阻，提高电池性能。对于电池生产制造来说，压制是极片制造中最后也是最关键的工序，它决定了电池极片的最终压实密度和孔隙率，对锂离子电池的容量和循环寿命等性能有着决定性的影响。

锂离子电池极片中，孔隙是重要的结构特征，可用来填充电解液，为锂离子传输提供通道。孔隙率是指电极涂层中孔洞所占的体积分数，它可以通过涂层的体密度、涂层各组分质量百分比和涂

层组分真密度来计算得到。孔隙率 ε 可表示为

$$\varepsilon = 1 - \frac{m_{areal}}{L}\left(\frac{\omega_{AM}}{\rho_{AM}} + \frac{\omega_{B}}{\rho_{B}} + \frac{\omega_{CA}}{\rho_{CA}}\right) \tag{5-3-1}$$

式中，m_{areal} 是电极的负载质量，ω 是质量分数，ρ 是密度，AM 表示活性材料，B 表示黏结剂，CA 表示导电剂。一般来说，孔隙率越大，电解液相体积分数就越高，电解液浸润越充分，锂离子电导率也越大。但是过大的孔隙率又会使碳胶相的体积分数下降，导致电子导电率降低。因此，孔隙率的优化是电极设计的关键。商业化锂离子电池极片孔隙率一般控制在 20%～40%。

电池极片的压制是利用轧辊与电池极片之间产生的摩擦力，将电池极片拉进旋转的轧辊之间受压而变形的过程。本实验中采用的是电动螺旋加压式极片辊压机，通过设定两个轧辊的间距（0～1.8 mm），可使轧辊在极片上加载压力，无额外的加压装置。工作时由减速电机驱动轧辊旋转，使极片受压成型，主要用于压制单片的电池极片，图 5-3-1 是其结构及压制过程的示意图。

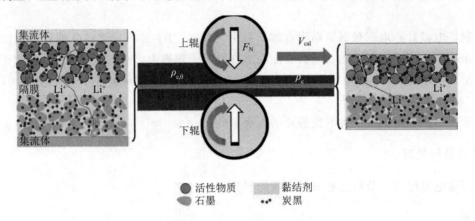

图 5-3-1 利用辊压机压制电池极片的示意图

对电池极片进行压制可以增加正极或负极材料的压实密度，合适的压实密度可增大电池的放电容量、减小内阻、减小极化损失、延长电池的循环寿命、提高锂离子电池的利用率。当表面涂覆有电极材料涂层的极片通过辊压机两辊间的辊缝时，在轧制载荷作用下电极涂层会被压实，从辊缝出来的极片会发生弹性回弹，导致厚度有所增加。因此，辊缝间距和轧制载荷是极片压制中的两个重要参数。考虑到极片回弹因素，辊缝设置时应小于极片的最终厚度，或使所施加的载荷作用能确保涂层被压实至目标厚度。此外，辊压速度的快慢直接决定极片上载荷作用的保持时间，也会对极片的回弹能力、涂层密度和孔隙率等产生影响。

在压制速度 v_{cal} 下，极片通过辊缝时，线载荷可由下式计算：

$$q_L = \frac{F_N}{W_c} \tag{5-3-2}$$

式中，q_L 是作用在极片上的线载荷，F_N 是轧制力，W_c 是极片涂层的宽度。极片通过辊缝被压实后，涂层密度由初始 $\rho_{c,0}$ 减小至 ρ_c。压实密度 ρ_c 可由下式计算：

$$\rho_c = \frac{m_E - m_c}{h_E - h_c} \tag{5-3-3}$$

式中，m_E 为单位面积内的极片质量，m_c 为单位面积内的集流体质量，h_E 为极片厚度，h_c 为集流体厚度。而压实密度与极片孔隙率相关，物理上的涂层孔隙率 $\varepsilon_{c,ph}$ 可由下式计算：

$$\varepsilon_{c,ph} = 1 - \frac{\rho_c}{\rho_{ph}} \tag{5-3-4}$$

式中，ρ_{ph} 为涂层各组成材料平均物理真密度。

在实际辊压工艺中，随着轧制压力变化，极片涂层压实密度具有一定规律，如图 5-3-2 所示为极片涂层密度与辊压压力的关系。

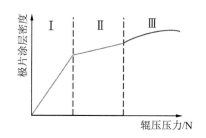

图 5-3-2　极片涂层密度与辊压压力的关系

第Ⅰ阶段：初始阶段极片受到的压力相对较小，涂层内颗粒发生移动并将孔隙填充；随着压力增加，极片的相对密度与受到的压力成线性变化。第Ⅱ阶段：压力的持续增加，使得极片的相对密度达到一定程度，大的孔隙被填充，开始对颗粒间的压缩产生一定的压实阻力，表现为极片密度增加减缓。此时，极片涂层中颗粒间的位移减缓，大量颗粒还未发生变形。第Ⅲ阶段：当压力进一步提升后，极片密度随着压力变大缓慢增加。此时，极片涂层中颗粒开始变形、破碎，颗粒内部的孔隙也可以被填充，使极片密度继续增大。简单来说，在第Ⅰ和第Ⅱ阶段，极片相对密度的变化以涂层中颗粒的位移为主，并伴随少量的变形；在第Ⅲ阶段则主要以涂层中颗粒的变形为主，并伴随少量的位移。

压制工艺还会影响电池极片的孔隙结构。电池极片涂层的孔隙主要包含两类：颗粒材料内部的孔隙，尺寸为纳米至亚微米级；颗粒之间的孔隙，尺寸为微米级。如图 5-3-3 所示是控制压力对电池极片孔隙率的影响。此外，通过改变压制的压力，还可以调控极片的机械性能。

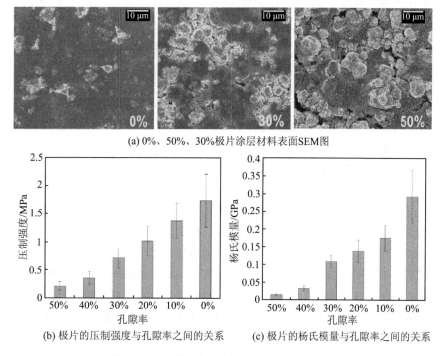

(a) 0%、50%、30%极片涂层材料表面SEM图

(b) 极片的压制强度与孔隙率之间的关系

(c) 极片的杨氏模量与孔隙率之间的关系

图 5-3-3　控制压力对电池极片孔隙率的影响

三、实验仪器与试剂

仪器设备：分析天平、鼓风干燥箱、试验型辊压机、极片冲片机、四探针测试仪（苏州晶格 ST2263 型）、数显测厚仪、扫描电镜、钢化玻璃板（20 cm×30 cm）、玻璃瓶（25 mL）。

试剂耗材：$LiMn_2O_4$ 正极片（5 cm×10 cm）、石墨负极片（5 cm×10 cm）。

四、实验步骤

（1）将商业化的 $LiMn_2O_4$ 正极片或石墨烯负极片置于鼓风干燥箱内，在 80 ℃下烘 4 h，充分干燥后取出，用极片冲片机分割成圆片。

（2）辊压机压制厚度的调节：旋松左右两侧的调节螺母，调节间隙大小至匀称（上、下辊轴母线平行），同时旋紧左右两侧螺母至辊轴间隙刚好为零。旋转螺母上方的测厚仪表盘，将表盘的零点与指针对齐，定义此时为零点。

（3）对电池极片进行压制，以各种物质的真密度为参数，计算压制过程对极片厚度和孔隙率的影响。

（4）通过四探针测试仪和扫描电镜分别测定压制前后电池极片的电导率变化和形貌变化，利用观察极片剥离性能的变化，从而理解极片压制的作用和意义。

五、数据记录与处理

测量并记录不同压制工艺前后极片的厚度和电导率。

六、思考题

（1）压制对提高电极哪些方面的性质有利？也会带来哪些不利的影响？
（2）电池极片压制过程中需要注意的关键问题有哪些？
（3）电池极片压制后电导率随孔隙率的降低迅速增长，导致这一现象的原因是什么？

5-4 锂离子电池电解液的配制及性能表征

一、实验目的

（1）了解电池电解液的组成、分类和作用。
（2）掌握电解液各组成部分对电解液理化性能的影响。
（3）掌握锂离子电池电解液配制的步骤。

二、实验原理

电解液是锂离子电池的重要组成部分，一方面它作为正、负极材料之间的桥梁，在传导电流等方面起着不可或缺的作用；另一方面，它还可以决定电池能量密度、循环性能等，是电池设计过程中的一个重要环节。锂离子电池的电解液是有机溶剂中溶有电解质锂盐的离子型导体，在电池正、负极之间起着运送离子和传导电流的作用。此外，电解液溶剂在化成时还参与成膜过程。以目前常用的锂离子电池电解液为例，常规的电解液应满足以下基本要求：① 离子电导率高，一般应达到 $1×10^{-3} \sim 2×10^{-2}$ S·cm^{-1}；② 电子电导率低，一般要小于 10^{-10} S·cm^{-1}；③ 热稳定性好，可以在较宽的温度范围（-40 ℃～60 ℃）内稳定使用；④ 化学稳定性好，在较宽的电压范围内可以保持电化学性能的稳定；⑤ 与电极材料、集流体和隔膜等部件之间相容性好；⑥ 安全无毒，环境友好。

从组成来看，锂离子电池的电解液主要由溶剂、锂盐、添加剂三部分在一定条件下，按一定比例配制而成，如图 5-4-1 所示。

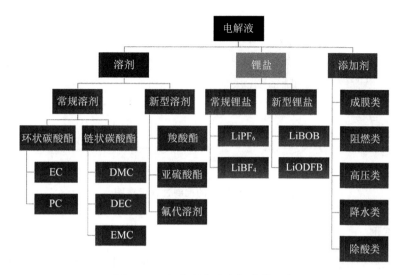

图 5-4-1　锂离子电池电解液的组成

（1）溶剂是电解液的主要组成部分，与电解液的性能密切相关。在电池化成时，电解液溶剂参与成膜，充当锂离子移动的通道，将锂离子运送到正、负极。对于锂离子电池来说，负极的电位与锂接近，在水溶液体系中不稳定。因此，电解液多采用非水、非质子有机溶剂作为锂离子的载体。溶剂可分为常规溶剂和新型溶剂两大类。其中，常规溶剂有环状碳酸酯（PC、EC）、链状碳酸酯（DEC、DMC、EMC）等，新型溶剂有羧酸酯（MF、MA、EA、MA、MP 等）、亚硫酸酯等。在选择有机溶剂时一般会将高介电常数溶剂与低黏度溶剂混合使用。溶剂在使用时需要严格控制纯度，水分含量应小于 10×10^{-6}，同时也能够降低电解质 $LiPF_6$ 的分解，减缓 SEI 膜的分解，防止气胀。

（2）锂盐电解质起着传输离子和传导电流的作用，对电池性能有着重要的影响。锂盐应具有溶解性好、电导率高、化学稳定性好、电化学窗口宽、铝腐蚀电位高等特点，并且要使锂离子在正、负极有较高的嵌入量和较好的可逆性。适用于锂离子电池的锂盐很多，大体上可分为常规锂盐［主要有六氟磷酸锂（$LiPF_6$）、四氟硼酸锂（$LiBF_4$）］和新型锂盐（如 LiBOB、LiTFSI、LiODFB）。目前，商业化使用最多的电解质是 $LiPF_6$。

（3）添加剂多用于改善电解液的电化学性能，不同的添加剂有着不同的作用。例如，在电解液中加入少量的碳酸亚乙烯酯（VC）可以促进成膜，这是由于 VC 是一种不饱和化合物，易在负极上被还原，在电池化成时可优先参与到 SEI 膜形成中。相比于未添加 VC 的电解液，其生成的 SEI 膜具有离子通透性好、电子绝缘性高的特点，能够促进锂离子在负极中的嵌入和脱出，同时阻碍了电子与溶剂分子的接触，改善了电池的倍率性能，对提高电池在存储、低温放电和高温充放电等诸多方面的性能也有所帮助。除此之外，依据电池体系和应用场景的不同，还可以添加诸如导电添加剂、阻燃添加剂、过充保护添加剂、控制电解液中 H_2O 和 HF 含量的添加剂、改善低温性能的添加剂、多功能添加剂等。

电解液在配制时要考虑电池的实际应用场景。例如，对于不同形状的电池壳体，需要考虑电解液的润湿性；对于不同容量和放电速率的电池来说，电解液的电导率等性能也会有所不同；改变电极材料时，电解液中添加剂的用量需要根据具体放电要求进行调整。此外，电解液添加量还会影响电池的储存时间，必要时应考虑在电解液中加入适量的稳定剂。

本实验中选用 $LiPF_6$ 作为电解质，碳酸乙烯酯（EC）和碳酸二乙酯（DEC）作为溶剂来配制不同溶剂组成、比例和锂盐浓度的电解液。通过测定电解液的电导率，观察电解液的黏度和测定隔膜对不同组成的电解液的吸液率等，对电解液的理化性能进行分析表征。在此基础上，还可以加入少量的 VC 作为添加剂，测定其对电解液性能的影响。电解液的配制过程如图 5-4-2 所示。

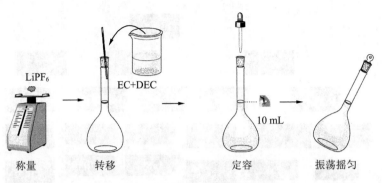

图 5-4-2 电解液的配制过程示意图

三、实验仪器与试剂

仪器设备：惰性气体手套操作箱（德国产，MBRAUN-LABstar 型）、分析天平、电导率仪、移液器、试管、容量瓶（10 mL）、铂电极。

试剂耗材：$LiPF_6$ 电解质、碳酸乙烯酯、碳酸二乙酯、VC 添加剂、封口膜、隔膜（美国产，Celgard 2400）。所有化学试剂均为分析纯，且使用前未经纯化。

四、实验步骤

（1）电解液的配制：

① 将 10 mL 容量瓶、试管清洗干净后置于真空干燥箱中，80 ℃下烘 6 h，待充分干燥后取出转移至手套箱中。

② 计算 0.5 mol·L^{-1}、1.0 mol·L^{-1} 和 2.0 mol·L^{-1} 电解液中所需 $LiPF_6$ 的质量，在手套箱中用分析天平称取三种浓度电解液所需的 $LiPF_6$，分别转移至 10 mL 容量瓶中待用。

③ 以 1.0 mol·L^{-1} $LiPF_6$ 电解液的配制为例，用移液器分别称取 6 g 碳酸乙烯酯和 6 g 碳酸二乙酯，将两种溶剂互混 3 次摇匀。

④ 用移液器将混合均匀的溶剂小心地注入 10 mL 容量瓶中，直至液面距刻度线 1~2 cm 处，盖好容量瓶的瓶盖，摇动 3 min，使溶质和溶剂混合均匀。

⑤ 继续添加混合溶剂，直至溶液的凹液面恰好与刻度线相切为止；将容量瓶塞好，再次充分摇匀，标记为电解液Ⅰ。

⑥ 重复上述操作，分别配制另外两个浓度的电解液，标记为电解液Ⅱ和电解液Ⅲ。

⑦ 称取一定质量的 VC 添加剂，并将其转移至 10 mL 容量瓶中，再配制一份 10 mL 的电解液Ⅰ加入容量瓶中，充分摇匀，标记为电解液Ⅳ。

（2）电解液理化性质表征：

① 取 2 支试管，分别加入 2 mL 配制好的电解液Ⅰ。取其中 1 支试管并插入铂电极，确保电解液的液面淹没铂电极，将试管口用封口膜密封；另外 1 支试管仅做密封。对电解液Ⅱ~Ⅳ采取相同的处理方法。将 4 支试管从手套箱中取出待用。

② 将插有铂电极的试管与电导率仪相连，测定自制电解液在室温下的电导率。

③ 用滴管从密封试管中吸取少量的电解液，滴加到表面皿中并点燃，观察并研究其可燃性。

④ 用滴管从密封试管中吸取少量的电解液，滴加到隔膜表面，观察并研究其润湿性。

五、数据记录与处理

将实验数据填入表 5-4-1。

表 5-4-1　电解液的配制

样品编号	电解质 LiPF$_6$/mg	添加剂（VC）/mg	电导率/(S·cm^{-1})
Ⅰ			
Ⅱ			
Ⅲ			
Ⅳ			

六、思考题

（1）电解液的电导率随锂盐浓度的变化规律是什么？请解释其原因。

（2）电解液的可燃性随锂盐浓度和溶剂组成的变化规律是什么？试分析原因。

（3）根据实验说明电解液的性质将会怎样影响电池的性质，论述电解液组分优化一般从哪几个方面入手。

5-5　电池隔膜的机械性能、热性能和吸液性能

一、实验目的

（1）了解电池隔膜的基本物理化学性质。

（2）了解隔膜的热性能及其与电解液的浸润性。

（3）理解隔膜在电池中的具体作用和今后的发展方向。

二、实验原理

隔膜是一种具有微孔结构的薄膜，是电池的重要组成部件。它的主要功能有两方面：一是充当正极和负极间的物理隔障，阻止电子传导，避免自放电及电池短路等问题的发生；二是能够提供离子自由传输的通道，形成充放电回路。隔膜虽不是电池中的有源元件，但其性能会直接影响电池的成本、寿命、性能及安全性等。依据美国先进电池联盟（USABC）对锂离子电池隔膜性能参数的规定，理想的隔膜应具有适当的厚度、孔径和孔隙率，与电解液间的浸润性好，吸液和保液能力好，同时还应具有稳定的理化特性、热力性能和力学性能等。目前，商品化的锂离子电池隔膜材料主要有单层聚乙烯（PE）、单层聚丙烯（PP）、三层聚丙烯/聚乙烯/聚丙烯（PP/PE/PP）等几种类型。本实验主要通过对几种商品化隔膜的机械性能、热稳定性和吸液性等进行比较分析，从而建立对锂电隔膜的认识。

1. 隔膜的机械性能

隔膜的机械性能会影响电池的安全性，是隔膜的重要指标。好的隔膜应具有一定的机械强度，即便在电池发生变形的条件下，也不会发生破裂。特别是在圆柱和软包电池中，良好的机械性能可保证隔膜在卷曲过程中不发生破裂，顺利成型。在实验中一般用拉伸强度来衡量隔膜的机械性能，它是一种反映隔膜在使用过程中受到外力作用时维持尺寸稳定性的参数。

隔膜的拉伸强度要求纵向强度达到 100 MPa 以上，同时横向强度不能太大，否则会导致横向收缩率增大，进而加大电池正、负极接触的概率。拉伸强度可由拉力仪测量得到，测试时需要将隔膜裁剪成如图 5-5-1 所示的长条形。测试过程中夹具间距、拉伸速率和试样尺寸等参数设置可参照相关标准的设定。以 USABC 标准为例，隔膜在 1 000 psi 的外力作用下，隔膜的偏置屈服应小于 2%。

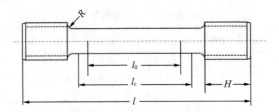

图 5-5-1 被拉伸材料的形状

本实验中采用 Zwick 万能材料试验机对隔膜进行拉伸强度测量，图 5-5-2 是拉伸实验夹具的示意图。测量时，设备的力传感器和引伸计的作用是将隔膜样品所受的载荷和变形数据分别传送到测控中心，经计算得到各相关实验的结果。图 5-5-3 是测量试样受到的应力与应变的关系曲线。在曲线的起始阶段，样品受到的夹持力较小，夹持部分在夹头内发生滑动，因此，这一阶段并不是真实的载荷-变形关系；随着载荷持续增加，滑动消失，样品开始被拉伸并进入弹性阶段。材料的屈服阶段在曲线上通常表现为较为水平的形状或锯齿状，最高载荷对应的应力称上屈服极限，由于它受变形速度等因素的影响较大，一般不作为材料的强度指标。同样，屈服后第一次下降的最低点也不作为材料的强度指标。除此之外的其他最低点中的最小值作为屈服强度。当屈服阶段结束后，继续加载，载荷-变形曲线开始上升，随着载荷的继续加大，拉伸曲线上升的幅度逐渐减小，当达到最大值（C 点）后，试样开始出现断裂。材料的强度极限为抗拉强度，当载荷超过弹性极限时，就会产生塑性变形。材料塑性指标主要用材料的断裂伸长率表示：

$$A = \frac{l_u - l_0}{l_0} \times 100\% \tag{5-5-1}$$

其中，l_0、l_u 分别是断裂前后的试样标距的长度。表 5-5-1 中比较了几种商业隔膜的纵向和横向拉伸强度。

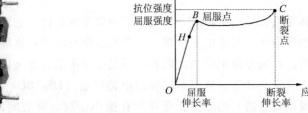

图 5-5-2 拉伸实验夹具的示意图　　图 5-5-3 材料应力与应变的关系

表 5-5-1 几种商用化隔膜的机械特性

拉伸方向	样品编号	弹性模量/(N·m^{-2})	拉伸强度/MPa	断裂伸长率/%
横向	1	226.50	14.14	23.64
	2	318.37	107.79	58.68
	3	181.14	13.57	25.93
	4	242.87	9.44	7.10
纵向	1	950.56	186.65	43.21
	2	774.50	129.79	42.20
	3	258.47	27.37	19.91
	4	315.78	30.39	5.10

2. 隔膜的热稳定性

电池在充放电过程中会释放热量，特别是在短路或过充电等极端情况下，都会伴有大量热量放出。理想的隔膜应当能够在温度发生急剧变化时依然保持完整性和足够的机械强度，继续起到正、负电极的隔离作用，防止短路的发生。一般可以通过热收缩率来分析隔膜高温下的尺寸稳定性。锂离子电池隔膜要求在 100 ℃下保温 1 h 的热收缩率小于 5%，从而确保锂离子电池在高温下能够安全工作。隔膜热收缩率的测量通常是比较在一定温度和时间下，隔膜在加热前后尺寸的变化。热收缩率 S 可由下式计算得出：

$$S=\frac{D_i-D_f}{D_i}\times 100\% \tag{5-5-2}$$

其中，D_i 和 D_f 分别为加热前和加热后隔膜的面积。根据隔膜热处理后的面积大小可以判断热收缩性能，这种分析手段简单易行。

3. 隔膜的吸液性

电解液中锂离子要能顺利地穿过隔膜往返于正、负极之间，因此，理想的隔膜需要具有一定的吸液能力（吸液率）来确保离子通道畅通无阻。此外，锂离子电池在使用过程中，一些副反应的发生会消耗大量的电解液。如果电解液的消耗会引起界面电阻的增加，反过来又会加速电解液的消耗，这也需要隔膜具有很好的吸液能力，从而能够贮存足够的电解液，以便维持电池的正常使用。

隔膜吸液性的测试简单易行。以隔膜对电解液的吸液测试为例，测试前需要先将隔膜彻底烘干，称量干膜质量 m_0，将隔膜完全浸泡在电解液中 30 min 后快速取出，用滤纸擦拭掉隔膜表面多余的电解液，再称量湿膜的质量 m，隔膜的吸液率 x 可通过下式进行计算：

$$x=\frac{m-m_0}{m_0}\times 100\% \tag{5-5-3}$$

如果知道隔膜和电解液的密度 ρ 和 ρ_0，可以进一步得到隔膜的孔隙率（ε）：

$$\varepsilon=\frac{m-m_0}{\rho m+(\rho-\rho_0)m_0}\times 100\% \tag{5-5-4}$$

表 5-5-2 中比较了几种常见的商用隔膜的吸液率。从表中可以看出，有些隔膜样品吸液率较低，有些相比之下很高，说明吸液性能的差异与隔膜本身的形貌、结构、孔隙率等因素有关。

表 5-5-2 几种商用隔膜的吸液率

样品编号	隔膜吸液率/%	隔膜厚度/μm	单位厚度上的吸液率/%
1	393.0	25	15.72
2	585.4	18	32.52
3	1 415.8	31	45.67

三、实验仪器与试剂

仪器设备：Zwick 万能材料试验机、真空干燥箱（DZF-6050 型）、真空手套箱、分析天平。

试剂耗材：单层 PP 隔膜（Celgard 2400 型隔膜）、三层 PP/PE/PP 隔膜（Celgard 2340 型隔膜）、PP 涂层隔膜（Celgard 3501 型隔膜）、商用锂离子电池电解液。

四、实验步骤

（1）隔膜拉伸强度的测定：

① 样品制备：将三种商用隔膜分别剪切成总长 60 mm，标距段长 35 mm、宽 30 mm 的哑铃形样条，然后固定在试验机的夹具上，注意安装后的样品应避免出现褶皱、扭曲、倾斜等现象。

② 依次打开主机电源和测试软件。首先，单击按钮将横梁归位，在试样序列中输入样品的编号、厚度、宽度等基本信息，拉力加载速度设为 20 mm·min^{-1}；其次，单击"Start"图标，开始测试。

③ 测试结束后取出试样，再次单击按钮将横梁归位。通过软件分析测试结果并导出数据。

④ 将断裂试样的两断口对齐并尽量靠紧，测量断裂后标距段的长度 l_u；测量断口颈缩处的直径 d_u，计算断口处的横截面积 S_u。材料的弹性模量的大小标志着材料的刚性，弹性模量越大，越

不容易发生形变。抗形变性能够保证隔膜在外界力作用下,隔膜孔径不易发生改变,从而更有利于电池具备良好的充放电循环性能。

(2) 隔膜热稳定性的测定:

① 将每种隔膜裁剪成4个样本,一个作为参照对比样,其余3个进行热处理。

② 以PP涂层隔膜为例,将其置于真空干燥箱内1 h进行热处理,干燥箱温度依次设为90 ℃(电池在装配后注液前的干燥温度)、135 ℃(相当于PE材料的放热反应温度)和165 ℃(＞PP材料的放热反应温度),随后自然冷却至室温。分别测量其横向和纵向长度,计算隔膜的伸缩率。

(3) 隔膜吸液性的测定:

① 将3种样品置于真空手套箱中,在氩气保护条件下做吸液性试验。取一个隔膜样品,萃取增塑剂后干燥,称量干重M_1和隔膜厚度。然后将膜在电解液中浸泡30 min,待膜充分吸收电解液后取出。用滤纸轻轻吸去膜表面的电解液,称重M_2。

② 每种隔膜均取2个样品,称量浸渍前后隔膜的质量,取平均值计算隔膜的吸液率和单位厚度的吸液率。

五、数据记录与处理

(1) 隔膜拉伸强度的测定(表5-5-1):

表5-5-1　隔膜拉伸强度的测定

样品编号	断裂后标距段的长度l_u/mm	断口颈缩直径d_u/mm	断口横截面积S_u/mm²
单层PP隔膜			
PP/PE/PP隔膜			
PP涂层隔膜			

(2) 隔膜热稳定性的测定(表5-5-2):

表5-5-2　隔膜热稳定性的测定

样品	编号	热处理温度	横向长度/mm	横向伸缩率/%	纵向长度/mm	纵向伸缩率/%
单层PP隔膜	1	室温				
	2	90 ℃				
	3	135 ℃				
	4	165 ℃				
PP/PE/PP隔膜	1	室温				
	2	90 ℃				
	3	135 ℃				
	4	165 ℃				
PP涂层隔膜	1	室温				
	2	90 ℃				
	3	135 ℃				
	4	165 ℃				

(3) 隔膜吸液性的测定(表5-5-3):

表5-5-3　隔膜吸液性的测定

样品	隔膜厚度/μm	吸液前M_1/mg	吸液后M_2/mg	吸液率/%	单位厚度的吸液率/%
单层PP隔膜					
PP/PE/PP隔膜					
PP涂层隔膜					

六、思考题

（1）讨论材料力学性能的几个重要参数的物理意义和计算方法。
（2）根据自己的理解，谈谈隔膜的一些重要物理性质是如何影响电池性能的。

5-6 扣式锂离子电池的组装

一、实验目的

（1）掌握扣式锂离子电池的工作原理和基本结构。
（2）掌握扣式锂离子电池的组装工艺和关键控制因素。

二、实验原理

锂离子电池是一种二次充电电池，它主要依靠锂离子在正极和负极之间移动来工作。锂离子电池广泛应用于储能电源系统、电子产品、电动汽车、军事装备、航空航天等多个领域。其中，关于锂离子电池关键材料的开发和工艺优化也是近些年的研究热点。

1. 锂离子电池的工作原理

锂离子电池是由正极的含锂化合物、电解液、隔膜和负极的层状化合物组成的。以石墨为负极材料、$LiFePO_4$ 为正极材料构成的锂离子电池（图 5-6-1）的工作原理：充电时，锂离子（Li^+）从 $LiFePO_4$ 中发生脱嵌，并释放电子，Li^+ 经过隔膜和电解液迁移到负极石墨表面进而插入石墨结构中，石墨同时得到电子，形成锂-碳层间化合物（Li_xC_6），反应方程式为式（5-6-1）～式（5-6-3）。放电过程则与上述过程相反，Li^+ 从石墨结构脱插，回到正极 $Li_{1-x}FePO_4$ 中，反应方程式为式（5-6-4）～式（5-6-6）。一般来说，电池充放电容量与可嵌入的 Li^+ 的多少有关。由于充放电过程中，Li^+ 从正极→负极→正极往返运动，也有人将锂离子电池称作摇椅式电池，摇椅的两端为电池的两极，Li^+ 就在摇椅两端来回运动。

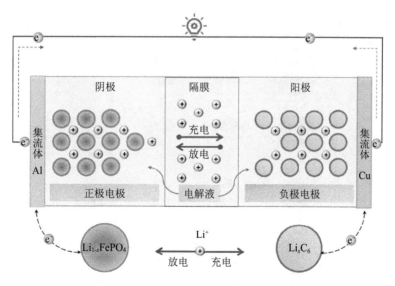

图 5-6-1 锂离子电池充放电过程示意图

充电过程：

正极反应： $$LiFePO_4 \longrightarrow Li_{1-x}FePO_4 + xLi^+ + xe^- \tag{5-6-1}$$

负极反应： $$6C + xLi^+ + xe^- \longrightarrow Li_xC_6 \tag{5-6-2}$$

电池总反应: $\quad\text{LiFePO}_4+6\text{C}\longrightarrow\text{Li}_{1-x}\text{FePO}_4+\text{Li}_x\text{C}_6 \quad$ (5-6-3)

放电过程:

正极反应: $\quad\text{Li}_{1-x}\text{FePO}_4+x\text{Li}^++x\text{e}^-\longrightarrow\text{LiFePO}_4 \quad$ (5-6-4)

负极反应: $\quad\text{Li}_x\text{C}_6\longrightarrow 6\text{C}+x\text{Li}^++x\text{e}^- \quad$ (5-6-5)

电池总反应: $\quad\text{Li}_{1-x}\text{FePO}_4+\text{Li}_x\text{C}_6\longrightarrow\text{LiFePO}_4+6\text{C} \quad$ (5-6-6)

2. 扣式锂离子电池的结构和组装工艺

根据电池的外形，可以将锂离子电池分为圆柱形、方形和扣式等类型。通常扣式锂离子电池的结构和制备工艺相对简单，不仅可以对现有材料的性能进行测试分析，而且可以对新材料、新工艺产品进行初步的电化学性能测试与评价，为新材料的开发提供必要的数据支持。因此，学习并熟练掌握扣式锂离子电池的组装工艺对该材料的开发与制备、全电池设计与应用有着重要意义。扣式锂离子电池由正、负极壳，正、负极片，隔膜，电解液，弹片，垫片等几部分组成，如图5-6-2所示。

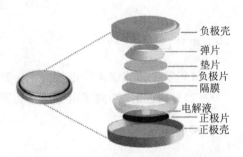

图5-6-2 扣式锂离子电池的结构示意图

正极片是将正极材料（如磷酸铁锂等）、导电剂、黏结剂等按照一定的比例搅拌，均匀涂布在铝箔上，烘干后裁剪成圆形的极片。隔膜是一种有着无数纳米级孔隙结构的薄膜，具有锂离子可以自由传输而电子无法通过的特点。隔膜有聚乙烯、聚丙烯等材质和单层、多层结构之分，隔膜的选择要与正、负极材料和电解液相匹配。在扣式电池中需要将隔膜裁剪成与正极壳的内部直径相当的圆形，这样可以避免锂离子从其边缘直接漏过。负极片是将负极材料（如石墨等）、导电剂、黏结剂等按照一定的比例搅拌，均匀涂布在铜箔上，烘干后裁剪成圆形的极片。电解液是电池中传导锂离子的锂盐有机溶液。电解液是锂离子的传导介质，并且不能传导电子。电解液的选择需要考虑与电极材料的兼容性和电池的应用场景等因素。垫片是一个圆形铝片或不锈钢片，半径比电池壳略小。弹片一般为不锈钢材质，起到支撑电池内部结构的作用，使电池内部部件的接触紧密平坦，导电性良好。

通常扣式锂离子电池的制备需要经历搅浆、涂布、烘干、辊压、冲片、组装、测试等若干步骤，具体流程如图5-6-3所示。

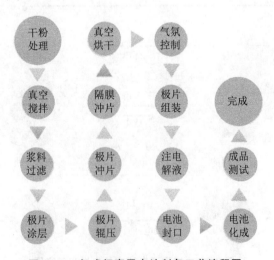

图5-6-3 扣式锂离子电池制备工艺流程图

由于扣式锂离子电池的完整制备周期较长（3~5天），因此，在本实验中，我们采用商用的正、负极片来模拟电池的组装过程。将准备好的极片和扣式电池组装部件（负极壳、正极片、负极片、隔膜、垫片、弹簧片、正极壳、电解液）、移液器和绝缘镊子转移到惰性气氛手套箱内，依照正极壳→正极片→电解液→隔膜→电解液→负极片→垫片→弹片→负极壳依次堆叠组装电池。

三、实验仪器与试剂

仪器设备：试验型辊压机、手套箱（MBC-Labstar 型）、极片冲片机、纽扣电池封装机、数字万用表、测厚仪。

试剂耗材：$LiMn_2O_4$ 正极片（5 cm×10 cm）、石墨负极片（5 cm×10 cm）、隔膜（Celgard 2400 型）、商用电解液（LBC301）、2032 型扣式电池壳、无尘纸。

四、实验步骤

（1）将正极壳开口面向上平放在玻璃板上。用镊子夹取一个正极片，涂布层朝上置于正极壳的正中间。

（2）用滴管吸取少量电解液，在正极片表面滴 2～3 滴电解液，使得极片表面被完整均匀地润湿。操作过程中，滴管和极片一定不能碰触。

（3）用镊子夹取隔膜，覆于正极片之上。操作过程中应将隔膜先对准电池壳边缘，缓缓退出镊子，使隔膜均匀覆盖在正极片上，防止隔膜提前接触到电解液。

（4）用滴管吸取适量电解液，在隔膜表面滴加 2～3 滴电解液将其润湿。

（5）用镊子夹取负极片，涂层朝下放在隔膜的正中间。

（6）用镊子依次夹取垫片、弹片、负极壳放置在负极片的正上方。注意，放置过程中垫片、弹片均不能触碰到正极壳，否则电池将短路失效。

（7）用无尘纸将电池溢出的电解液擦干净，将扣式电池负极朝上放在扣式电池封口机模具上，设置封口压力为 800～1 000 Pa，压制时间为 10～30 s。完成封口后将电池取出，用无尘纸擦拭干净，观察电池外观是否完整，并用万用表测量电池的开路电压。

五、数据记录与处理

（1）拍摄扣式锂离子电池制作过程中关键步骤的照片，并整理在实验报告中。

（2）结合电池的开路电压，分析说明哪些步骤操作不当时，可能会对电池的开路电压产生影响。

六、思考题

（1）组装锂离子电池时，为什么负极的容量要超过正极的容量？

（2）如果隔膜位置不正，会导致什么结果？

（3）在锂离子电池制备过程中，每一个工艺步骤都会对电池最后的性能产生很大的影响，请结合 1～2 个具体的工艺步骤，谈谈你的理解。

5-7 软包锂离子电池的制作与测试

一、实验目的

（1）了解软包电池及其制备工艺流程。

（2）了解软包电池制备过程中的关键控制因素。

（3）了解电池的一些重要测试方法。

二、实验原理

锂离子电池是一种二次充电电池，它主要依靠锂离子在正极和负极之间移动来工作。根据外形来分，在新能源汽车市场上常见的电池有三类：方形铝壳电池、软包电池和圆柱电池。其中，软包型锂离子电池具有安全性能好、能量密度高、尺寸形状灵活而易定制等特点。软包型锂离子电池的外包装多采用铝塑膜。铝塑膜包装最大的优势就是软而有一定的柔性，当电池发生安全问题时，软包电池一般会先胀气，内部的液体泄漏，不会由于气体排放不出去而导致爆炸起火的情况出现，因而安全性能更高。同时，同等容量的软包电池要比方形铝壳电池轻，具有更高的能量密度。此外，软包电池的形状可根据需求定制，设计上更加灵活，在新型号电池开发上更占优势。软包电池主要由正极、负极、电解质、隔膜及外壳构成，电池两头凸起的部件为电池的极耳。软包型锂离子电池根据极耳的不同，可分为单头出极耳和双头出极耳两种类型。如图 5-7-1 所示是单头出极耳软包电池的结构示意图。

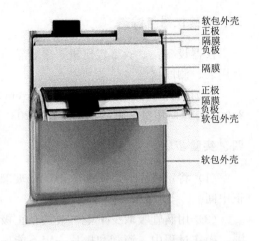

图 5-7-1　单头出极耳软包电池的结构示意图

软包型锂离子电池的制造工序较为复杂，主要包括配料、匀浆、涂布、辊压、分切、冲片、叠片、封装、注液、化成、老化等几个工序。

匀浆：电芯是锂离子电池的重要部分，极片是电芯的核心。匀浆即指锂离子正、负极片上所涂浆料的制备过程。浆料的制备需要将正负极物料、导电剂及黏结剂按照一定的比例进行混合，所制备的浆料需要均一、稳定。匀浆过程中的浆料配方、加料顺序、加料比例及搅拌工艺都对匀浆效果有着极大的影响。匀浆结束后浆料的固含量、黏度、附着力、稳定性、一致性等因素会对电池的性能产生重要的影响。

涂布：涂布是指将制备好的正、负极浆料均匀地涂覆在集流体（铝箔或者铜箔）上并烘干的过程。涂布工艺是锂离子电池制造的核心工序，在很大程度上决定着锂离子电池的性能。涂布后的极卷要求表面平整，色泽均一，无露箔、颗粒、划痕、褶皱等。

辊压：涂布后的极片还需经过辊压。辊压是通过轧辊与极片之间产生的摩擦力将极片拉进旋转的轧辊之间，电池极片受压变形，并致密化。极片的辊压可以增加正极或负极材料的压实密度。适当的压实密度可以有效地提高电池的放电容量，减小内阻和极化损失，延长电池循环寿命，提高锂离子电池的利用率。但压实密度过大或过小都不利于锂离子的嵌入或脱出。因此，对电池极片实施辊压时，轧制力不宜过大也不宜过小，应符合极片材料的特征。

分切、冲片：通常生产过程中制备的极片极卷幅宽较大，无法直接用于制备电池，需要用工具将碾压后的极卷分切成所需的尺寸，这个过程就是分切和冲片的过程。

叠片：分切后的极片需要按照负极、隔膜、正极、隔膜、负极、隔膜、正极……正极、隔膜、负极的顺序进行堆叠，这个过程称为叠片，堆叠之后的极片称为电芯。叠片的方式包括 Z 字形叠片及摇摆式叠片。

封装：堆叠好的电芯还需经过极耳焊接，将焊接好的电芯放置于冲坑后的铝塑膜中并进行顶、侧封等工序，即为封装。如图 5-7-2 所示是封装好的电芯。除电芯本体外，铝塑膜还留有余量，这部分称为气袋，这是因为电芯在化成过程中会产生大量的气体，这部分气体会随着气袋在除气工序中一并被去除。

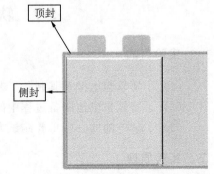

图 5-7-2　软包电池封装示意图

化成：对注液封口后的电池进行第一次充放电。化成的目的主要有两个：一是电池制作完成后，电极材料并不是处在最佳状态，或者物理性质不合适，如颗粒太大、接触不紧密或物相本身不对。例如,对于一些合金材料制成的电池负极,需要进行首次充放电将其激活。二是对锂电池首次充放电时,电子通过外部路径到达石墨负极表面,与电解液溶剂、锂离子发生反应形成固态电解质膜,对于锂电池的性能有重要的影响。化成工艺对电池性能影响极大,因为充放电电流大小、时间等因素对于电池中高质量的 SEI 膜形成、产气量大小、电阻大小等关键参数有很大影响。

老化:一般就是指电池装配注液完成后第一次充电化成后的放置,可以是常温老化,也可以是高温老化,两者作用都是使初次充电化成后形成的膜性质和组成更加稳定,保证电池电化学性能的稳定性。老化完成之后,对电池进行最后分容,经电阻、压降等检测合格后即可出厂。

三、实验仪器与试剂

仪器设备:试验型辊压机、极片模切机、超声波点焊机、铝塑膜成型机、顶侧边热封机、真空预封机、测厚仪。

试剂耗材:$LiMn_2O_4$ 正极片、石墨负极片、隔膜(Celgard 2400)、电解液(LBC301)、铝极耳、镍极耳、铝塑膜。

四、实验步骤

(1) 将铝塑膜置于铝塑膜成型机的冲坑上方,启动设备,在铝塑膜上冲出一个能够装卷芯的坑。用剪刀将冲好坑的铝塑膜裁剪定型,待用。

(2) 将正极片模具安装在极片模切机中,将正极片置于指定位置,将其裁剪成合适尺寸;更换负极片模具,将负极片裁剪成合适尺寸。

(3) 将正、负极片和隔膜按照负极、隔膜、正极、隔膜、负极、隔膜、正极的顺序进行堆叠。

(4) 用胶带将铝、镍极耳分别固定在正、负极片的集流体上,然后用超声波点焊机将其与极片焊接牢固。

(5) 将焊接好的卷芯放置于铝塑膜的冲坑中,设置顶侧封温度为 185 ℃,封装时间为 5 s。在顶侧边热封机中依次进行顶封和侧封,注意在顶侧封完成后需要在气袋处开一小口用于注液。

(6) 将电芯置于真空干燥箱中,85 ℃下烘 24 h,然后转移至手套箱中,注入适量的电解液,最后将气袋边进行第一次封装,静置 24 h。

(7) 对电芯进行化成,0.05 C 充电至电池设计容量的 70% 左右后停止(电流以正极容量为标准进行计算),以此计算充电时间。

(8) 将化成产生的气体抽出,然后再进行第二次封装,最后对电芯进行充放电循环测试。

五、数据记录与处理

(1) 拍摄软包电池制作过程中关键步骤的照片,并整理在实验报告中。

(2) 导出软包电池循环测试数据,在 Origin 软件中分别绘制曲线,结合图像分析评价软包电池的性能。

六、思考题

(1) 如何计算软包电池电解液的注液量?

(2) 将电芯的首次充、放电容量与理论设计容量进行比较,计算首次库仑效率,并说明哪些工艺步骤是导致首次库仑效率不高的原因。

5-8 碱性锌锰电池的拆解

一、实验目的

(1) 了解碱性锌锰电池的结构。
(2) 掌握碱性锌锰电池的拆解方法。
(3) 测定并分析碱性锌锰电池的各个部件及电极组分。

二、实验原理

锌锰电池是法国科学家 Leclanche 于 1968 年发明的,经过 50 多年的发展,已发展成为一种技术成熟、性能稳定、安全可靠、使用方便、物美价廉的电池。碱性锌锰电池与普通碳性锌锰电池相比,具有容量高(是普通碳性锌锰电池的 5~7 倍)、放电电流大、耐漏液性能好、贮存期长(约为普通碳性锌锰电池的 3~7 倍)、低温性能好、无汞环保等优点,已成为消费者日常生活中不可或缺的电子易耗品。

1. 碱性锌锰电池的工作原理

碱性锌锰电池的电化学表达式:

$$(-)Zn \mid KOH(饱和\ ZnO) \mid MnO_2(+) \tag{5-8-1}$$

负极反应:

$$Zn + 2OH^- \rightleftharpoons ZnO + H_2O + 2e^- \tag{5-8-2}$$

正极反应:

$$2MnO_2 + 2H_2O + 2e^- \rightleftharpoons 2MnOOH + 2OH^- \tag{5-8-3}$$

电池反应:

$$Zn + 2MnO_2 + H_2O \rightleftharpoons ZnO + 2MnOOH \tag{5-8-4}$$

正极材料 MnO_2 在放电时经历了两个电子释放的步骤。第一个电子的释放是通过一个固相传质的均相反应过程完成的,即晶格中质子和电子的移动使之逐步还原成 MnOOH。在这个过程中,MnO_2 仅发生晶格膨胀,固相晶体结构基本没有改变,因此这是一个可逆过程。第二个电子的释放是通过溶解-沉积机理实现的,MnOOH 放电时有 Mn_3O_4 生成,生成的 Mn_3O_4 既不能被氧化,也不能被还原,它会不断消耗活性材料,导致电池内阻迅速增大,造成 MnO_2 电极容量的衰退。其负极的放电行为在宏观上的顺序为从靠近正极部位逐渐进行到负极集流体附近,这是由多孔电极各部分放电时极化不同造成的。增大正、负极对应面积可以大幅度提高碱性锌锰电池的放电性能,特别是大电流放电性能。负极钝化的快慢受锌粉粗细的影响。

2. 碱性锌锰电池的结构

碱性锌锰电池具有代表性的圆筒形结构,与圆筒形普通锌锰电池的结构布局恰好相反。碱性锌锰电池的正极一般由炭黑和电解二氧化锰压制成环状,紧挨钢壳内壁;负极位于正极中间,由锌粉和添加剂配制的锌膏组成,其内插有一根钉子形的集电铜针,集电铜针与负极帽相焊接,并套入塑料封圈;正、负极之间用耐碱吸液的隔膜纸隔离。电池内活性物质的典型配方(质量):正极为电解二氧化锰 90%~92%,石墨粉 8%~9%,乙炔炭黑 0.5%~1%;负极为汞齐锌粉 88%~90%,氧化锌 5%~7%,CMC 钠盐 3%~4%,KOH 溶液(外加)适量。电解液为 8~12 mol·L^{-1} KOH 溶液,其中溶入适量氧化锌。

为了方便并能与普通碳性锌锰电池互换使用,同时避免使用时正、负极弄错,碱性锌锰电池在设计制造时,将电池的半成品倒置过来,使钢筒底朝上,开口朝下,再在钢筒底上放一个凸形盖(假盖),正极便位于上方;在负极引出体上焊接一个金属片(假底)。这样在外观上,碱性锌锰电池的正、负极性和形状与普通碳性锌锰电池就一致了。碱性锌锰电池的型号是 LR6（五号）/LR03（七号），前缀 L 代表碱性。图 5-8-1 是碱性锌锰电池的结构剖面图。

本实验通过对碱性锌锰电池的拆解、测量来了解碱性锌锰电池的结构，利用重量分析法测定电池正、负极合剂质量，利用游标卡尺测量电池零部件尺寸。

三、实验仪器与试剂

仪器设备：分析天平、100 mL 烧杯、表面皿、塑料镊子、斜口钳（PM-908）、数显游标卡尺。

材料：塑料吸管、5 号碱性锌锰电池。

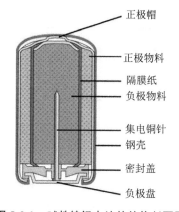

图 5-8-1　碱性锌锰电池的结构剖面图

四、实验步骤

（1）用分析天平称量电池质量并记录（W_1），用游标卡尺测量电池总高、肩高、外径及封口槽深度。

（2）解剖电池：

① 剥去电池外侧包裹的铝塑膜标签并清洁电池，称重（W_2）；戴上护目镜、手套，然后将电池正极端朝下，用斜口钳剪去电池正极帽，待开口处不再排气冒泡后，用斜口钳沿电池底部卷边处剥开卷口，如图 5-8-2 所示。

② 取出集流封口组件（图 5-8-3），用蒸馏水将集电针上附着的锌膏冲洗入 1 号烧杯，将集电针放入 1 号表面皿，干燥，称重（W_3）。

图 5-8-2　电池底部卷边处剥开卷口示意图　　　图 5-8-3　集流封口组件示意图

③ 用塑料吸管取出锌膏，放入 1 号烧杯；用塑料镊子取出隔膜管，剥去外侧一层，放入 2 号烧杯；用蒸馏水将内侧隔膜上黏附的锌膏冲洗入 1 号烧杯，隔膜放入 2 号烧杯，超声水洗至中性，干燥，称重（W_4）。

④ 将钢壳及电池正极放入 2 号表面皿，称重（W_5）；用斜口钳将电池钢壳剪开，分离出电池正极，放入 3 号烧杯；钢壳用蒸馏水冲洗干净，干燥后称重（W_6）。

⑤ 计算电池正、负极合剂质量：负极合剂质量 $= W_2 - W_3 - W_4 - W_5$；正极合剂质量 $= W_5 - W_6$；1 号和 2 号烧杯中的材料供后续实验分析锌膏、正极合剂及电解液成分用。

⑥ 用游标卡尺测量集电针长度（L_0）、直径（d），以及钢壳中部厚度（L_1）和头部厚度（L_2）。

⑦ 实验完毕，清洗实验仪器，将仪器恢复原位，桌面擦拭干净。

五、数据记录与处理

将实验数据记录在表 5-8-1 中。

表 5-8-1　碱性电池的拆解

总高/mm	肩高/mm	外径/mm	封口槽深度/mm	质量（W_1）/g
正、负极合剂	W_2/g		负极合剂质量/g $(W_2-W_3-W_4-W_5)$	正极合剂质量/g (W_5-W_6)
	W_3/g			
	W_4/g			
	W_5/g			
	W_6/g			
集电针	长度（L_0）/mm	直径（d）/mm	钢壳中部厚度（L_1）/mm	钢壳头部厚度（L_2）/mm

六、思考题

（1）碱性锌锰电池中锌电极产生自放电的原因是什么？影响其自放电的因素主要有哪些？

（2）如何降低锌负极的自放电？

（3）分析碱性锌锰电池各部分组成及作用。

参考文献

[1] 薛战勇，田爽，张一鸣，等．材料性质及浆料制备对锂离子电池性能影响 [J]．电源技术，2019，43（4）：685－688．

[2] 巫湘坤，詹秋设，张兰，等．锂电池极片微结构优化及可控制备技术进展 [J]．应用化学，2018，35（9）：1076－1092．

[3] 郑洪河．锂离子电池电解质 [M]．北京：化学工业出版社，2007．

[4] 国思茗，朱鹤．锂电池极片辊压工艺变形分析 [J]．精密成形工程，2017，9（5）：225－229．

[5] 赵星．锂离子动力电池电极材料失效分析及电极界面特性研究 [D]．徐州：中国矿业大学，2015．

[6] 韩周祥，王力臻，杨志宽，等．锂离子电池导电锂盐研究进展 [J]．电池工业，2006，11（5）：333－337．

[7] 郭米艳，李静．电解液对锂离子电池性能的影响 [J]．江西化工，2012（1）：16－20．

[8] 江纬，林宇，曾令兴，等．锂电池隔膜的性能参数与测试方法 [J]．绝缘材料，2018，51（3）：7－14，20．

[9] 廖文明．以 $LiFePO_4$ 为正极材料的锂离子电池制作工艺及性能研究 [D]．昆明：昆明理工大学，2009．

[10] 王其钰，褚赓，张杰男，等．锂离子扣式电池的组装，充放电测量和数据分析 [J]．储能科学与技术，2018，7（2）：327－344．

[11] 陈献宇．碱性锌锰电池的工作原理及研究进展 [J]．湖南有色金属，2001（S1）：37－39．

[12] 金成昌，王胜兵，郭龙．无汞碱锰电池密封圈的检测方法 [J]．电池工业，2001，6（6）：255－257．

第六章 储能材料与制备技术实验

6-1 高温固相法制备 $Li_4Ti_5O_{12}$ 材料

一、实验目的

（1）了解 $Li_4Ti_5O_{12}$ 材料的结构和特点，熟悉它在锂离子电池中的应用。
（2）通过 $Li_4Ti_5O_{12}$ 材料的合成，掌握高温固相法的基本原理和实验操作步骤。
（3）学会分析合成过程中调控反应条件（温度、时间、配比等）对 $Li_4Ti_5O_{12}$ 材料的影响，并进一步研究对其性能的影响。

二、实验原理

钛酸锂（$Li_4Ti_5O_{12}$）是一种锂离子电池负极材料，它具有尖晶石结构，空间群为 Fd3m，可以为锂离子提供三维扩散通道。充放电时，锂离子通过空位跃迁或离子填隙跃迁的方式嵌入 $Li_4Ti_5O_{12}$ 结构中，嵌入的锂离子和之前处于四面体 8a 位置的锂离子共同占据八面体 16c 的位置，形成具有岩盐型结构的 $Li_7Ti_5O_{12}$。锂离子的嵌入对 $Li_4Ti_5O_{12}$ 晶格常数和体积变化影响很小（变化率均小于1%），因此 $Li_4Ti_5O_{12}$ 被称为"零应变"材料。$Li_4Ti_5O_{12}$ 具有较高的安全性、超长的循环性、宽泛的工作温度，适宜于作锂离子动力电池的负极材料；但其也存在不可忽视的缺点，如电子电导率较低（$10^{-13} \sim 10^{-8}$ S·cm^{-1}），理论容量较低 175 mA·h·g^{-1}（商业化石墨材料为 335 mA·h·g^{-1}），这些缺点阻碍了其商业化进程。

固相法是制备金属氧化物最常用的方法，它一般是指以金属盐或金属氧化物为原料按照化学计量比研磨混合均匀后，在一定气体氛围及温度下焙烧，得到所需样品的方法。固相法包括固相热分解法、高温固相化学反应法和室温固相化学反应法等。其中，固相热分解法最为常用。在高温固相法中，原料混合均匀程度、焙烧时间、升降温速率、气体氛围、保持的温度高低等因素决定产物的微观结构和电化学性能。本实验采用高温固相法制备钛酸锂，该方法合成工艺简单，得到的产物粒径均匀，可以避免或减少液相中易出现的硬团聚现象，且成本低。

在本实验中，固相反应使用碳酸锂作为初始锂源，二氧化钛作为钛源，通过机械研磨的方式，先得到钛酸锂前驱体，再经过高温煅烧得到钛酸锂。图 6-1-1 是高温固相法制备 $Li_4Ti_5O_{12}$ 材料的工艺流程图。

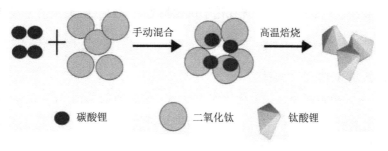

图 6-1-1 高温固相法制备 $Li_4Ti_5O_{12}$ 材料的工艺流程

如图 6-1-2 所示是高温固相法制备 $Li_4Ti_5O_{12}$ 过程中的 TGA-DSC 曲线。TGA 曲线在 25 ℃～400 ℃ 区间内呈现缓慢下降趋势，失重率为 0.82%；在相同温度区间内，DSC 曲线在 320 ℃ 出现相对应吸热峰，这是由 TiO_2 与 Li_2CO_3 粉末的脱水反应引起的，反应方程式为 $Li_2CO_3 \cdot nH_2O + TiO_2 \cdot nH_2O \longrightarrow Li_2CO_3 + TiO_2 + 2nH_2O$。升温至 400 ℃～720 ℃ 的温度区间内，TGA 曲线呈现快速下降趋势，失重率为 16.18%，相对应的 DSC 曲线在 650 ℃ 出现放热峰，这是由于 TiO_2 与 Li_2CO_3 发生反应生成偏钛酸锂，反应方程式为 $Li_2CO_3 + TiO_2 \longrightarrow Li_2TiO_3 + CO_2 \uparrow$。当温度从 720 ℃

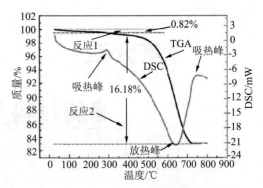

图 6-1-2 高温固相法制备 $Li_4Ti_5O_{12}$ 的 TGA-DSC 曲线

升高至 800 ℃ 时，TGA 曲线呈直线，样品质量保持稳定状态，DSC 曲线出现吸热峰，说明从偏钛酸锂生成纯相的钛酸锂，反应方程式为 $2Li_2TiO_3 + 3TiO_2 \longrightarrow Li_4Ti_5O_{12}$。总反应方程式为

$$2Li_2CO_3 + 5TiO_2 \longrightarrow Li_4Ti_5O_{12} + 2CO_2 \uparrow \tag{6-1-1}$$

图 6-1-3 是 $Li_4Ti_5O_{12}$ 的 XRD 衍射图，图中在 21.32°、41.55° 和 50.67° 处出现 $Li_4Ti_5O_{12}$ 衍射峰，这与标准尖晶石结构 $Li_4Ti_5O_{12}$（JCPDS：No. 49-0207）中的 (111)、(311)、(400) 晶面相互对应。同时，图中还出现了 TiO_2 和 Li_2TiO_3 的杂质相。在空气气氛、固相焙烧反应过程中，由于锂盐的挥发致使锂量缺失，导致固相合成产物钛酸锂中带有少量的二氧化钛和偏钛酸锂杂质，因此，在实际制备过程中为了获取纯相 $Li_4Ti_5O_{12}$ 材料，会适量增加锂盐量。图 6-1-4 是 $Li_4Ti_5O_{12}$ 表面形貌的扫描电镜图像，制备得到的样品呈现不规则的尖晶石形貌，其颗粒直径分布在 300～800 nm。

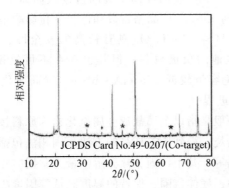

图 6-1-3 $Li_4Ti_5O_{12}$ 的 XRD 衍射图

图 6-1-4 $Li_4Ti_5O_{12}$ 的扫描电镜图像

三、实验仪器与试剂

仪器设备：分析天平、鼓风干燥箱、高温马弗炉、X 射线衍射仪、扫描电镜、玛瑙研钵、刚玉舟等。

试剂耗材：碳酸锂、二氧化钛等。所有化学试剂均为分析纯，且使用前未经纯化。

三、实验步骤

（1）高温固相法制备 $Li_4Ti_5O_{12}$ 材料：

① 使用碳酸锂作为初始锂源，二氧化钛作为钛源，按物质的量比 Li：Ti＝4：5 分别称取。在高温反应过程中，少量锂盐会挥发，这样目标产物的比例可能会失调，因此，在称量时碳酸锂可以过量 5%（物质的量）。

② 将起始反应物倒入玛瑙研钵中研磨 30 min，加入 50 mL 无水乙醇再次研磨 10 min，然后将

混合物转移至鼓风干燥箱中,在 80 ℃下烘 4 h,烘干得到钛酸锂前驱体。

③ 将钛酸锂前驱体转移至刚玉舟内并压实,置于高温马弗炉中,750 ℃下煅烧 12 h,自然冷却至室温,最终得到白色 $Li_4Ti_5O_{12}$ 粉末。

(2) $Li_4Ti_5O_{12}$ 材料的表征分析:

① 取适量 $Li_4Ti_5O_{12}$ 样品进行 XRD 衍射分析,并将测试结果与标准 PDF 卡片进行比较。

② 通过扫描电镜对制备得到的 $Li_4Ti_5O_{12}$ 样品进行形貌分析。

四、数据记录与处理

(1) 收集煅烧后的样品,进行 XRD 分析,判断材料的晶型与纯度。

(2) 结合扫描电镜图像分析样品的形貌特征,测量并计算平均粒径。

五、思考题

(1) 高温固相法制备 $Li_4Ti_5O_{12}$ 材料的影响因素有哪些?

(2) 制备 $Li_4Ti_5O_{12}$ 负极材料的方法还有哪些?

(3) 压片机的作用是什么?为什么高温固相反应前需要压片?

6-2 溶胶-凝胶法制备纳米 TiO_2 微粉

一、实验目的

(1) 学习 TiO_2 的基本结构特征。

(2) 掌握溶胶-凝胶法制备纳米粒子过程的原理和反应过程。

(3) 通过制备纳米 TiO_2 微粉,掌握溶胶-凝胶法制备方法及条件对 TiO_2 结晶成核生长的影响规律与机理。

(4) 掌握紫外-可见分光光度计测定甲基橙含量的方法和评价标准。

二、实验原理

二氧化钛(TiO_2)是一种重要的无机功能材料。自 1972 年 Fujishima 和 Honda 首次发现 TiO_2 光催化分解水现象以来,TiO_2 成为人们研究的热点。随着研究的不断深入与发展,现在 TiO_2 在许多高新技术领域得到了广泛的应用,如传感器和染料敏化太阳能电池的制备、光分解水制氢、太阳光下光催化等。

二氧化钛是一种资源丰富、无毒、化学性质稳定的半导体材料。TiO_2 有锐钛矿、金红石和板钛矿三种晶型。通常,板钛矿相并不稳定,所以在自然界中很少存在。二氧化钛常见的是锐钛矿和金红石两种晶型,如图 6-2-1 所示是这两种晶型的晶胞结构。锐钛矿相属 I41/amd 空间群,金红石相属 P42/mnn 空间群。金红石相的禁带较窄,约为 3.0 eV,但光腐蚀性较强,光生电子空穴对比较容易复合,因而使其光电特性不佳;锐钛矿相的禁带较宽,约为 3.2 eV,催化活性高,稳定性较好。

溶胶-凝胶法(Sol-Gel)是制备材料的湿化学方法中新兴的方法。它是将金属有机化合物、金属

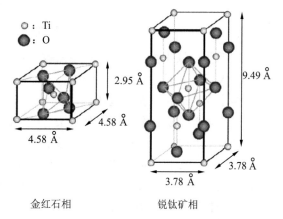

图 6-2-1 TiO_2 两种主要晶型的晶胞结构

无机化合物或者两者的混合物作为前驱体，在液相下均匀混合，经过水解缩聚的化学过程后，在溶液中形成稳定的透明溶胶体系，溶胶经陈化后，胶粒间缓慢聚合，形成以前驱体为骨架的三维空间网络结构，网络间充满了失去流动性的溶剂，形成凝胶，凝胶经过干燥、烧结固化制备出材料。由于溶胶-凝胶技术可以制备出纳米级甚至分子水平的材料，所以它也被广泛地应用于超导材料、铁电材料、陶瓷材料及薄膜等的制备。本实验采用溶胶-凝胶法制备单一纯相的锐钛矿型 TiO_2。

制备溶胶所用的材料主要有钛酸四丁酯[$Ti(OC_4H_9)_4$]、去离子水、冰醋酸和无水乙醇。反应时将 $Ti(OC_4H_9)_4$ 和去离子水加入乙醇中，利用两者发生水解和缩聚反应形成胶体；冰醋酸可调节体系pH，控制钛离子水解速度。$Ti(OC_4H_9)_4$ 在乙醇环境中通过水解生成含钛离子的溶胶 $Ti(OH)_4$。一般认为，在含钛离子的溶液中钛离子通常与其他离子相互作用形成复杂的网状基团。上述溶胶体系静置一段时间后，由于发生胶凝作用，最后形成稳定凝胶。凝胶脱水后进一步得到 TiO_2。上述反应过程如下：

$$Ti(OC_4H_9)_4 + 4H_2O \longrightarrow Ti(OH)_4 + 4C_4H_9OH \qquad (6\text{-}2\text{-}1)$$

$$Ti(OH)_4 + Ti(OC_4H_9)_4 \longrightarrow 2TiO_2 + 4C_4H_9OH \qquad (6\text{-}2\text{-}2)$$

$$Ti(OH)_4 \longrightarrow TiO_2 + 2H_2O \qquad (6\text{-}2\text{-}3)$$

图 6-2-2 是溶胶-凝胶法制备 TiO_2 纳米粉末的实验流程图。首先，边搅拌边将一定量的钛酸四丁酯加入无水乙醇中，钛酸四丁酯需要缓慢滴加，以避免发生团聚沉淀，搅拌 30 min 后形成透明溶液，标记为溶液 A。与此同时，将一定量的冰醋酸加入无水乙醇和去离子水的混合溶液中，得到溶液 B。将溶液 A 逐滴缓慢地加入溶液 B 中，继续搅拌直至形成溶胶。将得到的溶胶静置处理，然后将样品烘干、研磨、洗涤并退火，就得到了 TiO_2 粉末。

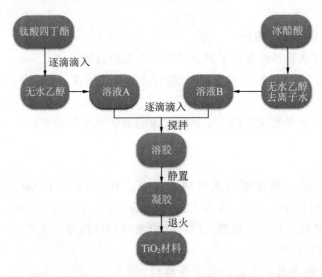

图 6-2-2　溶胶-凝胶法制备 TiO_2 纳米粉末的实验流程图

最后获得氧化物的结构和形态依赖于水解与缩聚反应的相对反应程度，当金属-氧桥-聚合物达到一定宏观尺寸时，形成网状结构，从而致使溶胶失去流动性，即形成了凝胶。

纳米材料的相关表征包括：

(1) 粒度分析：激光粒度分析法、电镜法、粒度分析法等。

(2) 形貌分析：扫描电镜法、透射电镜法、扫描探针显微镜法和原子力显微镜法等。

(3) 成分分析：包括体相材料分析方法、表面与微区成分分析方法。体相材料分析方法有原子吸收光谱法、电感耦合等离子体发射法、X射线荧光光谱分析法；表面与微区成分分析方法包括电子能谱分析法、电子探针分析法、电镜-能谱分析法和二次离子质谱分析法等。

(4) 结构分析：X射线衍射分析法、电子衍射分析法等。

(5) 界面与表面分析：X射线光电子能谱分析法、俄歇电子能谱分析法等。

三、实验仪器与试剂

仪器设备：磁力搅拌器、真空干燥箱、高温马弗炉、X 射线衍射仪、分液漏斗、量筒（10 mL、50 mL）、石英比色皿、扫描电镜、紫外-可见分光光度计等。

试剂耗材：钛酸四丁酯、无水乙醇、冰醋酸、甲基橙溶液、去离子水等。所有化学试剂均为分析纯，且使用前未经纯化。

四、实验步骤

（1）样品制备：

① 溶液 A 的配制：将 10 mL 钛酸四丁酯缓慢加入 50 mL 无水乙醇中，放置几分钟，得到均匀透明的溶液。溶液 B 的配制：将 10 mL 冰醋酸加入 10 mL 去离子水与 40 mL 无水乙醇的混合液中，剧烈搅拌。

② 将溶液 A 转移至分液漏斗中，在搅拌下缓慢滴加到溶液 B 中，控制滴加时间为 25 min，最终得到均匀透明的溶胶。

③ 继续搅拌 15 min 后，在室温下静置，待形成透明凝胶后，65 ℃下真空干燥。干燥后得到干凝胶材料，将其转移到玛瑙研钵中碾磨成粉末，再在高温马弗炉中于 500 ℃下煅烧 2 h 便得到锐钛矿型 TiO_2 纳米粉体。

④ 改变溶液 B 的用量，探索凝胶形成条件。

（2）对材料进行 XRD、SEM 表征分析。

（3）光催化降解甲基橙：

① 取三份 20 mL 浓度为 20 mg·L^{-1} 的甲基橙溶液于烧杯中，分别投入 0 g、0.5 g、1.0 g 的 TiO_2 粉末，在紫外灯照射下搅拌 30 min。

② 静置后取上清液加入石英比色皿中，通过紫外-可见分光光度计测定甲基橙的吸光度来计算降解率。

五、数据记录与处理

（1）结合 XRD 数据，判断材料的晶型与纯度；分析扫描电镜图像，说明样品的形貌特征。

（2）记录不同样品吸光度数据，定性分析甲基橙的降解率。

六、思考题

（1）实验中加入冰醋酸的作用是什么？

（2）实验中为何不选用四氯化钛（$TiCl_4$），而选用钛酸四丁酯作前驱物？

6-3 电化学合成聚苯胺

一、实验目的

（1）了解导电聚合物聚苯胺的基本概念和应用场景。

（2）掌握聚苯胺常用的合成方法及基本原理。

（3）掌握电化学方法制备聚苯胺的基本实验方法和操作步骤。

二、实验原理

聚苯胺（Polyaniline，PAN）是一种高分子化合物，具有特殊的电学、光学性质，经掺杂后可具有导电性及电化学性能。聚苯胺经一定处理后，可以制得各种具有特殊功能的设备（如电子场发射源、生物或化学传感器的尿素酶传感器）和材料（如选择性膜材料、导电纤维、防静电和电磁屏蔽材料、较传统锂电极材料在充放电过程中具有更优异的可逆性的电极材料、防腐材料）。聚苯胺因具有原料易得、合成工艺简单、化学及环境稳定性好等特点而得到了广泛的研究和应用。聚苯胺被认为是最有希望在实际中得到应用的导电高分子材料。聚苯胺的化学结构如图 6-3-1 所示。

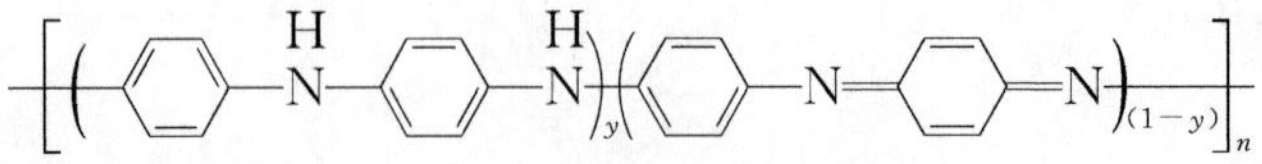

图 6-3-1 聚苯胺的化学结构

聚苯胺的化学结构中 y 值（$0<y<1$）表示聚苯胺的氧化还原程度。随着 y 值的不断变化，聚苯胺的导电性也随之发生变化。当 $y=1$ 时，称为全还原式聚苯胺；当 $y=0$ 时，称为全氧化式聚苯胺。这两种状态的聚苯胺都是绝缘的，是没有导电性的。当 $y=0.5$ 时，其导电性最大，此时的聚苯胺结构便是聚苯胺导电高分子的半氧化半还原结构，被称为本征态聚苯胺。当用质子酸进行掺杂时，质子化优先发生在分子链的亚胺氮原子上。质子酸发生离解后，生成的氢质子转移至聚苯胺分子链上，使分子链中亚胺上的氮原子发生质子化反应，生成荷电元激发态极化子。因此，半氧化半还原态的聚苯胺经质子酸掺杂后，分子内的醌环消失，电子云重新分布，氮原子上的正电荷离域到大共轭 π 键中，从而使聚苯胺呈现出较高的导电性。部分氧化式聚苯胺通过质子酸掺杂后，其电导率可达 $10\sim100\ \text{S}\cdot\text{cm}^{-1}$。

常用的聚苯胺合成方法有化学氧化合成法与电化学合成法。化学氧化合成法适宜用于大批量合成聚苯胺，易于进行工业化生产；电化学合成法适宜用于小批量合成特种性能聚苯胺，多用于科学研究。电化学合成法具有一些独特的优点：① 可通过改变聚合电位和电量控制膜的氧化态和厚度；② 聚合和掺杂同时进行；③ 产物无须分离。电化学合成法主要有恒电位法、恒电流法、动电位扫描法及脉冲极化法。一般都是苯胺在酸性溶液中，在阳极上进行聚合。电极材料、电极电位、电解质溶液的 pH 及其种类对苯胺的聚合都有一定的影响。

聚苯胺的形成是通过阳极耦合机理完成的，具体过程如图 6-3-2 所示。

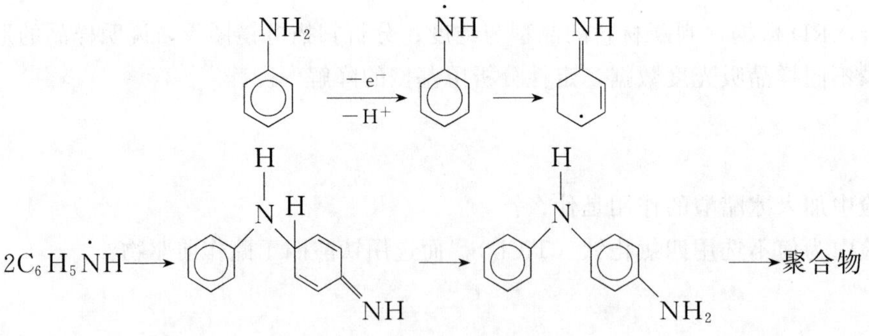

图 6-3-2 聚苯胺的形成过程

聚苯胺链的形成是活性链端（—NH_2）反复进行上述反应，从而使链不断增长的结果。由于在酸性条件下，聚苯胺链具有导电性，保证了电子能通过聚苯胺链传导至阳极，使其增长能够继续。只有发生头-头耦合反应形成偶氮结构时，聚合反应才会停止。

聚苯胺有 4 种不同的存在形式，分别具有不同的颜色（表 6-3-1）。当膜形成后，聚苯胺的 4 种形式都能得到，并可以非常快地进行可逆的电化学相互转化。完全还原形式的无色翡翠盐可在低于 $-0.2\ \text{V}$ 时得到，翡翠绿在 $0.3\sim0.4\ \text{V}$ 时得到，翡翠基蓝在 $0.7\ \text{V}$ 时得到，而紫色的完全氧化聚苯胺在 $0.8\ \text{V}$ 时得到。因此，可通过改变外加电压实现翡翠绿和翡翠基蓝之间的转化，也可以通过改变 pH 来实现。区分不同光学性质是由苯环和喹二亚胺单元的比例决定的，它能通过还原或质子化程度来控制。

表 6-3-1　聚苯胺不同的化学结构及对应的颜色和性质

名称	结构	颜色	性质
无色翡翠盐		无色	完全还原；绝缘
翡翠绿		绿色	部分氧化；质子导体
翡翠基蓝		蓝色	部分氧化；绝缘
完全氧化聚苯胺		紫色	完全氧化；绝缘

三、实验仪器与试剂

仪器设备：导电玻璃（工作电极 A，正极）、铜导线（工作电极 B，负极）、1.5 V 电池、可变电阻器（$0\sim1\times10^5$ Ω）、150 mL 烧杯。

试剂耗材：苯胺（浅黄色）、浓硝酸、氯化钾。所有化学试剂均为分析纯，且使用前未经纯化。

四、实验步骤

（1）配制 50 mL HNO_3 溶液（3 mol·L^{-1}）：量取浓硝酸 6.8 mL，稀释至 50 mL。

（2）配制 0.1 mol·L^{-1} HNO_3 和 0.5 mol·L^{-1} KCl 混合溶液：量取 3 mol·L^{-1} HNO_3 溶液 1.5 mL，稀释至 45 mL，再加入 1.7 g KCl，混合均匀。

（3）在烧杯中加 40 mL 3 mol·L^{-1} HNO_3 和 3 mL 苯胺，混合均匀。

（4）按图 6-3-3 连接电路，将可变电阻调至 0.6～0.7 V。

（5）闭合电路，将溶液在磁力搅拌下通电 20～30 min 后断电；在导电玻璃制成的工作电极表面形成一层绿色的聚苯胺镀层。

（6）将两电极移入盛有 0.1 mol·L^{-1} HNO_3 和 0.5 mol·L^{-1} KCl 混合溶液的烧杯中。

（7）改变电阻，观察现象。

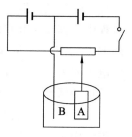

图 6-3-3　实验装置图

五、注意事项

（1）浓硝酸具有挥发性，注意通风和个人防护。

（2）高纯无色苯胺难引发聚合，黑色的苯胺在使用前要进行减压蒸馏纯化。苯胺应为浅黄色，这表明有些齐聚物存在。

（3）观察变色现象最适合的膜厚度在通电 20～30 min 后得到。

6-4 水热法制备 LiFePO$_4$

一、实验目的

（1）学习 LiFePO$_4$ 正极材料的基本知识。

（2）了解水热合成法的基本原理和实验操作步骤。

（3）通过制备 LiFePO$_4$，掌握改变原料配比、反应温度、时间等合成条件对最终产物的形貌和性能的影响。

（4）通过操作扫描电镜、X 射线衍射仪等大型仪器，掌握材料体相及其表面性质等多种表征方法。

二、实验原理

水热法是指在特制的密闭反应容器中，以水溶液或蒸汽等流体为介质，通过加热得到高温高压反应环境，使通常在常温常压下难溶或者不溶的物质溶解并重结晶，再经过分离和热处理得到目标产物。水热条件下离子反应和水解反应可以得到加速和促进，一些在常温常压下反应很慢的热力学反应在水热条件下可以实现快速反应。依据类型不同，水热条件下的反应可以分为水热氧化、还原、沉淀、合成、水解、结晶等，其特点是颗粒分散性好、纯度高、晶形完整且尺寸可控。在水热条件下，稀薄状态的水的黏度随温度的升高而增大，但被压缩成稠密状态时，其黏度却随温度的升高而降低。水热溶液的黏度较常温常压下溶液的黏度约低 2 个数量级。由于扩散与溶液的黏度成正比，所以在水热溶液里存在着十分有效的扩散，从而使得晶核和晶粒较其他水溶液体系有更快的生长速率，界面附近有更窄的扩散区等。

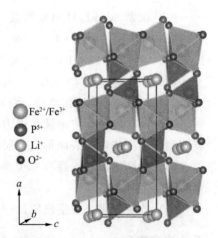

图 6-4-1 由 VESTA 软件生成的 LiFePO$_4$ 的晶体结构图

LiFePO$_4$ 具有安全性能好、成本低廉、循环寿命长和环境优化等优点，是具有较大潜力的锂离子电池正极材料之一，它的晶体结构如图 6-4-1 所示。但 LiFePO$_4$ 存在扩散系数小、电子导电性差的问题，使其在实际应用中受到很大限制。在充电过程中，锂离子和相应的电子从材料中脱出，在材料中形成新的 FePO$_4$ 相，并形成相界面。在放电过程中，锂离子和相应的电子嵌入材料，在 FePO$_4$ 相外面形成新的 LiFePO$_4$ 相。对于球形的活性物质颗粒，在嵌入和脱出过程中锂离子都要经历一个由外到内或由内到外的扩散过程。一般认为，材料在充放电过程中都要经历一个穿越相界面的过程，材料颗粒的大小能够直接影响锂离子的扩散及颗粒表面发生的电化学反应。颗粒越小，锂离子扩散的路径就越短，同时颗粒的比表面积就越大，颗粒表面的电化学反应就越迅速、越充分。但如果颗粒太小，比表面积太大，也会导致正极材料的不稳定。水热法可以通过控制反应时间来有效地控制结晶颗粒的大小。水热法制备 LiFePO$_4$ 一般以 LiOH、FeSO$_4$、H$_3$PO$_4$ 为主要反应物，在水热釜中通过下面的反应来获得：

$$3LiOH + FeSO_4 + H_3PO_4 \longrightarrow LiFePO_4 + Li_2SO_4 + 3H_2O \qquad (6\text{-}4\text{-}1)$$

由于反应原料有三种化合物，可以得出两种制备过程，分别为一次沉淀和二次沉淀。

（1）一次沉淀的具体过程。

将 H$_3$PO$_4$ 溶液滴加到 FeSO$_4$ 溶液中，然后随着 LiOH 溶液滴加到上述混合溶液中，溶液的 pH 开始上升，溶液开始变为悬浊液，沉淀包括 Fe$_3$(PO$_4$)$_2$ 和 Li$_3$PO$_4$，主要成分是 Fe$_3$(PO$_4$)$_2$。将该悬浊液转移至水热釜中，$Fe_3(PO_4)_2$ 和 Li_3PO_4 的溶解度随着反应温度的升高而增大，沉淀开始溶解，前驱物以自由离子的形式存在于反应液中，各离子相互作用形成 $LiFePO_4$：

$$Li^+ + Fe^{2+} + PO_4^{3-} \longrightarrow LiFePO_4 \tag{6-4-2}$$

形成晶核之后，晶体开始生长，各个离子沉积到晶核的表面，当溶液中各个离子的浓度低于临界过饱和度时，晶体生长结束。

（2）二次沉淀的具体过程。

首先将 H_3PO_4 滴加到 LiOH 溶液中，形成白色的悬浊液，沉淀的主要成分为白色的 Li_3PO_4，然后滴加 $FeSO_4$。具体的反应过程如下：

首先是 H_3PO_4 和 LiOH 的中和反应：

$$3LiOH + H_3PO_4 \longrightarrow Li_3PO_4 + 3H_2O \tag{6-4-3}$$

其次是 Fe^{2+} 的置换反应：

$$Li_3PO_4 + FeSO_4 \longrightarrow LiFePO_4 + Li_2SO_4 \tag{6-4-4}$$

所形成的中间物 Li_3PO_4 对于生成高纯度的 $LiFePO_4$ 非常关键。图 6-4-2 是一次沉淀和二次沉淀制备的 $LiFePO_4$ 的 XRD 谱图。

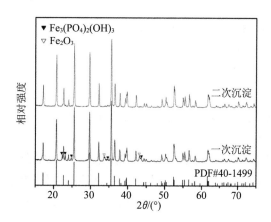

图 6-4-2　一次沉淀和二次沉淀制备的 $LiFePO_4$ 的 XRD 谱图

三、实验仪器与试剂

仪器设备：水热釜、真空干燥箱、X 射线衍射仪、扫描电镜、布氏漏斗、分析天平。

试剂耗材：一水合氢氧化锂、七水合硫酸亚铁、磷酸、柠檬酸。所有化学试剂均为分析纯，且使用前未经纯化。

四、实验步骤

（1）原料准备：

分别称取 0.045 3 g 的 $LiOH \cdot H_2O$ 和 0.280 g 的 $FeSO_4 \cdot 7H_2O$，量取适量 H_3PO_4。

（2）实验过程：

将原料 $FeSO_4 \cdot 7H_2O$、H_3PO_4 和 $LiOH \cdot H_2O$ 按物质的量比 1∶1∶3 配料，前驱体混合物的总浓度为 0.10 mol·L^{-1}，柠檬酸为还原剂，拟定加入量为 0.277 g，将 0.280 g $FeSO_4 \cdot 7H_2O$ 溶解于去离子水中后先加入 H_3PO_4。为避免 $Fe(OH)_2$ 发生氧化，迅速加入 $LiOH \cdot H_2O$，搅拌 1 min 后，放入水热釜中。在 260 ℃保温一定时间后进行水热合成反应。自然冷却后，收集水热釜中的固体粉末，经多次洗涤过滤后，于 120 ℃下真空干燥 1 h，得到相应产物。具体流程如图 6-4-3 所示。

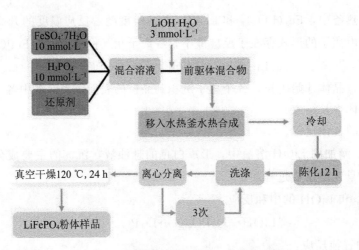

图 6-4-3 水热法制备 LiFePO₄ 粉体流程图

(3) 材料的表征分析：

① 取适量 LiFePO₄ 样品进行 XRD 衍射分析，并将测试结果与标准 PDF 卡片进行比较，测定所制备材料的晶型。

② 通过扫描电镜对制备得到的 LiFePO₄ 样品进行形貌分析，测量并计算平均粒径。

五、注意事项

(1) 水热釜每次使用前，必须对不锈钢外套和聚四氟乙烯（或其他材质）内胆进行外观检查，有裂缝、点蚀、生锈、蠕变或过度磨损，聚四氟乙烯内胆扭曲，钢壳破裂或有缺陷，都应不再使用。

(2) 当用水热釜进行实验时，除非通过阀门调节保持一定的安全压力，否则加入的反应物料严禁超过内容积的 2/3，这将确保当水热釜被加热时，有足够的气体和流体的膨胀空间。

(3) 高度放热反应或释放大量气体的体系不能使用水热釜，这会导致水热釜压力超出可控范围。

(4) 水热釜严禁过热。对于常见的聚四氟乙烯内胆水热釜，其最高使用温度是 200 ℃。聚四氟乙烯在常压下使用温度为 250 ℃，但在较高压力、温度时，或是不均匀受压情况下蠕变严重，可能会造成泄漏，引发事故。

(5) 严禁超压使用水热釜，使用前必须向厂家索取其产品的使用压力上限。

(6) 实验结束后，应等待水热釜完全自然降温后方可进行下一步操作，严禁将水热釜在水中骤冷。

(7) 直到水热釜完全冷却至室温方可缓慢打开，其内部体系仍有可能有压力释放。

(8) 以下体系严禁使用水热釜进行实验：含有放射性物质，含有爆炸性物质，含有可能分解或设置温度下不稳定的化学物质，含有污染的针头，含有高氯酸、硝酸和有机物的混合物。

6-5 共沉淀法制备 TiO₂ 光催化剂

一、实验目的

(1) 学习光催化降解典型有机污染物的基本原理和反应过程。
(2) 掌握共沉淀法制备 TiO₂ 纳米材料的基本原理和实验方法。
(3) 学习光降解有机污染物的操作过程和催化性能的评价方法。

（4）能够根据目标材料的成分、结构选择合理的化学工艺参数，熟悉材料的分析表征与性能测试方法。

二、实验原理

当光照射半导体时，如果光子的能量高于半导体带隙能（如 TiO_2 的带隙能为 3.2 eV），半导体的价带电子就会发生带间跃迁，即从价带跃迁到导带，从而使导带产生具有高活性的电子，价带上则生成带正电荷的空穴，形成氧化还原体系。对 TiO_2 催化氧化反应的研究表明，光化学氧化反应的产生主要是由于光生电子被吸附在催化剂表面的溶解氧俘获，空穴则与吸附在催化剂表面的水作用，最终都产生具有高活性的羟基自由基（·OH）。·OH 具有很强的氧化性，可以氧化许多难降解的有机污染物。图 6-5-1 为 TiO_2 光催化降解罗丹明 B 的原理图。

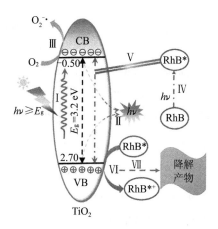

图 6-5-1 TiO_2 光催化降解罗丹明 B 的原理图

纳米 TiO_2 是目前应用最广泛的一种光催化材料，其具有特殊的表面与界面效应、小尺寸效应、量子尺寸效应及宏观量子隧道效应等特性，因而具有一系列优异的物理和化学性质。当紫外光照射时，TiO_2 光催化剂不仅能降解环境中的有机污染物生成 CO_2 和 H_2O，而且可氧化除去大气中低浓度的氮氧化物（NO_x）和含硫化合物（H_2S、SO_2）等有毒气体。

化学共沉淀法是指通过化学反应，用沉淀剂来沉淀同一溶液中的不同金属离子，从而得到掺杂的效果。其具体操作是将金属盐按照要求配制好之后溶于酸性或中性溶液，混合均匀，再使用 NaOH、NH_4OH 等碱性溶液作为沉淀剂，调节 pH 后一次性获得含有多种金属离子的沉淀。

化学共沉淀法分为低过饱和度法及高过饱和度法。低过饱和度法是将两种溶液，一种是 M(Ⅱ) 和 M(Ⅲ) 金属离子的混合溶液，另一种是碱液，通过控制相对滴加速度同时缓慢加入另一种容器中（控制相对滴加速度调节 pH）。高过饱和度法是将金属离子的混合溶液在剧烈搅拌下快速加入碱液中。

本实验采用化学共沉淀法制备纳米 TiO_2，对其结构和光吸收性质进行表征，并测定其光催化性能对罗丹明 B 的降解率。其化学反应方程式如下：

$$Ti(SO_4)_2 + 4NaOH \longrightarrow TiO_2 + 2Na_2SO_4 + 2H_2O$$

三、实验仪器与试剂

仪器设备：恒温磁力搅拌器、电热恒温干燥箱、马弗炉、真空抽滤泵、X 射线粉末衍射仪、光源（氙灯）、紫外-可见吸收光谱仪、布氏漏斗。

试剂耗材：硫酸钛、罗丹明 B、硝酸氢氧化钠、氯化钡。所有化学试剂均为分析纯，且使用前未经纯化。

四、实验步骤

(1) 纳米 TiO_2 的制备：

将 15.0 g 硫酸钛溶解在 50 mL 蒸馏水中得 $Ti(SO_4)_2$ 溶液。在搅拌下用 2 mol·L^{-1} NaOH 溶液调节 pH 至 7 左右，用布氏漏斗抽滤，并用蒸馏水洗涤直至无 SO_4^{2-}（用 0.1 mol·L^{-1} $BaCl_2$ 溶液检测），所得产物在电热恒温干燥箱中于 120 ℃下干燥，碾磨后置于马弗炉中升温至 500 ℃煅烧 2 h，即可得到白色 TiO_2 粉末。

(2) 纳米 TiO_2 的表征：

① 用 X 射线粉末衍射仪测定样品的物相。

② 用紫外-可见吸收光谱仪测定样品的光学吸收特征。

(3) 纳米 TiO_2 光催化活性测试：

① 空白试验以 200 mL 浓度为 0.1 g·L^{-1} 的罗丹明 B 溶液为标准，在没有 TiO_2 光催化剂存在的条件下，在氙灯照射下，测试罗丹明 B 溶液的颜色随照射时间的变化。

② 称取 0.2 g 纳米 TiO_2 光催化剂放入 200 mL 浓度为 0.1 g·L^{-1} 的罗丹明 B 溶液中，在氙灯照射下，反应开始后每 15 min 从容器中取出 5 mL 反应液，转移入 10 mL 离心试管中进行离心分离，取上层清液，利用紫外-可见吸收光谱仪测定 554 nm 处的吸光度值，测试罗丹明 B 溶液的颜色随照射时间的变化。

五、数据记录与处理

(1) 用相机记录罗丹明 B 降解的颜色随时间变化的照片。

(2) 对合成样品进行 XRD 测试，进行物相分析（选做）。

(3) 根据紫外-可见吸收光谱仪测定样品的光学吸收特征，计算催化剂的禁带宽度。

六、思考题

(1) 本实验系统的反应机理是什么？

(2) 如何计算罗丹明 B 的降解率？

七、注意事项

(1) 加入 TiO_2 后，应磁力搅拌吸附 20 min，在氙灯照射时需要确保冷却水是开启的，避免反应温度过高。

(2) 紫外线对人眼有强烈的刺激作用，应注意避免长时间直接照射。

6-6 机械球磨法制备储氢合金

一、实验目的

(1) 了解储氢材料的定义、种类和储氢原理。

(2) 掌握储氢材料的设计、制备技术及吸放氢性能测试方法。

(3) 增强对材料的成分、结构和储氢性能之间关系的认识。

二、实验原理

氢能作为一种储量丰富、高效经济且能量密度高、清洁的绿色能源，已引起了人们的广泛重视。为实现实际应用，目前最重要的是解决如何制取廉价和绿色氢，以及寻求安全可靠的储氢方法。对于氢的储存而言，主要有物理储存和化学储存两种方式。物理储存方法主要有液氢储存、活性炭吸附储存、玻璃微球储存、高压氢气储存、地下岩洞储存等。化学储存方法有金属氢化物储存、有机液态氢化物储存、无机物储存、铁磁性材料储存等。

某些金属或合金具有很强的捕捉氢的能力，其在一定的温度和压力条件下能够大量"吸收"氢气，反应生成金属氢化物，同时放出热量；这些金属氢化物在加热后发生分解，将储存在其中的氢气释放出来。这些能有效储存氢的材料称为储氢材料。储氢材料可以分为金属储氢材料、非金属储氢材料、有机液体储氢材料和其他储氢材料等四类。根据所含元素种类的不同，金属储氢材料可分为稀土系、锆系、铁钛系、钒基固溶体和镁系五大类。

金属储氢是通过金属元素与氢发生反应生成稳定性较强的金属氢化物实现氢气的储存，一般储氢的过程分为如下 4 个步骤（图 6-6-1）：

（1）氢气开始与金属接触，氢气分子通过物理吸附的方式吸附在表面。

（2）随着外部氢气压力的不断增大，在金属原子的作用下，氢气分子 H—H 键断裂形成氢原子。由于氢原子的半径仅有 53 pm，尺寸小，逐渐扩散到金属内部的氢气分子开始由物理吸附的状态转变为化学吸附的状态。

（3）进入金属内部的氢原子与金属原子发生反应生成含氢固溶体（通常称为 α 相）。

（4）随着外部压力增大，扩散到金属内部的氢原子的数量进一步增加，未反应的氢原子与上述 α 相发生反应生成金属氢化物（一般将金属氢化物称为 β 相）。

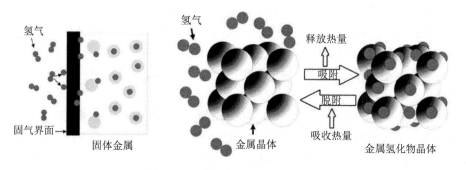

图 6-6-1 储氢合金的吸氢机理图

对于金属储氢材料，其释放机理和储存机理一致，但过程相反，这是由于吸、放氢的过程是可逆的，其放氢大致分为三步：

（1）当外部的压强或温度发生变化时，金属氢化物转变为含氢固溶体。

（2）氢化物的化学键断开，开始以氢原子的形态扩散到金属表面。

（3）氢原子通过 H—H 键结合成氢分子从金属表面释放出来。

储氢材料的制备技术包括高频感应熔炼法、电弧熔炼法、熔体急冷法、气体雾化法、机械合金化法、还原扩散法、粉末烧结法等。

机械合金化法是指金属或合金粉末在高能球磨机中与磨球之间经过长时间剧烈的冲击、碰撞，粉末颗粒反复产生冷焊、断裂，导致粉末颗粒中原子扩散，从而获得合金化粉末的一种粉末制备技术。这是从 20 世纪 60 年代末发展起来的一种制备镁系储氢合金的有效方法。该方法不需要加热，在氩气或氢气气氛保护下，单纯地利用机械驱动力的驱动，在远低于材料熔点的温度下形成和转变为非平衡相，使粉末的组织结构逐步细化，达到不同组元原子间相互渗透和扩散的目的。机械合金化法与普通的固态反应存在明显不同，在研磨的过程中合金会产生大量的应变、缺陷等，更加适用于熔点或密度相差很大的元素的合金制备。机械合金化法是一个复杂的过程，可以通过改变储氢合金粉末的合金化过程、微结构和调控混合物的比例，影响产物储氢合金的吸、放氢的性能和氢容量。机械合金化法中使用的球磨机主要有振动式、搅拌式、行星式和水平滚筒式。

三、实验仪器与试剂

仪器设备：行星式球磨机、Al-708 型精密温度控制仪、高温电阻炉、手套箱、X 射线衍射仪等。

试剂耗材：单质镍粉、镁粉、钛粉、锆粉、氢气（99.999 9%）。

四、实验步骤

（1）合金的制备与分析：

① Mg_2Ni：将单质 Mg 粉（8.93 g）和 Ni 粉（10.79 g）通过球磨方法制备出 Mg-Ni 合金。

② $Mg_{1.8}Ti_{0.2}Ni$：将单质 Mg 粉（6.57 g）、Ti 粉（3.24 g）和 Ni 粉（9.91 g）通过球磨方法制备出 Mg-Ti-Ni 合金。

③ $Mg_2Ni_{0.8}Zr_{0.2}$：将单质 Mg 粉（8.35 g）、Ni 粉（8.31 g）和 Zr 粉（3.16 g）通过球磨方法制备出 Mg-Ni-Zr 合金。

④ 球磨工艺：为了防止氧化和其他气体对实验的干扰，在充有氩气的手套箱中将各种粉末按比例配料，置于不锈钢球磨罐中进行球磨。

⑤ 将装好料的球磨罐装入球磨机中。球磨机参数：球磨机转速 600 r·min^{-1}，球料比 20∶1，球磨时间至少 12 h。每过 2 h，停机将罐中的结块捣碎，以使合金化过程进行得更加彻底。

（2）物相分析：合金物相结构采用 X 射线衍射仪进行测试分析。

（3）储氢性能、吸氢动力学和放氢动力学测试：

① 采用恒容-压差法测试材料储氢性能。反应容器为不锈钢薄壁管，反应温度控制在 0 ℃～1 000 ℃。反应器由高温电阻炉加热，热电偶置于反应器内部，紧贴反应器内壁。用真空泵抽真空，并充入氢气。

② 进行吸氢动力学性能测试时，在充有高纯氩气的手套箱里从球磨罐中取出样品，精确称量 1.987 g 样品粉末，将样品装入反应器中并密封，再连接到测试装置上进行抽真空并加热。待反应器内温度升高至设定温度后恒温 0.5 h，再向氢库内充氢至某一初始压力（如 5 MPa），然后打开反应器与氢库之间的阀门，迅速记录系统压力随时间的变化。根据理想气体状态方程计算吸氢量随时间的变化，作出吸氢动力学曲线。

③ 进行材料的放氢动力学测试前，先使试样吸氢饱和，然后在高于放氢平衡压力的某压力条件下关闭反应器阀门。将外部氢库抽至真空，再把反应器加热至所需测试温度后恒温 0.5 h，之后打开反应器与氢库之间的阀门，并由压力传感器记录排除氢气的压力变化值，再进一步通过氢气的压力变化计算出体系的放氢量。根据放氢量与时间的关系作出试样对真空放氢的动力学曲线。

五、数据记录与处理

（1）分别绘制合金的吸氢和放氢动力学曲线，并计算反应温度恒定为 52 ℃，吸氢和放氢所处的恒容体积 V。

（2）绘制合金前 5 min 的平均放氢速率变化曲线，并分析该材料的吸氢性能。

六、思考题

（1）什么是储氢材料？储氢材料的主要特点是什么？

（2）影响储氢材料的机械合金化制备技术的主要工艺因素有哪些？

（3）在材料吸、放氢性能测量过程中，实验误差的主要来源有哪些？

参考文献

[1] 朱振中,陈坚. 半导体光催化氧化反应降解废水中有机污染物的研究进展 [J]. 江南大学学报:自然科学版,2002,1(4):365—369,377.

[2] 张守民,王淑荣,黄唯平,等. 介绍一个综合化学实验:纳米 TiO_2 的制备、表征及光催化性能 [J]. 大学化学,2007(2):49—52,60.

[3] 孟伟巍,徐用军,闫蓓蕾. 固相法合成 $Li_4Ti_5O_{12}$ 材料及性能研究 [J]. 钢铁钒钛,2018,39(4):63—69.

[4] 李辉,陈燕,汤伟亮,等. 电化学合成聚苯胺电致变色膜 [J]. 实验室研究与探索,2005,24(11):17—18,45.

[5] 张其锦,翟焱. 聚苯胺的电化学合成实验 [J]. 大学化学,1998,13(4):41—43.

[6] 赵新生. 水热法制备锂离子电池正极材料 $LiFePO_4$ [D]. 天津:天津大学,2008.

[7] 杨丽玲. 镁镍系储氢合金的机械球磨制备及改性研究 [D]. 重庆:重庆大学,2010.

第七章 锂离子电池应用与实践实验

7-1 Fe$_2$O$_3$ 纳米棒的制备及电化学性能的测定

一、实验目的

（1）了解 Fe$_2$O$_3$ 负极材料的基本概念，掌握其结构与性能的关联性。

（2）学习 Fe$_2$O$_3$ 纳米材料的制备方法，能够根据目标材料的成分、结构选择合理的化学工艺参数。

（3）掌握循环伏安法测定 Fe$_2$O$_3$ 负极材料电化学性能的原理与实验操作方法。

二、实验原理

负极材料是锂离子电池的重要组成部分，目前商业化的石墨负极材料理论比容量偏低（372 mA·h·g^{-1}），严重制约了高能量密度动力电池的发展。因此，开发新的具有高充放电容量、安全经济的负极材料是目前电池材料研究领域的重点之一。

在过渡金属氧化物中，Fe$_2$O$_3$ 作为锂离子电池负极材料的理论比容量可达 1 005 mA·h·g^{-1}，远远高于石墨负极材料的理论储锂容量。此外，Fe$_2$O$_3$ 还具有成本低廉、原材料来源丰富和环境友好等优点。与石墨负极材料的嵌脱锂反应机制不同，Fe$_2$O$_3$ 作为负极材料使用时，在充放电过程中锂离子发生氧化还原反应。在放电过程中，Fe$_2$O$_3$ 转化为 Fe 和 Li$_2$O，转化过程可用式（7-1-1）～式（7-1-4）表示；而在充电过程中，Fe 和 Li$_2$O 又转化为 Fe$_2$O$_3$。但 Fe$_2$O$_3$ 的导电性差，充放电过程中体积变化大，易导致电极结构塌陷，与集流体接触性变差或是彻底失去电接触，致使电极的容量在充放电过程中迅速衰减。

$$x\text{Li} \longrightarrow x\text{Li}^+ + xe^- \tag{7-1-1}$$

$$\text{Fe}_2\text{O}_3 + x\text{Li}^+ + xe^- \longrightarrow \text{Li}_x\text{Fe}_2\text{O}_3 \tag{7-1-2}$$

$$\text{Li}_x\text{Fe}_2\text{O}_3 + (2-x)\text{Li}^+ + (2-x)e^- \longrightarrow \text{Li}_2\text{Fe}_2\text{O}_3 \tag{7-1-3}$$

$$\text{Li}_2\text{Fe}_2\text{O}_3 + 4\text{Li}^+ + 4e^- \longrightarrow 2\text{Fe} + 3\text{Li}_2\text{O} \tag{7-1-4}$$

为了改善该材料的性能，将其制备成具有特殊形貌结构的纳米材料，如构筑零维、一维、二维和三维纳米结构的 Fe$_2$O$_3$ 材料，均被证明能够起到缓冲电极材料体积形变，从而提高循环性能的作用。本实验中采用高温水解的方法制备一维 Fe$_2$O$_3$ 纳米棒。首先利用 Fe^{3+} 在高温下的水解反应生成羟基氧化铁（FeOOH）纳米棒前驱体，随后在空气中将其煅烧，使其失去 H$_2$O，转化为 Fe$_2$O$_3$ 纳米棒，反应方程式如式（7-1-5）和式（7-1-6）所示。

$$\text{FeCl}_3 + 2\text{H}_2\text{O} \longrightarrow \text{FeOOH} + 3\text{HCl} \tag{7-1-5}$$

$$2\text{FeOOH} \longrightarrow \text{Fe}_2\text{O}_3 + \text{H}_2\text{O} \tag{7-1-6}$$

将制备好的一维 Fe$_2$O$_3$ 纳米棒作为负极材料组装成扣式锂离子电池，并对其电化学反应过程和电池性能进行评价研究。在锂离子电池的众多分析技术中，循环伏安测试作为一种重要便捷的电化学分析手段，常用来研究锂电池体系中的电极过程动力学及电解液的电化学稳定性，同时还可以获知电极材料电化学反应机理及可逆性、电化学反应中氧化还原电位及平衡电位、极化情况、表观扩散系数、参与电化学反应的电子数、电解液的电化学窗口和腐蚀性等。

循环伏安测试基于能斯特方程，在电极上施加线性变化的电压，测量由此产生的电流，用来研究电极/电解质界面上的氧化还原反应。当达到设定电位（E_λ）时，进行反向扫描。在循环伏安法中，起始扫描电位（E）可表示为

$$E = E_i - vt \tag{7-1-7}$$

式中，E_i 是起始电位，t 是时间，v 是电位变化率或扫描速度。反向扫描循环定义为

$$E = E_i + v't \tag{7-1-8}$$

其中，v' 与 v 的值相同。在正向扫描时，当电压高于还原电位时，只有电容性电流（非法拉第电流）流动。当电压接近还原电位时，还原反应开始发生，电极表面的氧化物被消耗，在电极表面和本体溶液之间形成浓度梯度，本体溶液中的氧化物会向电极表面扩散。扩散通量形成的还原电流与浓度梯度成比例。随着扫描电压继续变负，表面的氧化物浓度耗尽时，扩散通量达到最大值。该峰值对应于还原峰电流 i_{pc} 和阴极峰电位 E_{pc}，还原峰电流 i_{pc} 可由式（7-1-9）计算得到。最后，由于耗尽效应，电流开始减小。在反向扫描（负极扫描）中发生氧化反应，随着电位的增加，获得了氧化峰电流 i_{pa} 和氧化峰电位 E_{pa}。

$$i_{pc} = \frac{0.447 F^{\frac{3}{2}} A n^{\frac{3}{2}} D^{\frac{1}{2}} c_0 v^{\frac{1}{2}}}{R^{\frac{1}{2}} T^{\frac{1}{2}}} \tag{7-1-9}$$

其中，F 是法拉第常数，A 是电极面积，n 是电子交换数，D 是反应物扩散系数，c_0 是氧化态反应物浓度，v 为扫描速度，R 为气体常数，T 为绝对温度。通过对循环伏安曲线中氧化峰和还原峰的峰高、对称性，以及氧化峰与还原峰的电位差等进行分析，可判断电活性物质在电极表面反应的可逆程度和极化程度。

图 7-1-1(a) 是 Fe_2O_3 负极材料的前 3 圈和第 5 圈的循环伏安曲线图，电压范围在 0~3.0 V，扫描速度为 0.1 mV·s^{-1}。从测试曲线可以看出，首圈与其他 3 圈的差异较大，这是由于在首圈扫描时电极表面和电解液发生反应形成 SEI 膜，而第 2、第 3 和第 5 圈曲线几乎重合，说明材料在循环过程中具有很好的可逆性。0.65 V 处的还原峰（朝下）涉及 Fe_2O_3 转化为 Fe 和 Li_2O，随着循环次数增加，还原峰强度逐渐降低且发生了偏移，这可能是由于负极材料与电解液反应生成了新的 SEI 膜；还原峰强度的变化并不是很大，表明 Fe_2O_3 具有稳定的脱嵌锂性能。此外，在 0.96 V 和 1.62 V 处还出现了两个较弱的还原峰，分别对应于嵌锂相 $Li_xFe_2O_3$ 转变成立方相 $Li_2Fe_2O_3$ 和 Fe_2O_3 嵌锂形成 $Li_xFe_2O_3$。2.0 V 处的氧化峰（朝上）对应于失去锂离子转化为 FeO 的反应。首次循环中的还原峰电流和第 2、第 3 次循环相比明显偏高，这主要是由于在首次放电过程中发生的反应与随后的循环略有不同，首次放电是基于 Fe_2O_3 的转化，之后则是基于 FeO 的转化。

图 7-1-1 (b) 是 Fe_2O_3 在 0~3 V 电压范围内，0.1 A·g^{-1} 电流密度下的充放电曲线图。在首次放电曲线上可以观察到三个放电平台。第一个较短的平台（1.62 V）对应于锂嵌入 Fe_2O_3 中形成 $Li_xFe_2O_3$，第二个较长的平台（0.96 V）对应于嵌锂相 $Li_xFe_2O_3$ 转变成立方相 $Li_2Fe_2O_3$，这两个平台都不是不可逆过程，因此，在随后的循环中没有再出现；第三个平台（0.65 V）最长，它对应于 Fe^{3+} 逐渐被还原成 FeO。材料的首次充电比容量为 937.0 mA·h·g^{-1}，放电比容量为 1 229.8 mA·h·g^{-1}，容量损失了 292.8 mA·h·g^{-1}，库仑效率为 76.2%，容量损失通常与不可逆反应过程相关。第二次循环的充电比容量为 924.0 mA·h·g^{-1}，放电比容量为 945.9 mA·h·g^{-1}，库仑效率为 97.68%，容量损失很小，说明电解液与负极材料之间具有良好的电化学动力学兼容性。循环 20 次后仍然有 809.2 mA·h·g^{-1} 的放电比容量，表现出良好的电化学性能。

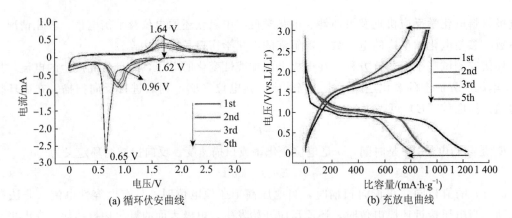

图 7-1-1　Fe_2O_3 典型的循环伏安曲线和充放电曲线

三、实验仪器与试剂

仪器设备：磁力搅拌器、高温马弗炉、水浴锅、鼓风干燥箱、高速离心机、分析天平、电化学工作站、真空干燥箱、烧杯等。

试剂耗材：氯化铁（$FeCl_3$）、去离子水、乙醇、Super-P、PVDF、NMP 溶剂等。

四、实验步骤

（1）材料制备：

① 将水浴锅中的水升温至 80 ℃后停止加热。在水浴锅升温过程中，配制 150 mL 浓度为 1 mol·L^{-1} 的 $FeCl_3$ 溶液，用磁力搅拌器搅拌均匀。

② 将上述溶液放置于升温后的水浴锅中，调节磁力搅拌器的转速，反应 15 min 左右，当有黄色沉淀大量析出时，停止反应，关闭磁力搅拌器，将烧杯取出放置于安全位置。

③ 待烧杯中溶液稍微冷却后转移至离心管中，用离心机分别用去离子水、乙醇离心清洗 3 次。

④ 将离心管中的样品用药匙取出置于培养皿中，在鼓风干燥箱中于 80 ℃下干燥 1 h。

⑤ 将干燥后的样品放入坩埚中，在高温马弗炉中于 350 ℃下煅烧 30 min，使其转化为 Fe_2O_3，然后取出，待样品冷却至室温。

⑥ 通过扫描电镜对前驱体 FeOOH 及产物 Fe_2O_3 进行形貌分析。

（2）扣式电池的组装：

① 按照质量比 Fe_2O_3∶Super-P∶PVDF＝7∶2∶1 分别称量活性材料，将导电剂（Super-P）和黏结剂（PVDF）溶于适量的 NMP 溶剂中，高速搅拌制备成电极浆料。

② 选用铜箔为集流体，将 Fe_2O_3 浆料均匀涂覆在铜箔上，在鼓风干燥箱内于 80 ℃下将极片干燥 2 h。最后，将极片转移至真空干燥箱中，在真空环境下，于 100 ℃下干燥 8 h，除去极片中残留的溶剂和水分。

③ 将干燥好的极片经辊压处理后，切割成直径为 14 mm 的圆片，在高纯氩气的手套箱中组装在 CR2025 型扣式电池中。其中，对电极为金属锂，隔膜为 Celgard 2400 型微孔聚丙烯膜，电解液为 1.0 mol·L^{-1} $LiPF_6$ 的碳酸乙烯酯（EC）/碳酸二甲酯（DMC）（V_{EC}∶V_{DMC}＝1∶1）溶液。

（3）电池的循环伏安测试：

① 将电化学工作站的绿色夹头与组装好的电池正极（工作电极）相连，红色夹头（对电极）和白色夹头（参比电极）与电池负极相连。

② 打开电化学工作站，选择循环伏安测试方法，设置电压范围、扫描速度、扫描段数（2 段为一圈）等测试参数。

③ 测试结束后，导出实验数据。

五、数据记录与处理

将循环伏安测试数据导出，用 Origin 软件绘制成曲线，结合循环伏安曲线分析材料的电化学特性。

六、思考题

（1）$FeCl_3$ 为何在高温下水解？
（2）Fe_2O_3 电极的首次库仑效率是否较高？
（3）按照 Fe_2O_3 首次充放电反应方程式，其理论首次库仑效率应是多少？

7-2 Fe_2O_3 负极材料中锂的扩散系数的测定

一、实验目的

（1）熟悉锂离子电池中锂的扩散系数及其测试方法。
（2）掌握循环伏安法测定锂的扩散系数的基本实验方法和操作步骤，学习实验结果分析方法。
（3）掌握电化学阻抗法测定锂的扩散系数的基本实验方法和操作步骤，学习实验结果分析方法。

二、实验原理

扩散是物质从高浓度向低浓度处传输，致使浓度向均一化方向发展的现象。在锂离子电池中，锂在电极材料中的嵌入/脱嵌是一个缓慢的固相扩散过程，它是限制电池反应速率的控制步骤。一般来说，锂在材料中的扩散系数越大，电池的倍率性能越好，功率密度也越高。因此，扩散系数是评估电极材料的重要指标之一。循环伏安法、电化学阻抗法、恒电位间歇滴定法、电位弛豫法和恒电流间歇滴定法等是测量锂固相扩散的常用方法。本实验中，通过循环伏安法和电化学阻抗法分别测量 Fe_2O_3 负极材料中锂的扩散系数。

1. 循环伏安法测定电极材料中锂的扩散系数

循环伏安测试不仅可以分析电极氧化还原反应，还可以计算锂的扩散系数。对于扩散过程为控制步骤且电极为可逆的电极，峰电流可由式（7-2-1）求得：

$$I_p = 0.446\ 3nFA\left(\frac{zF}{RT}\right)^{\frac{1}{2}}\Delta c_0 D^{\frac{1}{2}} v^{\frac{1}{2}} \tag{7-2-1}$$

式中，I_p 是峰电流，A 是电极面积，n 是参与反应的电子数，Δc_0 为反应前后待测浓度的变化，F 为法拉第常数（96 500 C·mol^{-1}），R 是气体常数，T 是绝对温度，D 为 Li 在电极中的扩散系数，v 为扫描速度。

在常温条件下，峰电流 I_p、离子扩散系数 D 和扫描速度 v 存在如式（7-2-2）所示的关系：

$$I_p = 2.69 \times 10^5 An^{\frac{3}{2}}\Delta c_0 D^{\frac{1}{2}} v^{\frac{1}{2}} \tag{7-2-2}$$

式（7-2-2）表明峰电流和扫描速度的平方根成线性关系，通过测量斜率，就可以计算出扩散系数（仅考虑锂在电极材料中的扩散，没有赝电容效应）。测试时，采用不同的扫描速度分别测定电极材料的循环伏安曲线，然后将不同扫描速度下的峰电流对扫描速度的平方根作图，如图 7-2-1 所示。对峰电流进行积分，测量样品中锂的浓度变化，最后通过式（7-2-2）就可以求得扩散系数。

循环伏安法是一种方法简单、数据易处理的测量电极材料中锂的扩散系数的方法，但得到的结果仅是表观扩散系数。此外，反应前后的浓度变化 Δc_0 虽然可通过式（7-2-2）用对峰电流积分的电量来计算，但是也很难准确求得，因此，它是一种定性分析手段。

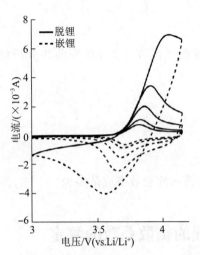
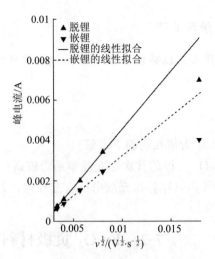

(a) 在0.011 mV·s⁻¹、0.016 mV·s⁻¹、0.032 mV·s⁻¹、0.064 mV·s⁻¹和0.319 mV·s⁻¹扫描速度下的循环伏安曲线

(b) 根据循环伏安曲线计算得到材料中锂的扩散系数

图 7-2-1　循环伏安法测定电极材料中锂的扩散系数

2. 电化学阻抗法测定电极材料中锂的扩散系数

电化学阻抗法是控制通过电化学系统的电流（或系统的电压）在小幅度的条件下随时间按正弦规律变化，同时测量系统电压（或电流）随时间的变化，或者直接测量系统的交流阻抗，进而分析电化学系统的反应机理，计算系统的相关参数的方法。在交流扰动的过程中，频率由高至低分别对应于锂离子在电解液中的迁移、锂离子在界面的转换和锂离子在固相中的扩散。因此，通过电化学阻抗法可以直观地反映出锂离子在材料中是否受扩散控制，计算出锂的扩散系数。对于角频率 $\omega \to 0$ 的低频区，通过式（7-2-3）和式（7-2-4）求得扩散系数：

$$Z' = R_s + R_{ct} + \sigma \omega^{-\frac{1}{2}} \tag{7-2-3}$$

$$D = 0.5 \left[\frac{V_m}{FA\sigma} \left(-\frac{dE}{dx} \right) \right]^2 \tag{7-2-4}$$

式中，R_s 为电解液和电极之间的欧姆电阻，R_{ct} 为电荷转移阻抗，V_m 是活性物质的摩尔体积，F 是法拉第常数，A 是电极面积，σ 是 Warburg 系数，$\frac{dE}{dx}$ 是开路电位对电极中 Li 浓度曲线上某浓度处的斜率（库仑滴定曲线的斜率）。图 7-2-2（a）是某电极材料的 Nyquist 曲线，曲线中直线部分是曲线的扩散控制部分。根据式（7-2-3），如果用 Z' 的实部或虚部对 $\omega^{-\frac{1}{2}}$ 作图 [图 7-2-2（b）]，就可以计算出 σ，代入式（7-2-4）中，就可以计算出扩散系数 D。

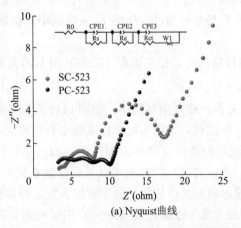
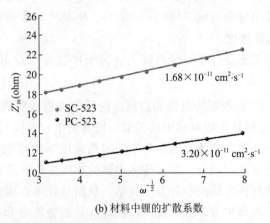

(a) Nyquist曲线

(b) 材料中锂的扩散系数

图 7-2-2　电化学阻抗法测定电极材料中锂的扩散系数

电化学阻抗法得到的结果只是一个表观扩散系数,同时,要求所测体系的摩尔体积 V_m 不发生变化,但是在两相反应区存在相平衡,这使 $\dfrac{dE}{dx}$ 取值计算时偏差太大。因此,电化学阻抗法也很难精确地测量电极材料中锂的扩散系数,同样具有一定的局限性。但基于扩散系数的本身性质,对其计算时一般只着重于其变化的数量级范围,并不苛求精确值,所以用电化学阻抗法计算锂的扩散系数是十分适用的,计算得到的锂的扩散系数的变化范围一般为 $10^{-12} \sim 10^{-9}\ \mathrm{cm^2 \cdot s^{-1}}$。

三、实验仪器与试剂

仪器设备:鼓风干燥箱、分析天平、电化学工作站、玛瑙研钵、镊子、玻璃板等。

试剂耗材:三氧化二铁(Fe_2O_3)、黏结剂(PVDF)、N-甲基吡咯烷酮(NMP)溶剂、导电剂(Super-P)、铜箔、锂离子电池电解液、美工刀等。

四、实验步骤

(1) 将 Fe_2O_3、Super-P 和 PVDF 按照 8∶1∶1 的质量比在玛瑙研钵中研磨 10 min,然后滴加适量的 NMP 继续研磨 20 min,直至形成黏稠状均匀混合的浆料。

(2) 选用铜箔作为集流体,将制备好的电极浆料均匀涂覆在铜箔表面,然后将其转移至鼓风干燥箱中于 80 ℃下干燥 4 h。

(3) 取出电极片,用冲片机裁剪成直径为 13 mm 的圆片,称量并记录电极片质量,计算单个极片上活性物质的质量。

(4) 将所得电极片在真空干燥箱中抽真空并在 120 ℃下干燥 30 min,之后将其移至手套箱中。以所制得的 Fe_2O_3 电极片为工作电极,金属锂片作为对电极和参比电极,$1\ \mathrm{mol \cdot L^{-1}}\ LiPF_6/EC+DMC$ 为电解液,在手套箱中组装两个扣式电池。

(5) 循环伏安测试锂在 Fe_2O_3 负极材料中的扩散系数。将电池与电化学工作站连接,选择"循环伏安测试",电压范围设为 0~3 V,扫速分别设为 $0.01\ \mathrm{mV \cdot s^{-1}}$、$0.05\ \mathrm{mV \cdot s^{-1}}$、$0.1\ \mathrm{mV \cdot s^{-1}}$、$0.5\ \mathrm{mV \cdot s^{-1}}$,设置两个循环,电压先降低后升高。

(6) 用电化学阻抗法测定锂在 Fe_2O_3 负极材料中的扩散系数。选择"交流阻抗测试",设置初始电位(开路电压),频率范围为 1~100 000 Hz,振幅为 5 mV。

五、数据记录与处理

(1) 导出循环伏安测试数据,绘制不同扫描速度下的循环伏安曲线,以不同扫描速度下的峰电流对扫描速度的平方根作图,计算锂在 Fe_2O_3 负极材料中的扩散系数。

(2) 导出电化学阻抗测试数据,根据 Z' 对 $\omega^{-\frac{1}{2}}$ 作图,曲线中平台部分的斜率即 Warburg 系数 σ,再将 σ 代入式(7-2-4)中,就可以计算出扩散系数 D。

六、思考题

(1) 循环伏安测试锂的扩散系数时,为什么扫描速度不要太大?

(2) 为什么在描述固相扩散时说的是"锂"而不是"锂离子"?

(3) 什么是化学扩散系数?它与扩散系数的区别和联系是什么?

7-3 V_2O_5 微球的制备及其电化学性能的测定

一、实验目的

(1) 掌握 V_2O_5 材料的基本概念及它作为正极材料在电池充放电过程中的电化学反应过程。

(2) 通过 V_2O_5 微球的合成掌握共沉淀制备方法，了解影响制备过程的化学工艺参数。

(3) 学习 V_2O_5 正极材料电化学性能的分析表征手段，熟悉实验数据的分析和处理方法。

二、实验原理

目前，商业化锂离子电池中的负极材料为石墨，它的理论容量为 372 mA·h·g^{-1}，而大部分正极材料（钴酸锂、镍酸锂、磷酸铁等）的理论容量都在 200 mA·h·g^{-1} 以下，这使得正极材料与负极材料之间存在一定的容量不匹配。

五氧化二钒（V_2O_5）是一种储量丰富、开发成本低并具有独特电化学储能性质的过渡金属氧化物。V_2O_5 晶体为正交晶系，属 Pmmn 空间群。钒原子与五个氧原子形成五个 V—O 键，组成一个畸变的三角形双锥体，如图 7-3-1 所示。它是一种层状结构，小分子或离子可以自由地嵌入或脱出，同时，不同价态钒氧化物之间具有良好的反应活性。此外，五氧化二钒具有三种锂离子嵌入/脱嵌模式的独有特点，可以释放更高的容量，使其在各种过渡金属氧化物电极材料中脱颖而出。V_2O_5 作为锂电池正极材料，在放电时，Li^+ 嵌入 V_2O_5 层间，能够可逆地形成具有不同相结构的 $Li_xV_2O_5$（$x<0.01$ 时为 α 相，$0.35<x<0.7$ 时为 ε 相，$x=1$ 时为 δ 相，$1<x<2$ 时为 γ 相），如图 7-3-1 所示。然而，当 Li^+ 嵌入 V_2O_5 层间过量时，则会形成不可逆循环的、具有岩盐式结构的 ω 相 $Li_xV_2O_5$（$x=3$），进而丧失了可逆的储存锂离子的能力。V_2O_5 在充放电过程中的电极反应如式（7-3-1）所示。因此，对于 V_2O_5 材料来说，通过选择合适的充放电电压来控制嵌锂量是可以获得良好的循环性能的。如果按照得到两个 Li^+（$x=2$）计算，它的理论比容量 C 可由式（7-3-2）计算得到，约为 294 mA·h·g^{-1}（式中，M 为材料的摩尔质量）。

$$V_2O_5 + 2Li^+ + 2e^- \rightleftharpoons Li_2V_2O_5 \qquad (7-3-1)$$

$$C = \frac{96\,487 \times 2}{3.6 \times M} \qquad (7-3-2)$$

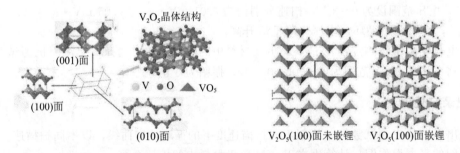

图 7-3-1 V_2O_5 和嵌锂产物 $Li_xV_2O_5$ 的晶体结构示意图

此外，V_2O_5 具有较高的输出电压（2～4 V vs. Li/Li^+），来源丰富且价格便宜；然而，堆积密度较低，电解液在其表面的反应活性高，从而导致较低的体积能量密度、较差的循环稳定性及电池的安全隐患，是 V_2O_5 正极材料亟须解决的问题。通常电极材料的理论容量大小与其内部结构相关联。近些年，一些研究发现不同纳米结构的 V_2O_5 材料，如纳米管、纳米颗粒、纳米线、介孔材料等，展现出优越的储锂性能。这是由于减小电极材料尺寸、增大比表面积可以增加材料的电化学反应活性点位，从而提高实际容量。本实验拟采用一种简单的、低花费的溶液沉淀法制备出 $V(OH)_2NH_2$ 微球前驱体，微球前驱体在空气中煅烧后，转化为具有多级结构的 V_2O_5 微球。由于 V_2O_5 微球表面存在许多纳米颗粒，具有很大的比表面积，可以增加电化学反应活性点位；同时，特殊的多级结构还可以有效地缓解电极材料反应过程所产生的内应力，使材料在电池循环时保持结构稳定，一定程度上提高了电池的循环寿命。V_2O_5 微球的形成示意图和材料反应前后的扫描电镜（SEM）图像如图 7-3-2 和图 7-3-3 所示。因此，选择合理的测试条件和设计优异的形貌结构对改善五氧化二钒电极材料电化学性能具有重要的意义。

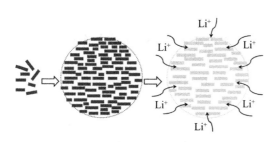
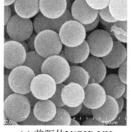
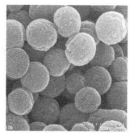

(a) 前驱体V(OH)₂NH₂   (b) 产物V₂O₅微球的SEM图像

图 7-3-2　V_2O_5 微球的形成示意图　　图 7-3-3　前驱体 $V(OH)_2NH_2$ 和产物 V_2O_5 微球的 SEM 图像

通过循环伏安测试（CV）和充放电曲线可以研究锂离子电池在充放电循环中的电极反应过程和可逆性。测试前先将活性材料 V_2O_5 制成电极片，以金属锂片作为对电极和参比电极，组装成半电池，测试电压区间为 2～4 V，扫描速度为 0.1 mV·s⁻¹。图 7-3-4（a）是 V_2O_5 电极典型的循环伏安曲线，图中阴极峰和阳极峰分别代表锂离子的嵌入和脱出。放电过程中（电压从 4.0 V 降到 2.0 V）分别在 3.36 V、3.15 V 和 2.23 V 处出现了三个阴极峰，分别对应着从 α-V_2O_5 转变为 ε-$Li_{0.5}V_2O_5$，再到 δ-LiV_2O_5，最后到 γ-$Li_2V_2O_5$，前两个还原峰分别代表 0.5 个 Li⁺ 的嵌入过程，第三个还原峰代表第 2 个 Li⁺ 的嵌入过程。在随后的充电过程中（电压从 2.0 V 升到 4.0 V）发生相反的反应，锂离子会从 $Li_2V_2O_5$ 中脱出并重新转变为 V_2O_5。

图 7-3-4（b）是 V_2O_5 微球正极材料前 3 圈的充放电曲线。放电曲线中有 3 个明显的放电平台，这与 CV 曲线是一致的。同样地，充电曲线中也出现了 3 个充电平台，其对应的相变过程与 CV 曲线相互对应。V_2O_5 微球的首次放电比容量为 275 mA·h·g⁻¹，经过 2～3 次循环后，比容量并没有发生明显的衰减。

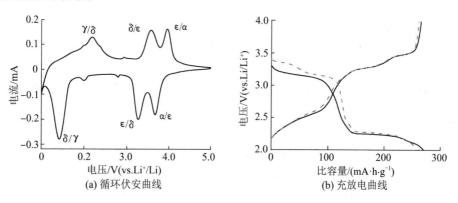

图 7-3-4　V_2O_5 电极典型的循环伏安曲线和充放电曲线

三、实验仪器与试剂

仪器设备：磁力搅拌器、高温马弗炉、鼓风干燥箱、高速离心机、分析天平、手套箱、电化学工作站、多通道电池测试系统、烧杯、移液枪、镊子、玻璃板等。

试剂耗材：偏钒酸铵（NH_4VO_3）、水合肼（$N_2H_4·H_2O$）、无水乙醇、1 mol·L⁻¹ 的稀盐酸、去离子水、Super-P、PVDF、NMP 溶剂、铝箔等。所有化学试剂均为分析纯，且使用前未经纯化。

四、实验步骤

（1）溶液沉淀法制备 V_2O_5 微球：

① 将 4 mmol NH_4VO_3 加入 100 mL 去离子水中，一边搅拌一边加入 2 mL 1 mol·L⁻¹ 的稀盐酸，使得 NH_4VO_3 充分溶解。

② 用移液枪缓慢滴加 6 mL 水合肼，在室温下搅拌 0.5 h，溶液逐渐由黄色透明状转变为浑浊的灰色悬浊液。

③ 用高速离心机将悬浊液离心，分离出的沉淀分别用去离子水和无水乙醇反复洗涤 3 次。

④ 将离心管中的样品取出置于培养皿中，在鼓风干燥箱干燥约 10 min。

⑤ 将干燥后的样品转移到坩埚中，在高温马弗炉中于 350 ℃下煅烧 30 min，使其转化为 V_2O_5。取出后，待样品冷却至室温。

(2) 扣式电池的组装：

① 按照质量比 V_2O_5：Super-P：PVDF＝7：2：1 分别称量活性材料（V_2O_5）导电剂（Super-P）和黏结剂（PVDF），将其溶于适量的 NMP 溶剂中，均匀混合制备成浆料。

② 选用铝箔为集流体，即将 V_2O_5 浆料均匀涂覆在铝箔上，置于鼓风干燥箱中于 80 ℃下干燥 4 h 后备用。

③ 烘干后的极片经辊压处理后，切割成直径为 13 mm 的圆片，组装在 CR2025 型扣式电池中。其中，正极为 V_2O_5 电极片，负极为金属锂，电解液为 1.0 mol·L^{-1} $LiPF_6$ 的碳酸乙烯酯（EC）/碳酸二甲酯（DMC）（VEC：VDMC＝1：1）溶液。电池在高纯氩气气氛下进行组装。

(3) 电化学性能的测试：

① 循环伏安（CV）测试采用电化学工作站进行，扫描电压范围设置为 2.0～4.0 V，扫描速度设置为 0.1 mV·s^{-1}，扫描 3 圈。

② 恒流充放电测试通过多通道电池测试系统进行，设置程序分别测量 V_2O_5 电池的循环和倍率性能，并计算评价其放电比容量、放电平台、循环性能、库仑效率等。

五、数据记录与处理

(1) 记录原料、前驱体和产物质量，计算产率。

(2) 将循环伏安测试数据导出，用 Origin 软件绘制成曲线，结合 CV 曲线分析材料的电化学特性。

(3) 绘制材料的倍率和循环曲线，并与 CV 曲线比较，分析材料的电化学性能。

六、思考题

(1) V_2O_5 作为锂离子电池正极材料的主要缺点是什么？

(2) V_2O_5 电极的工作电压范围为何通常设在 2.0～4.0 V，而不选取 4.0～1.5 V？

(3) V_2O_5 作为正极材料时，负极应该选用什么材料与之匹配？

(4) V_2O_5 制作电池极片时为什么只能选择铝箔作为集流体，而不选择铜箔？

7-4 V_2O_5 微球的锂电性能表征与分析

一、实验目的

(1) 学习循环测试、倍率测试和高低温测试等几种常用的锂离子电池充放电测试方法的基本概念和实验方法。

(2) 通过对 V_2O_5 正极材料的电化学性能的测试分析，熟悉实验数据的分析和处理方法。

二、实验原理

研制出来的电池材料是否能够应用于锂离子电池，或是需要何种改进，或是能够应用在何种领域，需要将材料组装成电池经充放电测试检验其性能后才能判断。电池充放电测试可以获得电池材料的比容量、倍率、循环寿命、充放电平台及电池内部参数变化等诸多信息，是电池材料开发和应用的关键环节。

以扣式锂离子电池为例，它在进行充放电测试时有恒压充电、恒流充电、先恒流再恒压充电、正向脉冲充电、正负脉冲充电等多种工作模式。恒压充电是在测试时保持充电电压恒定，电池电流则会随充电时间的延长而逐渐减小。这种方法的充电电流在初始阶段比较大，可能会对电池寿命产生影响。恒流充电是在测试时保持充电通道电流恒定，而电压值不受限制。但恒流充电时，如果电流设置过低，则可能会导致充电时间过长；如果电流设置过高，则有可能会导致电池极化现象显著。目前，实验室中多采用的是恒流-恒压充电法（CC-CV），它结合了恒流充电和恒压充电的优点，先用一个较大的电流恒流充电，实现较高的充电效率；当电量达到一定值时，转换成恒压充电，这时充电电流逐渐减小，可以给电池充入较多的电量。

由于活性材料的含量和极片尺寸都会对测试电流产生影响，所以在测试中多采用电流密度，如单位活性物质质量的电流（$mA \cdot g^{-1}$）、单位极片面积的电流（$mA \cdot cm^{-2}$）。充放电电流的大小常采用充放电倍率来表示，即充放电倍率（C）＝充放电电流（mA）/额定容量（$mA \cdot h$）。例如，额定容量为 500 $mA \cdot h$ 的电池以 500 mA 的电流充放电，则充放电倍率为 1 C。在实验室中，对扣式锂离子电池锂电性能的测试分析主要包括充放电循环测试、倍率充放电测试及高低温性能测试。

1. 充放电循环测试

充放电循环测试可用于研究电池的充放电容量、库仑效率等随充放电循环圈数变化的情况，它可以获得电池的循环寿命、是否有容量跳水等信息，反映了电池的长期稳定性。

对电池的循环性能进行测试时，主要需确定电池的充放电模式，周期性循环至电池容量下降到某一规定值（通常为额定容量的 80%）时电池所经历的充放电次数，或者对比循环相同周次后电池剩余容量，以此表征测试电池循环性能。此外，电池的测试环境对其充放电性能也有一定的影响。测试时通常将电池以 n C 进行恒流恒压充电，然后以 n C 进行放电，循环 x 次，直到容量为初始容量的 80% 时停止测试。根据电池的充放电结果，利用下式可计算出库仑效率（Coulombic Efficiency，CE）：

$$\eta_{CE} = \frac{放电信率}{充电信率} \times 100\%$$

图 7-4-1（a）是不同退火温度下制备得到的 V_2O_5 电极材料在 0.2 C 下的循环性能曲线。从图中曲线可以看出，不同的退火温度对 V_2O_5 电极材料的电化学性能有着重要的影响。在 0.2 C 下，退火温度为 400 ℃时制备的样品（V_2O_5-400）第一圈的放电比容量为 273 $mA \cdot h \cdot g^{-1}$，高于退火温度 300 ℃和 500 ℃时的比容量（221 $mA \cdot h \cdot g^{-1}$、229 $mA \cdot h \cdot g^{-1}$）。在经历 50 圈循环之后，V_2O_5-400 的比容量渐渐衰减为 189 $mA \cdot h \cdot g^{-1}$，在首次放电比容量的基础上计算出每一圈的衰减率大约为 0.6%，这一结果表明材料具有优异的容量保留能力。

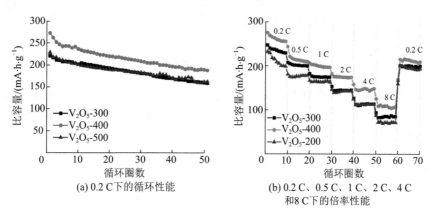

(a) 0.2 C 下的循环性能　　(b) 0.2 C、0.5 C、1 C、2 C、4 C 和 8 C 下的倍率性能

图 7-4-1　不同退火温度对 V_2O_5 正极材料锂电性能的影响

2. 倍率充放电测试

倍率测试是研究电池充电或者放电快慢程度的常用手段。一般来说，在较高的充电倍率下电池可以更快地充电，可以在更短的时间内获得能量；反之亦然。然而，高充放电倍率会严重影响电池的性能和寿命。

倍率测试有三种测试方法：① 如果要表征和评估锂离子电池在不同放电倍率下的性能，可以先在恒流恒压下用相同的倍率进行充电，再以不同倍率进行恒流放电；② 如果要分析电池在不同充电倍率下的性能，可以先用相同的倍率进行恒流放电，再以不同倍率进行恒流充电；③ 可以在充放电时采用相同倍率进行充放电测试。一般来说，充放电时间会随倍率的增加而缩短，实际测试中由于受电池使用次数、时间和环境温度等因素的影响，充放电时间会比计算出来的理论时间短。

图 7-4-1（b）是不同退火温度下制备得到的 V_2O_5 电极材料的倍率充放电测试曲线。以 V_2O_5-400 样品为例，在 0.2 C 下，电池的放电比容量为 256 mA·h·g^{-1}；当倍率增加至 0.5 C、1 C、2 C、4 C 和 8 C 时，放电比容量降低为 212 mA·h·g^{-1}、198 mA·h·g^{-1}、173 mA·h·g^{-1}、144 mA·h·g^{-1} 和 114 mA·h·g^{-1}。这是由于放电倍率的增加会导致欧姆电位降的增加，并对电池的比容量和能量产生影响。当电池的放电倍率从 0.2 C 增大至 8 C 时，比容量降低了约 55%。当电流密度重置为 0.2 C 时，放电比容量又回到 210 mA·h·g^{-1}。此外，由曲线还可以看出 V_2O_5-400 样品相比于其他两种样品具有更加优越的倍率性能。

3. 高低温性能测试

锂离子电池要求可以在 −20 ℃～60 ℃ 下工作。然而，当温度低于 0 ℃ 时，电池的容量随着温度的降低而不断衰减，如图 7-4-2（a）所示。相比于室温（20 ℃），在 −20 ℃ 低温时，电池容量发生了明显的衰减，当温度进一步低至 −40 ℃ 时，容量仅剩一半。随着温度的降低，还会导致电解液的电导率（σ）降低，使得电池中锂离子的传导变慢，放电能力下降 [图 7-4-2（b）]。类似地，低温还会使电池中正极和负极的界面阻抗增加 [图 7-4-2（c）]，也会导致电池的容量衰减。同样，过高的工作温度也不利于锂离子电池的使用。当温度超过 40 ℃ 时，高温会破坏电池内的化学平衡，导致副反应增加，使得电池极化现象明显，导致锂离子电池容量发生衰减。此外，高温还可能导致电池鼓包、爆炸等。因此，研究锂离子电池的高低温性能，对开发高低温性能良好的电极材料和电池体系十分重要。

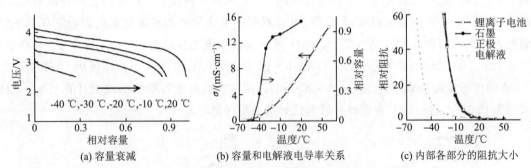

(a) 容量衰减　　(b) 容量和电解液电导率关系　　(c) 内部各部分的阻抗大小

图 7-4-2　不同温度下锂离子电池性能测试

实验室中，高低温测试多采用 1 C 恒流恒压充电至终止电压，然后将电池分别置于 60 ℃、40 ℃、20 ℃、−10 ℃、−20 ℃ 和 −40 ℃ 下进行测试，再用 1 C 放电至截止电压，计算低温放电率＝放电容量/初始容量×100%。

三、实验仪器与试剂

仪器设备：电池测试仪（蓝电 CT2001A 型）、恒温箱、高低温测试箱。

试剂耗材：V_2O_5 微球。

四、实验步骤

以 V_2O_5 微球作为正极材料组装成扣式锂离子电池，使用电池测试仪分别对其倍率性能、循环性能和高低温性能进行测试分析。

（1）倍率测试：

① 相同倍率充电、不同倍率放电测试的程序设置：电池分别在 0.5 C、1 C、2 C、5 C 和 8 C 下放电至 2.5 V，放电结束后将电池均用 0.5 C 恒流充电至 4.0 V，在 4.0 V 下恒压至电流下降为 0.05 C 截止，每种放电倍率重复 5 圈。

② 不同倍率充电、相同倍率放电测试的程序设置：电池在 0.5 C 下恒流放电至 2.5 V，放电结束后再分别在 0.5 C、1 C、2 C、5 C 和 8 C 下恒流充电至 4.0 V，在 4.0 V 下恒压至电流下降为 0.05 C 截止，每种充电倍率重复 5 圈。

③ 不同倍率充放电测试的程序设置：电池分别在 0.5 C、1 C、2 C、5 C 和 8 C 下恒流放电至 2.5 V，放电结束后以相同的倍率（电流）进行恒流充电至 4.0 V，在 4.0 V 下恒压至电流下降为 0.05 C 截止，每种充电倍率重复 5 圈。

（2）充放电循环测试：

循环性能测试的程序设置：电池先以 1.0 C 恒流充电至 4.0 V，充电停止后，再以 1.0 C 恒流放电至 2.5 V，重复上述充放电步骤 20 次。

（3）高低温测试：

锂离子电池高低温性能测试中，高温性能测试一般在 80 ℃、60 ℃ 和 40 ℃ 下进行，低温性能测试一般在 0 ℃、−10 ℃、−20 ℃ 和 −40 ℃ 下进行，分别测试电池的倍率性能和循环性能，并将测试结果与室温下的数据进行比较。

五、数据记录与处理

导出锂离子电池的倍率、循环和高低温性能数据，并用 Origin 软件分别绘制曲线，根据图像分析 V_2O_5 正极材料的倍率、循环寿命、库仑效率和高低温性能。

六、思考题

（1）对 V_2O_5 正极材料进行充放电测试时为什么是先放电后充电？

（2）结合 V_2O_5 正极材料的低温测试结果，分析导致其容量衰减的主要原因。采用哪些方法可以提升电池的低温性能？

（3）提升电极材料循环性能和倍率性能的方法有哪些？

7-5　$LiMn_2O_4$ 电极作为水系可充锂离子电池正极的测试

一、实验目的

（1）学习水系可充锂离子电池的基本知识。

（2）掌握水系锂离子电池电极的制备工艺。

（3）学习水系可充锂离子电池极片电化学性能评价的测试方法和实验操作。

（4）结合 $LiMn_2O_4$ 电极的测试结果，熟悉实验数据的分析和处理方法。

二、实验原理

在常规锂离子电池中多采用有机溶剂作为电解液，这样不仅存在易燃、易爆等安全隐患，而且因电池生产时要严格控制水含量而导致成本过高,这些都限制了锂离子电池的应用。水系锂离子电池是一种以水溶液作为电解液的锂离子电池。相比于有机溶剂电解液,水系电解液具有安全性好、电导率高、成本低、环境友好等特性,受到人们的广泛关注。

水系锂离子电池多采用 $LiNO_3$、Li_2SO_4、CH_3COOLi 等锂盐的水溶液作为电解液。然而,它的电压窗口仅有 1~2 V,这是因为当电压过高时,电解液中的水会分解生成氢气和氧气,使得水系电池的输出电压小于 1.5 V,能量密度仅有 30~50 W·h·kg^{-1},远低于有机系锂离子电池 (3~4 V, 150~250 W·h·kg^{-1})。近些年研究发现,在电解液中加入甲基脲可以有效抑制水在高/低电位条件下的氧化/还原分解等副反应,电池可以实现 4.5 V 的电化学稳定窗口。

水系锂离子电池在电极材料选择时与有机体系也有所差别,要求电极材料不仅可以可逆地进行锂嵌入/脱出反应,还必须考虑水分解析氢、析氧反应的影响。如果 Li$^+$ 在电极材料中的嵌入和脱出电位在氧气的析出电位之上或者在氢气的析出电位之下,那么这种材料就不能作为电极材料。

锂离子电池中的部分正极材料,如 $LiCoO_2$、$LiMn_2O_4$、$LiFePO_4$、金属氧化物等均可作为水系锂离子电池的正极材料。其中,尖晶石型结构的 $LiMn_2O_4$ 有着独特的三维隧道结构,用它作水系锂离子电池正极材料时,利于锂离子的嵌入与脱出;与此同时,它还具有良好的耐过充性能和充放电电压区间 (3.5~4.5 V vs. Li/Li$^+$),且安全性好、环保经济。本实验采用商业化 $LiMn_2O_4$ 为正极活性材料,0.5 mol·L^{-1} Li_2SO_4 水溶液为电解液来构筑水系可充锂离子电池,并对其电化学性能进行分析研究。

充电过程中(电压升高),Li$^+$ 从 $LiMn_2O_4$ 晶格中发生脱嵌,$LiMn_2O_4$ 正极发生以下反应:

$$LiMn_2O_4 - xLi^+ - xe^- \longrightarrow Li_{1-x}Mn_2O_4$$

放电过程中发生的反应与上述过程相反。对于 $LiMn_2O_4$ 电极的性能测试,采用三电极电池体系来进行。将 $LiMn_2O_4$ 所制成的浆料涂覆在泡沫镍集流体上制成工作电极。选用泡沫镍作为集流体,而非传统有机锂离子电池中的铝箔或铜箔,这是因为镍在水溶液中的电化学稳定性好,且具有较高的析氢和析氧过电位。在三电极体系中测试时,对电极采用纯泡沫镍电极,参比电极选用饱和甘汞电极。

图 7-5-1 (a) 为 $LiMn_2O_4$ 电极在三电极体系中测试时典型的循环伏安图,出现两对氧化还原峰,分别对应于前 0.5 个 Li$^+$ 的脱嵌和后 0.5 个 Li$^+$ 的脱嵌过程。对于 $LiMn_2O_4$ 的测试,先将电压从 0.2 V 升到 1.2 V,该过程中 Li$^+$ 从 $LiMn_2O_4$ 晶格中脱出;当电压从 1.2 V 降到 0.2 V 时,Li$^+$ 嵌入 $Li_xMn_2O_4$ 晶格中。图 7-5-1 (b) 展示了在恒定电流密度下,$LiMn_2O_4$ 电极的前三圈充放电曲线。恒电流充放电测试同样采取先充电(电压升高)后放电(电压降低)的方式。充放电过程中的两个电压平台与循环伏安图中的两对氧化还原峰相对应,同样是由两个不同阶段的 Li$^+$ 脱嵌造成的。

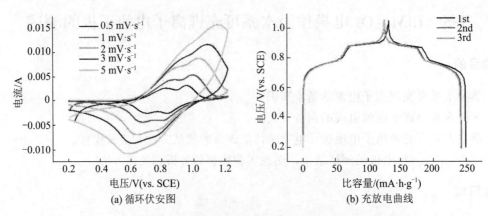

图 7-5-1 采用三电极体系对 $LiMn_2O_4$ 电极进行电化学性能研究

三、实验仪器与试剂

仪器设备：电化学工作站、三电极测试电解池、鼓风干燥箱、压片机、分析天平、充放电测试仪、饱和甘汞电极、镊子、玛瑙研钵、玻璃板。

试剂耗材：泡沫镍、$LiMn_2O_4$、Super-P、60% PTFE 溶液、乙醇、$0.5\ mol \cdot L^{-1}\ Li_2SO_4$ 水溶液。

四、实验步骤

（1）将 $LiMn_2O_4$、导电剂（Super-P）和黏结剂（PTFE）按 8∶1∶1 的质量比在玛瑙研钵中均匀研磨 10 min，然后滴加适量乙醇继续研磨 20 min 制成电极浆料。

（2）将清洗干净的泡沫镍集流体裁剪成长条，称量质量 m_0。将制备好的电极浆料单面压在泡沫镍上形成正极片，随后将电极片放入鼓风干燥箱中于 60 ℃下干燥 15 min，烘干后取出并称量电极片的质量 m_1。计算出电极片上活性物质的质量 $m_2 = (m_1 - m_0) \times 0.8$。

（3）在三电极电解池中测试 $LiMn_2O_4$ 电极的性能，测试装置如图 7-5-2 所示。采用泡沫镍作对电极，饱和甘汞电极作参比电极。在电化学工作站上进行循环伏安扫描，扫速设为 $3\ mV \cdot s^{-1}$，测试电压范围在 0.2～1.2 V，充放电测试电流密度在 $200\ mA \cdot g^{-1}$（根据活性物质质量计算出电流大小）。测试时先对电池进行充电（电压升高），然后放电（电压降低）。

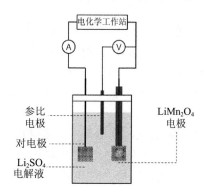

图 7-5-2 三电极电解池测试装置示意图

五、数据记录与处理

绘制电池的循环伏安曲线，结合记录的电极片活性物质质量，计算充放电容量，并分析电化学特性。

六、思考题

（1）水系可充锂离子电池的缺点是什么？
（2）$LiMn_2O_4$ 用作锂离子电池正极材料的充放电机理是什么？
（3）除了 $LiMn_2O_4$ 外，哪些材料还可以用于水系锂离子电池的正极材料？它们有何特点？

7-6 $V_2O_5 /\!/ LiMn_2O_4$ 水系可充锂离子电池的组装与测试

一、实验目的

（1）学习 $V_2O_5 /\!/ LiMn_2O_4$ 全电池的基本概念和充放电反应过程。
（2）掌握 $V_2O_5 /\!/ LiMn_2O_4$ 全电池的组装和测试方法。
（3）通过分析电池的电化学性能，熟悉实验数据的分析和处理方法。

二、实验原理

水系可充锂离子电池负极材料在选择时,要考虑电池的工作电压和析氢反应等问题,一般来说,嵌入电位在 2～3 V(vs. Li/Li$^+$)的电极材料可作为负极材料。从实验 7-3 中可以看出,V_2O_5 电极的工作电位区间在 2～4 V,相对于金属锂,说明其在 2～3 V 是有一定的储锂容量的,因此可以考虑将 V_2O_5 作为负极材料使用。图 7-6-1 是水的分解电压-pH 图。

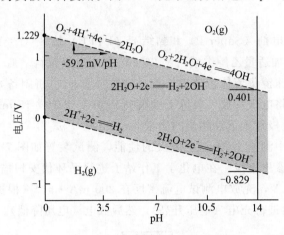

图 7-6-1 水的分解电压-pH 图

本实验通过三电极电池体系对 V_2O_5 电极进行性能测试。实验中采用实验 7-3 中所合成出来的 V_2O_5 微球为负极活性材料,以 0.5 mol·L^{-1} Li$_2$SO$_4$ 水溶液为电解液。将 V_2O_5 所制成的浆料涂覆在泡沫镍集流体上制成工作电极。在三电极体系中测试时,对电极采用纯泡沫镍电极,参比电极选用饱和甘汞电极。

对于 V_2O_5 电极在三电极体系中的测试,其循环伏安图扫描的电压先从 0.5 V 降到 -0.5 V(放电,相对于锂离子嵌入的过程),然后再从 -0.5 V 升到 0.5 V(充电,相对于锂离子脱出的过程),该电位区间会出现一对可逆的氧化还原峰。恒电流充放电测试同样采取先放电(电压降低)后充电(电压升高)的方式。

在放电过程中,V_2O_5 电极发生式(7-6-1)反应:

$$V_2O_5 + xLi^+ + xe^- \longrightarrow Li_xV_2O_5 \tag{7-6-1}$$

充电过程中发生的反应与上述过程相反。对于 $V_2O_5//LiMn_2O_4$ 全电池的测试,通过两电极体系进行,无须参比电极,正极采用 $LiMn_2O_4$ 电极,负极采用 V_2O_5 电极,并且使正、负极活性材料在平面上尽量平行对应,然后对该两电极电池进行循环伏安和充放电测试。首先进行充电,电压从 0 V 升到 1.7 V,然后进行放电,电压从 1.7 V 降到 0 V。

全电池在充电过程中,正极发生式(7-6-2)反应:

$$LiMn_2O_4 - xLi^+ - xe^- \longrightarrow Li_{1-x}Mn_2O_4 \tag{7-6-2}$$

负极发生式(7-6-1)反应。

放电过程中发生的反应与上述过程相反。

三、实验仪器与试剂

仪器设备:电化学工作站、鼓风干燥箱、压片机、分析天平、充放电测试仪、饱和甘汞电极、镊子、玛瑙研钵、玻璃板、三电极测试装置。

试剂耗材:泡沫镍、V_2O_5、Super-P、60% PTFE 溶液、乙醇、0.5 mol·L^{-1} Li$_2$SO$_4$ 水溶液。

四、实验步骤

(1) $V_2O_5//LiMn_2O_4$ 水系可充锂离子电池的组装:

① 将 V_2O_5、Super-P 和 PTFE 按照 8∶1∶1 的质量比在玛瑙研钵中研磨 10 min，然后滴加适量乙醇（不要太多）继续研磨 20 min，使其呈泥巴状。PTFE 的质量以其实际质量为准，要扣除 PTFE 溶液中水的质量，称重时活性材料的质量大约取 0.2 mg。

② 剪取适当条状尺寸的泡沫镍集流体，使其宽度能放入三电极电池体系中，长度稍微超出三电极电池的高度，并详细记录所剪切的泡沫镍条的质量。

③ 用药匙挖出少量所制得的泥巴状浆料，将其放置在剪切好的条状泡沫镍片的一端，然后用压片机将电极浆料在 8 MPa 的压力下压实在泡沫镍上。将电极片置于鼓风干燥箱中于 60 ℃下干燥 15 min。取出后再称量电极片质量，减去之前的纯泡沫镍的质量，再乘 80%，即可得到电极片上活性物质的质量。

（2）V_2O_5∥$LiMn_2O_4$ 水系可充锂离子电池的测试：

① 首先在三电极电解池中测试 V_2O_5 电极的性能。对电极采用纯泡沫镍电极，参比电极选用饱和甘汞电极。首先进行循环伏安扫描，扫速设为 3 mV·s^{-1}，测试电压范围为 $-0.5\sim0.5$ V，电压设置先降低后升高。

② 将 $LiMn_2O_4$ 正极和 V_2O_5 负极组装成全电池，在两电极电池体系中进行循环伏安测试，扫速可以调为 5 mV·s^{-1}，测试电压范围为 $0\sim1.7$ V。

五、数据记录与处理

绘制电池的循环伏安曲线，结合记录的电极片活性物质质量，计算充放电容量，并分析电化学特性。

六、思考题

（1）V_2O_5∥$LiMn_2O_4$ 水系可充锂离子电池的充电电压最高能达多少伏？
（2）V_2O_5 为何不适合作为水系可充锂离子电池的正极材料？
（3）其他适合作为水系锂离子电池的负极材料有哪些？

参考文献

[1] 牛凯，李静如，李旭晨，等．电化学测试技术在锂离子电池中的应用研究 [J]．中国测试，2020，46（7）：90-101．

[2] 庄全超，徐守冬，邱祥云，等．锂离子电池的电化学阻抗谱分析 [J]．化学进展，2010，22（6）：1044-1057．

[3] 曲群婷．"V_2O_5 微球正极材料的制备及其锂电性能研究"综合化学实验设计 [J]．化工管理，2015（30）：184-185．

[4] 曲群婷．高性能混合型超级电容器的研究 [D]．上海：复旦大学，2010．

[5] 王先友，朱启安，张允什，等．锂离子扩散系数的测定方法 [J]．电源技术，1999，23（6）：335-338．

[6] 凌仕刚，吴娇杨，张舒，等．锂离子电池基础科学问题（XIII）：电化学测量方法 [J]．储能科学与技术，2015，4（1）：83-103．

[7] 王其钰，褚赓，张杰男，等．锂离子扣式电池的组装，充放电测量和数据分析 [J]．储能科学与技术，2018，7（2）：327-344．

[8] 唐伟，刘丽丽，田舒，等．水锂电的研究进展和展望 [J]．新材料产业，2012（1）：69-74．

第八章 燃料电池应用与实践实验

8-1 质子交换膜燃料电池催化剂性能测定

一、实验目的

(1) 认识氧还原反应的基本概念及反应过程。

(2) 通过循环伏安和线性扫描伏安测试，了解评判催化剂性能的指标，熟悉实验数据的分析和处理方法。

(3) 掌握三电极体系及电化学工作站的使用方法。

二、实验原理

低温燃料电池，如质子交换膜燃料电池（PEMFC）和直接甲醇燃料电池，由于具有环境友好、快速启动、无电解液流失、寿命长、功率密度和能量密度高等优点，在电动汽车动力电源、移动电源、微型电源及小型发电装置等方面显示出广阔的应用前景。质子交换膜燃料电池的本质是水电解的"逆装置"，主要由阳极、阴极和质子交换膜三部分组成，如图 8-1-1 所示。其阳极为氢电极，阴极为氧电极，两极上都含有加速电极电化学反应的催化剂，两极之间是作为电解质的质子交换膜。

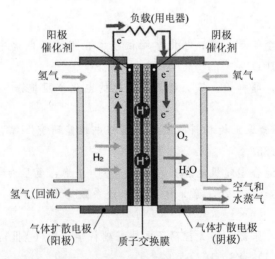

图 8-1-1 质子交换膜燃料电池结构及工作原理示意图

质子交换膜燃料电池的具体工作原理如下：

氢气通过管道或导气板到达阳极，在阳极催化剂的作用下，1 个氢分子氧化，解离成 2 个质子，并释放出 2 个电子。阳极的电极反应式为

$$H_2 \longrightarrow 2H^+ + 2e^- \qquad E_1^\ominus = 0 \text{ V}$$

在电池的另一端，氧气（或空气）通过管道或导气板到达阴极，在阴极催化剂的作用下，氧分

子与穿过质子交换膜到达阴极的氢离子发生反应生成水并放热。阴极的电极反应式为

$$\frac{1}{2}O_2 + 2H^+ + 2e^- \longrightarrow H_2O \qquad E_2^\ominus = 1.23 \text{ V}$$

总反应方程式为

$$H_2 + \frac{1}{2}O_2 \longrightarrow H_2O \qquad E^\ominus = E_2^\ominus + E_1^\ominus = 1.23 \text{ V}$$

燃料电池的阴极氧还原反应是燃料电池电催化反应的速率控制步骤，由于氧还原反应的过电位较高，其动力学过程异常缓慢，往往需要借助一定的催化剂。目前，碳载铂及铂合金催化剂是性能最好、使用最广泛的低温燃料电池氧还原催化剂。图 8-1-2 为铂催化剂在酸性介质中传统的氧还原反应（ORR）历程，只有通过氧的两个活性位才可能发生四电子反应，而一个活性位则导致两电子反应。氧气的缓慢还原涉及多电子的转移和中间产物的生成。实现四电子 ORR 反应的关键是使 O—O 键断裂。因此，氧分子中的两个氧原子最好都能与催化剂相互作用而受到足够的活化。按照 Griffiths 模式，当以 Pt 为电催化剂时，氧分子中的 π 轨道与中心 Pt 原子中空的 d_{zz} 轨道作用，而且 Pt 原子中部分充满的 d_{xx} 或 d_{yz} 轨道向氧分子反馈，这种较强的相互作用能减弱 O—O 键的强度，并引起 O—O 键的伸缩，直至氧分子解离吸附。两电子反应有利于降低 ORR 反应活化能，因为 O—O 键的解离能高达 494 kJ·mol^{-1}，而生成 H_2O_2 后解离能仅需 146 kJ·mol^{-1}。但从燃料电池的能量转换效率和输出电压考虑，应尽量避免两电子反应机理。电子转移的数目则取决于催化剂材料性质。

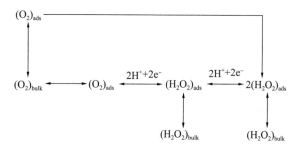

图 8-1-2　氧还原反应历程

三、实验仪器与试剂

仪器设备：分析天平、超声振荡机、移液枪、电化学工作站、三电极体系配套电解池、旋转圆盘电极。

试剂耗材：20% Pt/C、乙炔黑、乙醇、5% Nafion 溶液、浓硫酸、硝酸钾、氯化钾、氧气。所有化学试剂均为分析纯，且使用前未经纯化。

四、实验步骤

（1）工作电极制作：

称取 5 mg 20% Pt/C 催化剂粉末和 5 mg 乙炔黑，混合研磨均匀，转移至 2.5 mL 离心管中，向离心管中加入 350 μL 乙醇与 95 μL 5% Nafion 溶液。将离心管密封后，置于超声波清洗机中超声振荡 30 min，形成均匀黏稠的浆料。本实验所采用的旋转圆盘电极盘面积为 0.196 cm^2。取 7 μL 所制浆料，滴加在圆盘电极表面，待其铺展并自然风干，就得到了负载在圆盘电极表面的膜电极，其催化剂负载量约为 0.4 mg·cm^{-2}。

（2）三电极体系的搭建与测试：

① 参比电极为氯化银电极，盐桥溶液为 10% KNO$_3$ 溶液，对电极为碳棒，电解液为 0.05 mol·L^{-1} H$_2$SO$_4$ 溶液。

② 测试时先将所制备工作电极表面用电解液浸润，防止其表面存在气泡，随后向电解液中通入氧气 15 min 以确保氧气溶解达到饱和，并确保测试时氧气一直维持在饱和状态。将旋转圆盘电极的转速调至 1 600 r·min^{-1}，打开电化学工作站，使用循环伏安扫描程序，以 10 mV·s^{-1} 的扫描速度进行负向和正向扫描，电压区间为 0.81 V 至 −0.19 V，循环圈数为 6 圈；使用线性伏安扫描程序，以 10 mV·s^{-1} 的扫描速度进行负向扫描，电压区间为 0.81 V 至 −0.19 V，在转速 400 r·min^{-1}、900 r·min^{-1}、1 600 r·min^{-1}、2 500 r·min^{-1} 下分别扫描一次。

③ 保存数据，将电解液及盐桥溶液倾倒至对应废液桶，清洗并回收实验器具。

五、数据记录与分析

用 Origin 软件绘制出循环伏安曲线，并结合曲线评判催化剂性能。

六、思考题

(1) 为什么测试过程中要维持溶液中氧气饱和？

(2) 如果工作电极制备时膜电极出现破损或不平整的现象，会对测试结果产生什么影响？

(3) 如果电解液浓度不准确，会对测试结果产生什么影响？

8-2 共沉淀法制备氧化钇稳定氧化锆（YSZ）粉体

一、实验目的

(1) 学习氧化钇稳定氧化锆（YSZ）的基本知识。

(2) 掌握用共沉淀法制备 YSZ 粉体的合成过程和实验方法。

(3) 掌握共沉淀法的实验条件对 YSZ 粉体结晶成核生长的影响规律与机理。

二、实验原理

氧化锆（ZrO_2）具有高强度、高硬度、高韧性、耐高温、耐腐蚀等特性，被广泛地应用于结构陶瓷、电子陶瓷、功能陶瓷等领域。ZrO_2 有单斜晶型（$m\text{-}ZrO_2$）、四方晶型（$t\text{-}ZrO_2$）和立方晶型（$c\text{-}ZrO_2$）三种晶型结构，并且这三种晶型在特定温度下可以相互转化，如式（8-2-1）所示。在转化过程中，由于不同晶型结构的密度存在差异，因此会伴随一定的体积变化（3%～5%）和剪切应变（8%）。例如，当 ZrO_2 由单斜晶型转变为四方晶型或立方晶型时，体积会发生收缩；反之，则会发生体积膨胀。这种可逆的相转变过程称为马氏体相变。体积效应的存在会导致陶瓷材料的结构发生开裂等损伤，一定程度上限制了 ZrO_2 的应用。

$$m\text{-}ZrO_2 \xrightleftharpoons{1\,170\,℃} t\text{-}ZrO_2 \xrightleftharpoons{2\,370\,℃} c\text{-}ZrO_2 \xrightleftharpoons{2\,715\,℃} 液相\,ZrO_2 \quad (8\text{-}2\text{-}1)$$

研究发现，在 ZrO_2 中添加 Y_2O_3、CaO、MgO、CeO_2、Sc_2O_3 或其他稀土氧化物等时，由于它们的离子半径与 Zr^{4+} 相近，并且性质也相似，能与 ZrO_2 形成固溶体和复合体，从而稳定 ZrO_2 的晶型结构。这样可以使原先在室温下不稳定的氧化锆相转变为稳态或亚稳态，呈现出优异的耐热、耐腐蚀和陶瓷增韧等特点。其中以 Y_2O_3 为代表的稀土金属氧化物作为稳定剂的研究最为广泛。氧化钇稳定氧化锆（Yttria-Stabilized Zirconia，YSZ）具有优异的力学性能、纯氧离子导电性，以及在氧化、还原气氛中较好的稳定性，是商业中高温固体氧化物燃料电池（Solid Oxide Fuel Cell，SOFC）的电解质材料。

氧化钇稳定氧化锆的制备方法很多，主要有水热法、共沉淀法和溶胶凝胶法等，这些方法各有特点，其中共沉淀法由于工艺简单、所得粉体性能良好，是目前最常用的氧化钇稳定氧化锆的制备方法。制备时先将氧氯化锆等水溶性锆盐和稳定剂盐混合溶解,然后通过碱或者碳酸盐等与其反应沉淀获得两者的氢氧化物共沉淀物,再将胶状的共沉淀物洗涤、干燥和煅烧后制得氧化钇稳定氧化锆产品,工艺制备流程如图 8-2-1 所示。

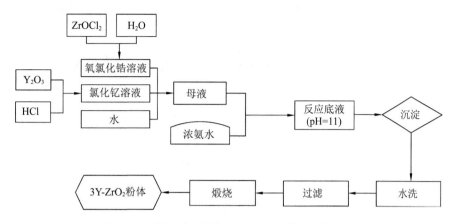

图 8-2-1 共沉淀法制备 $3Y-ZrO_2$ 粉体的工艺流程

在氧氯化锆水溶液中的基本离子单元是 $[Zr_4(OH)_8Cl(H_2O)_{16}]^{8+}$,水解过程与基本离子单元的聚集同时进行,其反应式如式(8-2-2)所示。当氧氯化锆溶液与碱性溶液混合时反应向右进行,生成沉淀物 $Zr(OH)_4 \cdot nH_2O$,其反应式如式(8-2-3)所示;同时 Y^{3+} 与 OH^- 反应生成 $Y(OH)_3$,其反应式如式(8-2-4)所示。

$$[Zr_4(OH)_8Cl(H_2O)_{16}]^{8+} \xrightarrow{H_2O} [Zr_4(OH)_{16-n}Cl(H_2O)_{n+8}]^{n+} + (8-n)H^+ \tag{8-2-2}$$

$$ZrOCl_2 + 2NH_4OH + (n+1)H_2O \Longrightarrow Zr(OH)_4 \cdot nH_2O + 2NH_4Cl \tag{8-2-3}$$

$$YCl_3 + 3NH_4OH \Longrightarrow Y(OH)_3 + 3NH_4Cl \tag{8-2-4}$$

然而,在采用共沉淀法制备纳米粉体的整个过程中,从化学沉淀反应到晶粒生长,再到湿凝胶的漂洗、分散、干燥、煅烧,每一阶段均可导致颗粒长大及团聚的形成。而粉体的团聚会导致材料难以烧结致密,从而影响陶瓷材料的性能。

三、实验仪器与试剂

仪器设备:鼓风干燥箱、高温马弗炉、分析天平、磁力搅拌器、高速离心机、烧杯、移液管。

试剂耗材:八水合氧氯化锆($ZrOCl_2 \cdot 8H_2O$)、三氧化二钇(Y_2O_3)、浓盐酸、氨水、pH 试纸。所有化学试剂均为分析纯,且使用前未经纯化。

四、实验步骤

(1) 称取 4.5 g Y_2O_3 放于 100 mL 的小烧杯中,然后用 3 mol·L^{-1} 的浓盐酸将其溶解,配制 0.4 mol·L^{-1} 的 YCl_3 溶液 50 mL。

(2) 称取 7.97 g $ZrOCl_2 \cdot 8H_2O$ 溶于 62 mL 水中配制成 0.4 mol·L^{-1} 的氧氯化锆($ZrOCl_2$)溶液。量取 0.5 mL 的 $ZrOCl_2$ 溶液,然后按照物质的量比 Y:Zr=3:100 加入 1.86 mL YCl_3 溶液。

(3) 用浓氨水配制 pH=11 的碱溶液,放于磁力搅拌器上搅拌,同时将含有锆钇的悬浮液加入碱溶液中,将混合溶液的 pH 调至 11。

(4) 反应完全的含锆钇悬浮液沉降后,离心分离出固体颗粒,并用水洗两次。先用微波炉烘干,再置于鼓风干燥箱中于 80 ℃下烘干处理。

(5) 将干燥至恒重的混合粉体用 60 目筛过筛后,放入高温马弗炉中在 600 ℃下进行煅烧。

五、思考题

(1) 本实验中为什么要在 pH=11 左右制备 YSZ 粉体？
(2) 实验过程中有哪些实验细节会影响到 YSZ 粉体的颗粒大小及微观形貌？

8-3　丝网印刷法制备氧化钇稳定氧化锆（YSZ）固体电解质薄膜

一、实验目的

(1) 学习高温固体氧化物燃料电池电解质薄膜制备的基本概念。
(2) 学习丝网印刷法的原理和实验操作步骤。
(3) 了解浆料黏度、印刷次数等实验参数对电解质薄膜厚度、致密度等的影响，掌握优化工艺参数的方法和思路。

二、实验原理

在高温固体氧化物燃料电池（Solid Oxide Fuel Cell，SOFC）中，电解质的性能是决定电池的工作温度和性能的关键因素。目前，研究最为广泛和深入的电解质材料是立方萤石结构的 YSZ。然而，YSZ 的电导率较低，较高的工作温度会导致电极烧结，不利于电池的稳定性。研究发现将电解质薄膜化可以有效地降低 SOFC 的工作温度。将电解质制备成薄膜的形式，能够降低电池内阻，减小欧姆极化，提高电池输出性能。电解质薄膜的制备方法有很多种，可分为化学方法、物理方法和陶瓷粉末成型法三大类。从制备工艺和生产成本考虑，陶瓷粉末成型法是最具商业化应用前景的方法。

丝网印刷是一种用陶瓷粉末制备 YSZ 电解质薄膜的方法。它是一种传统的技术手段，制备时先将陶瓷粉体、有机添加剂和有机溶剂均匀混合成高黏度的浆料，然后用刮板将浆料通过丝网涂覆在衬底上。丝网印刷装置及其工作示意图如图 8-3-1 所示。丝网印刷装置一般由印刷台、网版（丝网和网框）、橡胶刮板等部件组成。

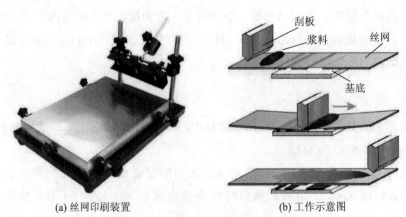

图 8-3-1　丝网印刷装置及其工作示意图

采用丝网印刷制备薄膜时，有许多因素会影响最终的成膜质量。例如，通过改变丝网的目数、网间距、刮板角度、印刷时的压力和速度等，可以调控电解质薄膜的厚度、形貌。电解质薄膜浆料制备的好坏也会影响最终成膜的性能。电解质浆料应具有良好的触变性，要求它的黏度变化在千分之一秒内可达 1 000 倍，且变化可逆。这是由于当用刮板涂敷浆料时，刮板产生的切变力会使浆料的黏度降低，但是刮动结束后，随着浆料沉积、切变力去除，其黏度又会升高，阻止浆料的流动。此外，电解质薄膜在烧结时要控制好升温速度，升温过快可能会导致有机物大量分解挥发而产生气泡和针孔。

丝网印刷适合大面积制膜，可以在平面、曲面甚至是不规则表面上成膜，且制膜速度快，不需要多次烧结。丝网印刷除了具有陶瓷粉末成型法制备 YSZ 薄膜的优点之外，还具有成本低廉、制备工艺简单、可以大规模生产等优点，方便推动固体氧化物燃料电池的商业化生产。

利用丝网印刷制备 YSZ 电解质薄膜受许多因素的影响，其中最主要的因素包括初始 YSZ 粉末状态、不同印刷层数、成膜时的温度及浆料的配比黏度等。以印刷层数为例，图 8-3-2 展示了印刷了不同层数 YSZ 电解质薄膜的截面结构。从图中可以看出，随着印刷层数的增加，YSZ 薄膜的厚度也逐渐增加。在对不同层数电解质薄膜进行电化学测试时发现，只印刷 1 层电解质薄膜时，电池开路电压极其不稳定，导致阻抗等也无法正常测量。随着电解质薄膜印刷层数由 3 层逐渐增加至 7 层，电池的电压开始逐渐稳定，电池的开路电压可达 0.9～1.0 V 左右，且虽然电解质薄膜层数增加了很多，但电解质部分的阻抗并未变化太多。值得注意的是，当 YSZ 电解质薄膜印刷层数达 10 层时，开路电压已接近理论开路电压，此时电解质阻抗也明显增加，但增值并不是很明显。对由丝网印刷制备的电解质薄膜构筑的电池进行测试时发现，功率密度与层数之间也存在类似的依赖关系。对于只有单层电解质薄膜的电池来说，由于 YSZ 电解质致密度低，开路电压不稳定，影响其正常的功率输出；随着印刷层数的增加，开路电压趋于稳定，功率密度虽然不高但也逐渐趋于稳定；当印刷层数达 10 层时，功率密度可以达到较为理想的结果。由此可见，为了确保电池有较好的输出功率，在制备 YSZ 电解质薄膜时应至少印刷 7 层以上，这样可以得到较为致密的电解质结构。

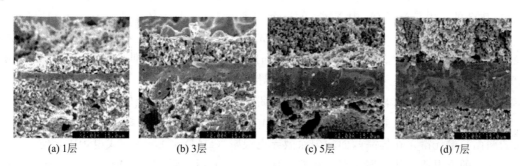

(a) 1层　　　　　　(b) 3层　　　　　　(c) 5层　　　　　　(d) 7层

图 8-3-2　不同层数 YSZ 薄膜截面的扫描电镜图

三、实验仪器与试剂

仪器设备：压片机、行星式球磨机、丝网印刷机、烘箱、高温烧结炉等。

试剂耗材：商业化氧化钇稳定氧化锆（YSZ）、氧化镍（NiO）、松油醇、聚乙烯醇缩丁醛（PVB）、无水乙醇。

四、实验步骤

（1）阳极支撑体的制备：将 NiO 和 YSZ 按照质量比 NiO：YSZ＝6：4 进行称量，然后加入 1%（质量浓度）PVB 和适量无水乙醇在行星式球磨机中湿磨均匀，烘干后取少量粉末，用压片机压制成 NiO-YSZ 生坯（直径为 12 mm，厚度为 0.5 mm）。

（2）将 NiO-YSZ 生坯在 1 200 ℃下预烧 2 h，使其微观结构变得粗糙，强度增大。

（3）称取适量 YSZ 和松油醇，利用球磨机球磨，得到 YSZ 丝网印刷浆料；利用丝网印刷机在预烧结的 NiO-YSZ 表面丝网印刷 YSZ 薄膜，烘干，1 400 ℃下烧结 4 h。

五、思考题

(1) 丝网印刷过程中需要注意的关键问题有哪些？

(2) 丝网印刷次数会影响到 YSZ 薄膜的致密度吗？

8-4 8%氧化钇稳定氧化锆（8YSZ）电导率的测定

一、实验目的

(1) 了解固体电解质离子电导率测试的基本原理和实验方法。

(2) 掌握利用交流阻抗法测定固体电解质材料电导率的实验步骤和数据处理方法。

二、实验原理

氧化锆（ZrO_2）是一种极其重要的固体电解质材料，它具有良好的物理性能和化学性能。然而，ZrO_2 的相结构不稳定，易发生相变且电导率较低。研究发现，在 ZrO_2 中添加适量 Y_2O_3、MgO、CaO、CeO_2 等物质能够稳定晶体结构，抑制晶体相变的发生。此外，杂质原子的引入可以在晶体结构中产生大量的氧空位等缺陷，提升氧离子空缺浓度，提高离子电导率。

目前研究最多、应用最广的是 8%（摩尔分数）氧化钇稳定氧化锆（8YSZ）基固体电解质。它不仅是一种陶瓷粉体材料，具有较高的耐磨性能，而且还是一种氧离子导体材料，具有较高的氧离子电导率，故 8YSZ 可以作为高温固体电解质材料用于固体氧化物燃料电池中。选择 8% 的 Y_2O_3 进行掺杂的原因是当 ZrO_2 中 Y_2O_3 的掺杂浓度低于 8% 时，体系中存在着不稳定的偶极子，当离子或者空位发生迁移时，这些偶极子会转变成三极子而使体系呈电中性。由于三极子比偶极子更为稳定，它会将空位堵塞而阻止离子或空位的迁移，导致电导率降低。当掺杂浓度高于 8% 时，体系中三极子的数量占据主导，同样也会导致电导率降低。

本实验采用阻塞电极法，利用交流阻抗谱来研究 8YSZ 固体电解质的离子电导率与测试温度的关系。测试前需要将材料压制成圆片，然后在 1 400 ℃下烧结 4 h，冷却后用砂纸将烧结致密的片状样品的两面打磨光滑，在样品两面均匀涂敷导电银浆（DAD-87），在管式电炉中，空气气氛下以 20 ℃·min^{-1} 的升温速率从室温升至 800 ℃，保温 10 min 后，随炉自然冷却。这时在样品表面就形成了均匀、致密、光洁的银电极。银电极应呈银白色，任意两点之间的电阻小于 0.1 Ω。将电解质片的边缘打磨光滑，两边电阻应在 110 MΩ 左右，表明银电极之间未形成短路。将制备好的电解质片固定在两根陶瓷管之间，用银丝作导线，放入管式炉内的石英管中，在空气气氛下，以 5 ℃·min^{-1} 的升温速率升温。

利用交流阻抗谱可以研究电池阻抗与微扰频率之间的关系。电池由固体电解质和电极组成，固体电解质内部导电体系极为复杂，包含晶界电容和电极界面双层电容，所测阻抗数值会受频率的影响。因此，计算固体电解质和电极界面的相应参数时，需要先利用不同频率下测得的阻抗（Z'）和容抗（Z''）作出复数平面图，再结合待测量电池的等效电路进行分析。

实验中采用电化学工作站研究待测样品在不同温度下，施加电压为 0 V 时的交流阻抗谱。将各段弧与实轴的交点估测出来，可以计算出晶粒、晶界电导率与温度关系的 Arrhenius 图。如果忽略平行电极方向的电导，那么使用 3 个并联的 RC 回路构筑等效电路，可以模拟出晶粒、晶界和电极反应过程。不同温度下样品的电导率为

$$\sigma = \frac{L}{RS} \tag{8-4-1}$$

其中，σ 为样品电导率（S·cm^{-1}），L 为样品的厚度（mm），S 为样品的面积（$S=1/4\pi D^2$，mm^2），R 为不同温度下的欧姆电阻（Ω）。

将电导率对数对温度导数作图可以得到 Arrhenius 图，采用最小二乘法对曲线中的高温区和低温区的数据进行拟合，求出相应的斜率，就可以计算出电导活化能 E。电导率与温度的关系为

$$\sigma = \frac{\sigma_0}{T} \exp\left(-\frac{E}{kT}\right) \tag{8-4-2}$$

其中，k 为 Boltzmann 常数（$k=0.86\times10^{-4}$ eV·K^{-1}），σ_0 为指前因子，E 为电导活化能（eV），T 为绝对温度（K）。

三、实验仪器与试剂

仪器设备：电化学工作站（RST4800 型）、手动压片机、压片模具、高温烧结炉、管式炉、分析天平、玛瑙研钵、刚玉瓷舟等。

试剂耗材：银丝、银浆（DAD-87）、8YSZ（商业）、聚乙烯醇（PVA）、无水乙醇、超纯水。

四、实验步骤

（1）称取 0.5 g 8YSZ 粉体和一定量的 PVA，用玛瑙研钵研磨均匀。将混合粉体用压片机压成生坯，然后放入高温烧结炉中于 1 400 ℃下烧结 4 h。

（2）用砂纸将烧结致密的片状样品的两面进行抛光打磨处理，并用游标卡尺测量样品的直径 D 和厚度 L。

（3）将银浆均匀涂敷在样品两侧，置于管式炉中，升温至 800 ℃，保温 10 min，升温速率为 20 ℃·min^{-1}，随后自然冷却至室温。

（4）将样品固定在两根陶瓷管之间，用银丝作导线，放入管式炉内的石英管中。在空气气氛下，以 5 ℃·min^{-1} 的升温速率升温。用电化学工作站测试样品在不同温度下 0 V 时的交流阻抗谱，测试频率范围为 0.1~10^5 Hz。

五、数据记录与处理

制作电导率与温度的关系图，分析 8YSZ 的导电机制，结合 Arrhenius 公式计算活化能。

六、思考题

（1）将 8YSZ 压片时为什么要加入 PVA？
（2）为什么可以用交流阻抗法测量 8YSZ 的电导率？
（3）8YSZ 电导率随测试温度上升具有什么样的变化规律？导致这一现象的原因是什么？

8-5 固体氧化物燃料单电池的组装及电化学性能测试

一、实验目的

（1）掌握电解质支撑型固体氧化物燃料单电池的基本结构和组装工艺。
（2）掌握用线性扫描法和交流阻抗法测试固体氧化物燃料电池的实验方法和步骤。
（3）熟悉实验数据的分析和处理方法。

二、实验原理

固体氧化物燃料电池（Solid Oxide Fuel Cell，SOFC）是一种将化石燃料中的化学能直接转换

为电能的电化学装置,它的结构简单,仅有4个功能组件:阴极、阳极、电解质和连接体。在燃料电池系统中,阴极为空气电极,是电池的正极;阳极为燃料电极,是电池的负极;固体电解质起传导O^{2-}和隔离燃料与空气的作用,同时将阳极、阴极和外部电路连接形成导电回路。工作时,氧气(O_2)经多孔阴极到达阴极与电解质的界面处,在阴极催化剂的催化作用下,与外电路传输过来的电子发生反应被还原成O^{2-},产生的O^{2-}在电解质隔膜两侧浓度差的驱动下,通过与固体电解质中的氧空位不断地换位,跃迁到达阳极与电解质的界面处,随后又在阳极催化剂的催化作用下,与燃料气体发生氧化反应并释放出电子,产生的电子经外电路又回到了阴极,与O_2继续反应。这样随着反应的不断进行,就源源不断地产生电流,其工作原理如图8-5-1所示。由于整个反应过程都是在氧化和还原环境下进行的,所以要求组成燃料电池的各组元材料在氧化和(或)还原气氛中要有较好的稳定性(包括化学稳定性、晶型稳定性和外形尺寸的稳定性等)和彼此间的化学相容性、合适的电导性和相近的热膨胀系数等。

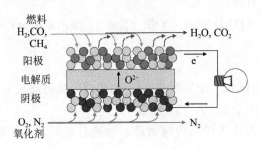

图8-5-1　SOFC工作原理示意图

根据支撑体的不同,SOFC单电池可以分为阴极支撑、电解质支撑和阳极支撑等多种类型。不同类型的SOFC在结构、性能及制备等方面各具优缺点。本实验制作电解质支撑型SOFC单电池,具体制备步骤如下:电解质片是将8%(摩尔分数)氧化钇稳定氧化锆(8YSZ)粉末压制烧结成的1 mm厚、直径20 mm的圆片。传统的SOFC的阳极材料是NiO,阴极材料是锰酸锶镧($La_{0.85}Sr_{0.13}MnO_3$,LSM)。制备时首先将NiO、8YSZ和黏合剂混合均匀后涂在8YSZ电解质片的一侧,在1 450 ℃下烧结2 h制成阳极,然后将LSM与黏合剂混合均匀后涂在8YSZ片的另一侧,在1 200 ℃下烧结2 h制成阴极(烧结可以使得阴、阳极呈现多孔结构)。这样就得到了Ni-8YSZ｜8YSZ｜LSM固体氧化物燃料电池原件。本实验为了简化流程,使用DAD-87型导电胶代替阳极和阴极材料。

SOFC单电池电化学性能测试示意图如图8-5-2所示。测试前将电池的阳极一侧四周涂敷DAD-87型导电胶,固定在内径为18 mm的陶瓷管一端,电池元件与陶瓷管之间用玻璃环密封,这样陶瓷管柱形空间就形成了燃料室。通过细陶瓷管将气体引入电极表面,反应后的气体在粗、细陶瓷管之间通过端盖上的排气管排出电池。在阴极上均匀涂敷DAD-87型导电胶,烘干后作为电极的电流收集器,阴极暴露在空气中,以氧气作为电池反应的氧化剂。电池的电化学性能测试采用四电极法进行,在阳极和阴极集流器上分别引出两根银丝,作为电流引线和电压引线。测试中在电池的阳极气室中通入氢气作为燃料气,控制燃料气流量为30～100 mL·min^{-1}。图8-5-3(a)是SOFC单电池在不同温度下的输出性能曲线。从图中可以看出,在相同电压下,电流和输出功率都随温度升高而明显增大。750 ℃时的最大输出功率约为180 mW;800 ℃时最大输出功率的增加没有预期的那么高,仅约为190 mW,换算成功率密度约为33 mW·cm^{-2}。

SOFC单电池在测试过程中的交流阻抗谱如图8-5-3(b)所示。从图中可以看出,随着测试温度升高,电池的面积比欧姆电阻和面积比界面电阻都明显降低。本实验主要在实验8-4的基础上,制作电解质支撑的固体氧化物燃料单电池,并学习固体氧化物燃料单电池电化学性能的基本表征方法,了解固体氧化物燃料单电池的工作原理及特性。

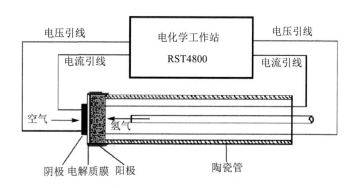

图 8-5-2　SOFC 单电池电化学性能测试示意图

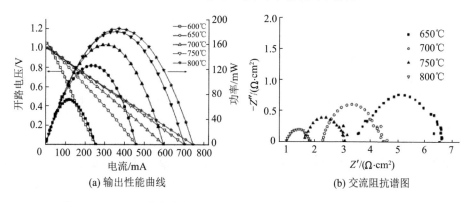

(a) 输出性能曲线　　　(b) 交流阻抗谱图

图 8-5-3　SOFC 单电池在不同温度下的输出性能曲线和交流阻抗谱图

三、实验仪器与试剂

仪器设备：电化学工作站（RST4800 型）、管式炉、鼓风干燥箱、陶瓷管、镊子、刷子。

试剂耗材：烧结后的 8YSZ 片、导电胶（DAD-87 型）、无水乙醇、银丝（99.99%）、脱脂棉、氢气。

四、实验步骤

（1）在烧结后的 8YSZ 电解质片的一侧涂刷一定面积的 DAD-87 型导电胶（作为阴极）。烘干后，在另一侧完全涂满 DAD-87 型导电胶（作为阳极），放于鼓风干燥箱中烘干。

（2）在烘干后的电解质片两侧分别用 DAD-87 型导电胶固定银丝，放于鼓风干燥箱中烘干。随后固定在大小合适的陶瓷管上，并用细的陶瓷管引出银丝，烘干后待测。

（3）将制作的电池放于管式炉中，打开电化学工作站，连接电极，打开氢气瓶，打开管式炉，开始升温。

（4）电化学工作站参数设置：线性扫描，扫描速度 $50\ \mathrm{mV\cdot s^{-1}}$，扫描电压 0～1 V。使用交流阻抗，电压为开路电位，频率为 0.01 Hz～100 kHz。运行程序，保存数据。

（5）依次测试升温过程中的开路电压-时间曲线，不同温度下的线性扫描和交流阻抗。

（6）实验结束，降低管式炉的温度至 300 ℃以下，关闭氢气，继续降温至室温。

五、数据记录与处理

（1）绘制并分析 SOFC 单电池在不同温度下的输出电压曲线。

（2）绘制并结合 SOFC 单电池在不同温度下的交流阻抗谱图，分析其面积比欧姆电阻和面积比界面电阻。

六、思考题

(1) DAD-87 型导电胶的作用是什么？
(2) 用导电胶封装单电池时的注意事项有哪些？
(3) 测试前和测试后的仪器开关顺序对实验结果有什么影响？
(4) 为什么随着温度的升高，电池的输出性能提高？

8-6 扣式锂-空气电池的制作与测试

一、实验目的

(1) 学习扣式锂-空气电池的基本知识。
(2) 掌握扣式锂-空气电池组装的实验过程。
(3) 掌握锂-空气电池性能分析测试的实验方法，熟悉实验数据的分析和处理方法。

二、实验原理

锂-空气电池作为一种新型的电化学能源储存装置，以金属锂为电池负极（阳极），空气中的氧气为正极活性物质（阴极），理论上具有超高能量密度（11 400 W·h·kg^{-1}），接近于汽油等化石能源的能量密度（13 000 W·h·kg^{-1}）。自 1996 年，Abraham 等报道了第一个可充电的锂-氧电池，实现了 1 400 mA·h·g^{-1} 的放电比容量（在 0.1 mA·cm^{-2} 电流密度下），从而引起了人们的广泛关注，被认为是下一代电化学能源存储和转换系统中最具前景的候选者。锂-空气电池根据使用电解液的不同，可以分为水体系、非质子体系、全固态体系和水-有机混合体系四大类。本实验中将以非质子锂-空气电池为研究对象。

非质子锂-空气电池一般由金属锂负极、含锂离子（Li$^+$）的有机电解液、多孔催化的空气正极构成，其结构如图 8-6-1 (a) 所示。其中，金属锂负极的电位很负（-3.04 V vs. RHE），可以为电池提供很高的工作电压。空气正极（阴极）一般由四部分组成，即活性物质氧气（O$_2$）层、催化剂层、气体扩散层和集流体层。氧气是电池反应的活性物质，来自空气。气体扩散层主要是协助氧气通过扩散进入催化剂层，在充放电过程中氧气会与锂离子在催化剂层处发生电化学反应。有机电解液主要由有机溶剂和锂盐组成。

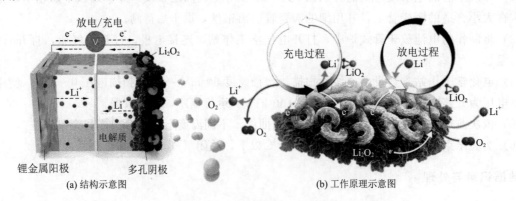

图 8-6-1 非质子锂-空气电池

如图 8-6-1 (b) 所示，非质子锂-空气电池的工作原理如下：放电时，金属锂负极失去电子转变为 Li$^+$，如式（8-6-1）所示，电子通过外电路到达多孔工作正极。随后，溶解在电解液中的 O$_2$ 在正极得到电子发生 Li$^+$-ORR 反应产生超氧自由基（O$_2^-$），如式（8-6-2）所示；O$_2^-$ 与电解液中

的 Li^+ 进一步结合生成超氧化锂（LiO_2），如式（8-6-3）所示；LiO_2 经过化学歧化反应或电化学反应生成放电产物 Li_2O_2，如式（8-6-4）和式（8-6-5）所示。充电时，Li^+ 重新沉积到金属锂负极表面，放电产物 Li_2O_2 分解释放氧气（O_2）和 Li^+，即氧释放（Li^+-OER）过程。

$$Li - e^- \longrightarrow Li^+ \qquad (8\text{-}6\text{-}1)$$

$$O_2 + e^- \longrightarrow O_2^- \qquad (8\text{-}6\text{-}2)$$

$$O_2^- + Li^+ \longrightarrow LiO_2 \qquad (8\text{-}6\text{-}3)$$

$$2LiO_2 \longrightarrow Li_2O_2 + O_2 \qquad (8\text{-}6\text{-}4)$$

$$LiO_2 + Li^+ + e^- \longrightarrow Li_2O_2 \qquad (8\text{-}6\text{-}5)$$

扣式锂-空气电池和扣式锂离子电池的结构类似，由扣式电池壳、锂金属阳极、隔膜、电解液、防护性空气电极、密封圈组成，其结构示意图如图 8-6-2 所示。两者的最大区别在于扣式锂-空气电池的正极壳上开一个或多个通气孔，以提供电化学反应所需要的氧气。防护性空气电极一般由空气电极和防护膜组成，防护膜的作用是抑制空气中水分侵入，同时阻止电池内部电解液的挥发。在金属-空气电池中，空气电极上发生的是电气化学反应，这与锂离子电池也不同。在放电过程中，含锂金属阳极释放的锂离子向空气电极移动，并在其表面发生氧化反应，生成过氧化锂（Li_2O_2）。锂离子、电子和氧气在空气电极多孔碳材料的表面发生反应，电极材料本身并不参与反应，只提供反应的场所。因此，电池容量与电极材料的体积和质量并无太大关联，只取决于它提供反应的场所大小，即其表面积大小。金属-空气电池很容易获得较高的比能量密度。电池的密封由密封圈来实现。

图 8-6-2　扣式锂-空气电池的结构示意图

三、实验仪器与试剂

仪器设备：磁力搅拌器、真空干燥箱、高温马弗炉、分析天平、细胞粉碎机、喷笔、封装机、辊压机、手套箱、充放电测试仪。

试剂耗材：锂片、打孔 2032 电池壳、隔膜、电解液（$1\ mol·L^{-1}$ LiTFSI/TEGDME）、炭黑、锰酸锶镧（$La_{0.85}Sr_{0.13}MnO_3$，LSM）、泡沫镍、PVDF、NMP 溶剂、无水乙醇。

四、实验步骤

（1）极片制作：

① 使用无水乙醇、去离子水分别在超声条件下清洗浸泡泡沫镍 15 min，然后置于真空干燥箱中于 100 ℃下干燥。

② 将 2%（质量分数）的黏结剂（PVDF）、18%（质量分数）的 LSM 活性物质、80%（质量分数）的有机溶剂 NMP 混合，利用细胞粉碎机超声分散，得到均匀浆料。

③ 采用喷涂的方法将浆料均匀地喷在泡沫镍上，随之将该泡沫镍置于真空干燥箱中于 80 ℃下干燥。

④ 用辊压机将负载有电极材料的泡沫镍辊压至厚度约 0.7 mm。

⑤ 将极片冲成直径为 14 mm 的圆形正极极片，并在真空干燥箱中于 100 ℃下干燥。

(2) 扣式锂-空气电池的组装与测试：

① 电池组装：将烘干后的极片、电池壳、隔膜等转移到充满氩气的手套箱中，按照从正极到负极的顺序来组装和封装电池，电解液为 1 mol·L^{-1} LiTFSI/TEGDME。

② 电池测试：将封装好的电池密封转移到充满干燥空气的手套箱中，采用 LAND 电池测试系统对其性能进行测试。首先，在放电之前将电池静置 7 h，然后在程序中设置放电截止电压为 2.2 V，充电截止电压为 4.4 V，以 100 mA·g^{-1} 为充放电电流密度，进行恒流充放电测试；以 1 000 mA·g^{-1} 为恒定电容密度，100 mA·g^{-1} 为充放电电流密度，进行恒容充放电测试。

五、数据记录与处理

绘制锂-空气电池的充放电测试曲线，分析不同电流密度下电池的过电位等性能。

六、思考题

(1) 扣式锂-空气电池组装过程中关键性的工艺因素有哪些？

(2) 如果隔膜位置不正，会导致什么结果？

(3) 扣式锂-空气电池测试过程中为什么先放电后充电？

8-7　直接甲醇燃料电池催化性能测试

一、实验目的

(1) 学习直接甲醇燃料电池的基本概念和工作原理。

(2) 掌握用循环伏安法测定直接甲醇燃料电池催化性能的方法和实验操作步骤。

(3) 熟悉实验数据的分析和处理方法。

二、实验原理

直接甲醇燃料电池（Direct Methanol Fuel Cell，DMFC）是质子交换膜燃料电池中的一种，它采用高能量密度的液体甲醇作为燃料，无须经过甲醇重整制氢的过程，可以将甲醇燃料中的化学能转换为电能，副产物为水和二氧化碳。

DMFC 主要由阳极、固体电解质膜和阴极等部件组成。根据使用的固体电解质膜的不同，可将其分为质子交换膜直接甲醇燃料电池（PEMDMFC）和碱性电解质膜直接甲醇燃料电池（AAEMDMFC）两种，如图 8-7-1 所示。它的工作原理：阳极发生甲醇氧化反应（MOR），产生的质子经 Nafion 膜从阳极传导到阴极，而产生的电子通过外部电路从阳极流到阴极，质子和电子在阴极与氧分子反应产生水。但是中间副产物的存在使得 MOR 反应动力学缓慢，这就需要在阳极添加适量的催化剂（如铂基贵金属材料）来提升电极反应动力学。因此，对于直接甲醇燃料电池来说，电催化剂性能的好坏将直接决定其性能、寿命和稳定性。

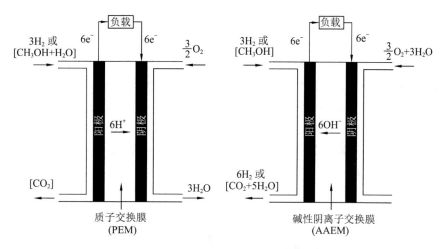

图 8-7-1　质子交换膜和碱性电解质膜直接甲醇燃料电池的工作原理

在实验中，常使用循环伏安法测试催化剂的电催化活性。因此，本实验主要针对直接甲醇燃料电池催化剂材料对甲醇氧化的循环伏安曲线进行测试，了解直接甲醇燃料电池的工作原理及工作特性。测试时，通常使用单壁碳纳米管为催化剂载体，这样催化剂可以有效地分散，提升其催化性能。图 8-7-2 是催化剂在 1 mol·L^{-1} CH$_3$OH/0.5 mol·L^{-1} H$_2$SO$_4$ 溶液中的循环伏安曲线。从图中可知，正向扫描时，在 0.67 V（vs. Ag/AgCl）左右出现了一个明显的氧化峰；而反向扫描时，在 0.45 V 左右出现了一个较强的氧化峰。一般来说，正向扫描时在 0.67 V 左右出现的氧化峰与甲醇的直接氧化相关，而反向扫描时在 0.45 V 左右出现的氧化峰则与甲醇的中间氧化物相关。此外，曲线中氧化峰的峰位电流越高，表示催化剂电催化氧化的性能就越优越，图中 Pt 催化剂的催化性能要优于 Pt/Ce 催化剂。

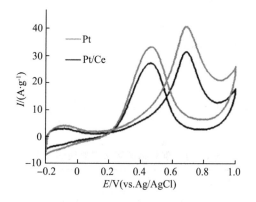

图 8-7-2　含 Pt 催化剂和 Pt/Ce 催化剂电极在 0.5 mol·L^{-1} H$_2$SO$_4$ 和 1 mol·L^{-1} CH$_3$OH 溶液中的循环伏安曲线（扫速：50 mV·s^{-1}）

通过循环伏安测试还可以分析催化剂在长期使用过程中的稳定性。测试时，将循环扫描次数设置为 5 000 圈次，为了减少溶液消耗对实验结果的影响，电极每扫描 1 000 圈更换一次电解液，每扫描 1 000 圈记录正向扫描峰电流的数值，根据峰电流的变化情况可以判断催化剂活性的稳定性。

三、实验仪器与试剂

仪器设备：电化学工作站、分析天平、量筒、移液枪、三电极电解池、玻碳工作电极、Ag/AgCl 参比电极、铂丝对电极。

试剂耗材：高纯氮气、Nafion 117 溶液、铂基催化剂材料、浓硫酸、无水甲醇、无水乙醇、单壁碳纳米管。

四、实验步骤

（1）称取适量的催化剂材料和单壁碳纳米管，在 1 mL 无水乙醇中超声分散 30 min。

（2）用移液枪移取 30 μL 催化剂乙醇分散液滴加到玻碳电极表面，静置 10 min，自然晾干后，量取 10 μL Nafion 117 溶液滴加覆盖在其表面，静置 15 min，自然晾干待用。

（3）配制 1 mol·L^{-1} CH$_3$OH/0.5 mol·L^{-1} H$_2$SO$_4$ 溶液，取适量混合溶液加入三电极电解池中，参照图 8-7-3 所示的装置示意图安装好工作电极、参比电极和对电极，并将电极浸泡至 1 mol·L^{-1} CH$_3$OH/0.5 mol·L^{-1} H$_2$SO$_4$ 溶液中。

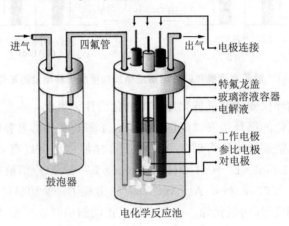

图 8-7-3 三电极电解池装置示意图

（4）打开电化学工作站，连接电极，氮气鼓泡 20 min。

（5）选择测试方法：循环伏安测试。设置参数：扫描速度 50 mV·s^{-1}，扫描电压区间 -0.3～1 V，扫描次数 5 次。运行程序，开始测试。

（6）测试结束后，保存并导出数据。

五、数据记录与处理

将实验数据填入表 8-7-1，用 Origin 软件绘制出循环伏安曲线，并结合曲线分析催化剂的电化学性能。

表 8-7-1 催化剂循环伏安曲线的测量

催化剂	正向扫描		反向扫描		$\dfrac{I_f}{I_R}$
	峰值电流密度 I_f/(mA·cm^{-2})	峰值电压 E_f/V	峰值电流密度 I_R/(mA·cm^{-2})	峰值电压 E_R/V	
铂基催化剂					

六、思考题

（1）电极材料进入溶液后，为什么要用氮气鼓泡 20 min？

（2）Nafion 117 溶液的作用是什么？

（3）电化学工作站参数设置为什么要设置 5 个扫描循环？

参考文献

[1] 金超. 中温固体氧化物燃料电池关键材料和技术研究：阴极材料和相转变法制备阳极支撑 SOFC [D]. 广州：华南理工大学，2009.

[2] 金超, 刘江, 李连和. 多孔陶瓷支撑体的制备方法: 中国, 200810029152.9 [P]. 2011-09-07.

[3] 杨瑞枝. 能量储存与转换体系相关纳米材料的研究 [D]. 北京: 中国科学院物理研究所, 2005.

[4] 孙琪, 张明栋, 黄桂文, 等. 钇稳定氧化锆的制备方法及技术进步 [J]. 有色冶金设计与研究, 2020, 41 (3): 10-12.

[5] 梁明德. 固体氧化物高温电解池材料制备研究 [D]. 沈阳: 东北大学, 2009.

[6] 田长安, 赵娣芳, 尹奇异, 等. 固体氧化物燃料电池电解质薄膜制备技术 [J]. 电源技术, 2009, 33 (8): 721-724.

[7] 刘国东. 阳极支撑SOFC及Ni-YSZ掺杂包覆研究 [D]. 大连: 大连理工大学, 2005.

[8] 葛晓东. 丝网印刷制备YSZ电解质薄膜性能的研究 [D]. 哈尔滨: 哈尔滨工业大学, 2006.

[9] 黄博文. 锂-空气电池用阴极催化剂制备及其电化学特性研究 [D]. 上海: 上海交通大学, 2014.

[11] 谢彦, 王亚荣, 金超. $La_{1.0}Sr_{1.0}FeO_{4+\delta}$-$Sm_{0.2}Ce_{0.8}O_{1.9}$中温固体氧化物燃料电池复合阴极材料的制备和电化学性能 (英文) [J]. 稀有金属材料与工程, 2012, 41 (S2): 536-540.

第九章 超级电容器应用与实践实验

9-1 双电层超级电容器活性炭电极的制备

一、实验目的

(1) 学习超级电容器的基本知识、工作原理和分类。
(2) 掌握双电层超级电容器的储能机理和特点。
(3) 掌握双电层超级电容器活性炭电极的制备方法。

二、实验原理

超级电容器（Super Capacitor，SC）又称电化学电容器（Electrochemical Capacitor），由于其具有高功率密度（$5 \sim 30 \text{ kW} \cdot \text{kg}^{-1}$，高出锂离子电池 $10 \sim 100$ 倍）、极短的充电时间（几分钟甚至几十秒）、超长的循环寿命（$10^4 \sim 10^6$ 次）等优点，在能源存储领域受到了广泛的关注。它是一种通过电极与电解质之间形成的界面双电层来存储能量的储能装置，不仅具有电容器快速充放电的特性，而且还有电池的储能特性。超级电容器根据储能机理的不同可分为双电层超级电容器、法拉第准（赝）电容器和混合型超级电容器三种。其中，双电层超级电容器以高比表面积的活性炭作为主要材料。

双电层超级电容器基于 1879 年德国物理学家 Helmholtz 在研究固体与液体、固体与固体界面性质时提出的双电层理论，即利用电极/溶液界面的电荷和离子的双电层原理存储电能。当电极与电解液接触时，在库仑力、分子间力和原子间力的共同作用下，在固液界面处形成稳定的、电荷相反的双层电荷，称之为界面双电层（Electrical Double Layers，简称 EDLs）。相比于电池和燃料电池，超级电容器的能源不是通过氧化还原反应产生的，而是由于电解质离子的取向不同，不断地使电极/电解质界面形成和消失，再通过外部线路的连通造成电子的定向移动。由于这一过程是高度可逆的，所以超级电容器可以反复充放电数十万次。

通常，双电层超级电容器包含两个拥有高表面积的碳电极分别作为阴极和阳极，这种具有相似结构的两个电极的电容器称为对称电容器，如图 9-1-1(a) 所示。当将一个电极浸入电解质溶液中时，在电极表面和电极/电解质界面上会有一个自发的电荷分布过程。双电层的分布特征取决于电极表面的结构、电解质溶液的组成及界面电荷之间存在的电场。如图 9-1-1(b) 所示为电极/电解质界面的模型，其中，内亥姆霍兹层（Inner Helmholtz Plane，IHP）是特性吸附离子电中心的位置，外亥姆霍兹层（Outer Helmholtz Plane，OHP）是溶剂化离子电中心的位置。

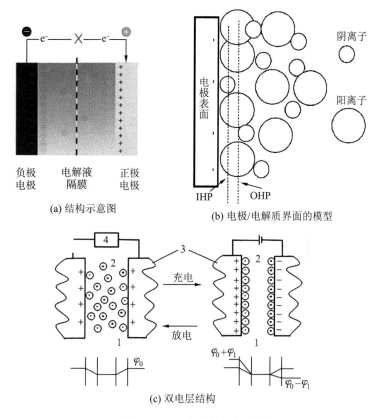

图 9-1-1　双电层超级电容器

双电层超级电容器的工作过程可以表示如下：

正极：$ES+A^- \longrightarrow ES^+//A^- +e^-$

负极：$ES+C^+ +e^- \longrightarrow ES^-//C^+$

总电极反应：$2ES+A^- +C^+ \longrightarrow ES^+//A^- +ES^-//C^+$

其中，ES（Electrode Surface）表示电极表面，"//"表示界面形成的双电层，C^+、A^- 分别表示电解液中的正、负离子。双电层超级电容器的工作原理：在充电时，电子经外电路从正极传输到负极，与此同时，电解液中的阴、阳离子分别向正、负极移动，吸附在电极表面上形成双电层。由于双电层电荷分别处于不同两相的界面上，两相之间存在着势垒，所以双电层中的电荷不能越过界面彼此中和，且构成双电层的界面两侧的正、负电荷相互吸引，使得离子也不会迁移回溶液中，从而形成稳定的双电层电容。在放电时，电子又经外电路从负极回到正极，双电层的电荷平衡破坏并解体，此时，吸附在电极表面上的阴、阳离子重新回到电解液中。

电极表面双电层的形成和消失几乎是瞬时的，大约为 10^{-8} s。因此，双电层的结构可以很快地反映出电位的变化。这个过程只包含了电荷的重新分布，而不是化学反应，这也是其与电池和燃料电池的不同。氧化还原反应的时间常数相对来说很小，大约在 $10^{-4} \sim 10^{-2}$ s。氧化还原反应带来的电容称为极化电容，与电极的反应有关。一般碳和金属的双电层容量能够达到 $10 \sim 40 \ \mu F \cdot cm^{-2}$，一个高表面积的碳电极的容量可以达到约 $4 \ F \cdot g^{-1}$。双电层超级电容器类似于电池，其电路简化结构如图 9-1-1（c）所示。

电极材料的优劣将直接影响到超级电容器的性能。目前，双电层超级电容器中的电极材料主要以碳材料为主，如活性炭、碳纤维、石墨烯和碳纳米管等。这些材料普遍具有极大的比表面积和丰富的孔道结构，以供离子在其表面吸附从而存储电荷。其中，活性炭是最早应用于超级电容器中的电极材料。活性炭的成分以碳元素为主，并能与氢、氧、氮等相结合，具有良好的吸附作用，它的比表面积非常大，活性部位的高比表面积促进了充电容量。此外，活性炭中存在着分级的孔隙度结构（微孔、介孔和大孔），可以提供快速的离子传输。

本实验采用商用的活性炭作为双电层超级电容器的电极材料，进行活性炭电极的制备。

三、实验仪器与试剂

仪器设备：分析天平、真空干燥箱、压片机、玛瑙研钵、玻璃棒。

试剂耗材：泡沫镍、活性炭、乙炔黑、60%（质量分数）聚四氟乙烯（PTFE）乳液、丙酮、无水乙醇。

四、实验步骤

（1）称取 0.2 g 活性炭加入研钵中，把颗粒研磨均匀后，置于真空干燥箱中于 120 ℃下干燥 1 h。将泡沫镍裁剪成 1 cm×4 cm 的长条，依次浸渍在丙酮、无水乙醇中超声清洗 15 min，最后用蒸馏水洗涤多次，置于真空干燥箱中于 80 ℃下烘干备用。

（2）将活性炭、导电剂（乙炔黑）和黏结剂（PTFE乳液）按照 8∶1∶1 的质量比在乙醇中研磨均匀，待其成糊状物后在平板玻璃上用玻璃棒擀成薄膜，再用压片机将其压在泡沫镍集流体上制成工作电极。

（3）取出样品，滴加少量无水乙醇将材料润湿，然后通过压片机在 10 MPa 压力下将活性炭电极压紧、压实在泡沫镍上，置于真空干燥箱中于 120 ℃下干燥 1 h。

五、数据记录与处理

分别记录活性炭、乙炔黑、PTFE 等的质量，计算电极中活性物质活性炭的质量（表 9-1-1）。

表 9-1-1　活性电极材料的质量

名称	活性炭	乙炔黑	PTFE	泡沫镍	活性炭电极
质量/g					

9-2　循环伏安法测定活性炭电极的电容性能

一、实验目的

（1）学习超级电容器测试的技术和工作原理。
（2）掌握循环伏安法测定超级电容器电容性能的实验方法。
（3）学习超级电容器电容的计算方法，熟悉实验数据的分析和处理方法。

二、实验原理

电容量是衡量超级电容器电化学性能的重要指标。在双电层超级电容器中，电极表面形成双电层的电容量（C）可通过式（9-2-1）来计算：

$$C = \frac{K_e \cdot A}{d} \tag{9-2-1}$$

式中，K_e 是界面区的有效电容量，A 是溶液和电极之间接触的比表面积，d 是双电层间距。在间距固定的情况下，双电层超级电容器的电容量与电极材料的有效比表面积有关。比电容是评价超级电容器电化学性能的一个重要指标，它反映了超级电容器容纳电荷的能力，符号是 C，国际单位是法拉（F）。超级电容器中的电化学测试技术有很多种，如电位扫描技术、计时电位分析技术和阻抗测量技术等。其中，循环伏安法不仅可以快速地观测到电压范围内发生的电极过程，为电极过程研究提供丰富的信息，而且又能通过对循环伏安（CV）曲线形状进行分析、计算电极反应参数，由此来判断影响电极反应的潜在因素。

由于电容量（C）、电量（Q）和电压（U）三者存在着式（9-2-2）所示的相互关系，而电量又可通过 $Q=It$ 求得，因此，只要能够测定恒定电流下电压与时间的变化 $\left(\dfrac{\mathrm{d}U}{\mathrm{d}t}\right)$，或是在恒定电压与时间的变化率下测定电流随电压的变化，就可以计算出电容量值，如式（9-2-2）～式（9-2-4）所示。

$$C=\dfrac{Q}{U} \tag{9-2-2}$$

$$\mathrm{d}Q=I\,\mathrm{d}t \tag{9-2-3}$$

$$C=\dfrac{I}{\left(\dfrac{\mathrm{d}U}{\mathrm{d}t}\right)} \tag{9-2-4}$$

如果在电极上施加一个线性变化的电位信号，这时得到的电流响应信号将是恒定的。由式（9-2-4）可知，当扫描速度一定时，即 $\dfrac{\mathrm{d}U}{\mathrm{d}t}$ 为常数，此时电极上流过的电流（I）和电容量（C）之间成正比关系。

循环伏安测试就是在给定的扫描速度下，研究电极中电流的变化情况的测试方法，通过 CV 曲线就可以计算出电极容量的大小。如果知道电极中活性物质的质量，又可以通过式（9-2-5）计算出该电极材料的单位质量比电容（C_m）：

$$C_m=\dfrac{I}{m\cdot\dfrac{\mathrm{d}U}{\mathrm{d}t}} \tag{9-2-5}$$

式中，m 是电极中活性物质的质量，单位是 g；$\dfrac{\mathrm{d}U}{\mathrm{d}t}$ 是扫描速度，单位是 $\mathrm{V\cdot s^{-1}}$。利用 CV 曲线纵坐标上电流的变化情况来计算电极的比电容。此外，对于理想的双电层超级电容器，它的内阻很小，电容行为表现为理想的双电层电容，这时 CV 曲线呈近似矩形的特征。但是真实情况下，超级电容器存在一定的内阻，等效于多个电容和电阻混联而成，这样测出来的 CV 曲线为有一定弧度的曲线。因此，根据 CV 曲线的形状可以定性地分析材料的电容性能。材料储电时越接近双电层模型，CV 曲线呈矩形特征就越明显。

本实验采用三电极测试体系，通过循环伏安测试来计算活性炭电极的比电容，进而获得电极在电解液中的电化学行为。一般来说，活性炭电极的循环伏安曲线在扫描范围内一般不会出现氧化还原峰，即没有法拉第电流出现，因此呈现类似矩形的形状，这也表明活性物质在电解液中的性质都是比较稳定的，具有很好的双电层储电电容的特性。另外，活性炭电极的比电容与扫描速度存在一定的依赖关系，如图 9-2-1 所示。当扫描速度增加时，曲线偏离矩形的程度变大，偏离理想情况下电容器的程度就变大。这是由于当扫描速度变大时，电压变

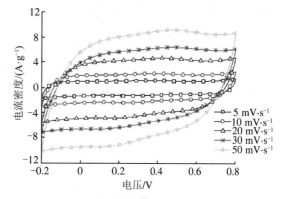

图 9-2-1　活性炭电极在不同扫描速度下的循环伏安曲线

化和电流响应也会相应增快，这使得电解液还没有充分扩散到电极中时电压就发生了改变，导致电解液的扩散速度和电压的变化不能很好地平衡，电解液只能进入较大孔径处或只能在表面上，无法到达活性物质的内部，有效比表面积降低，导致电容器的电阻增大，从而导致电容性能变差。因此，研究不同扫描速度下的电容性能，对于评估活性材料的结构性质和电化学行为具有重要的意义。

三、实验仪器与试剂

仪器设备：电化学工作站（RST4800型）、烧杯、三电极电解池装置、铂电极、汞/氧化汞电极、活性炭电极。

试剂耗材：无水硫酸钠、去离子水。

四、实验步骤

（1）本实验采用三电极测试体系。其中，工作电极是涂覆活性炭电极材料的泡沫镍，参比电极是汞/氧化汞电极，对电极是铂电极，电解质为 1 mol·L^{-1} Na$_2$SO$_4$ 溶液。

（2）循环伏安测试：打开电化学工作站，选择循环伏安测试。设置测试参数：电压窗口为 $-1.1 \sim 0.1$ V，扫描速度分别为 10 mV·s^{-1}、20 mV·s^{-1}、30 mV·s^{-1}、50 mV·s^{-1}、80 mV·s^{-1} 和 100 mV·s^{-1}。

五、数据记录与处理

（1）导出测试数据，用 Origin 软件绘制出不同扫描速度下活性炭电极的循环伏安曲线。

（2）计算活性炭电极在不同扫描速度下的比电容，分析活性炭材料的双电层特性。

9-3 扣式双电层超级电容器的组装与电化学性能测试

一、实验目的

（1）了解扣式双电层超级电容器的结构和组装工艺。
（2）掌握扣式双电层超级电容器的电化学性能测试方法和实验操作步骤。
（3）熟悉实验数据的分析和处理方法。

二、实验原理

双电层超级电容器主要由集流体、电极、电解液及隔膜等几部分组成，结构示意如图 9-3-1 所示。电极主要由活性物质、导电剂和黏结剂组成。电解液有液态和固态两种，主要特点是导电率高，分解电压高，工作温度范围宽。隔膜的作用和电池中隔膜的作用相同，即将两电极隔离开，防止电极间短路，允许离子通过。常见的隔膜有玻璃纤维、聚丙烯膜、微孔膜、电容器纸等。在实际应用中，双电层超级电容器主要有卷绕式双电层超级电容器和扣式双电层超级电容器两种结构形式，实验室中扣式双电层超级电容器最为常见（图 9-3-2）。它的组装与扣式锂离子电池的组装过程相似，将制备好的电极片、隔膜和电解液依次加入扣式电容器的正、负外壳中，然后在一定压力下将电容器封口密封。

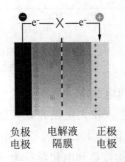

图 9-3-1 双电层超级电容器的结构示意图

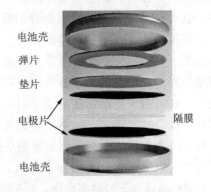

图 9-3-2 扣式双电层超级电容器的结构

恒流充放电法（Galvanostatic Charge-Discharge，GCD）是研究材料电化学性能和衡量超级电容器性能好坏时最常用的测试方法。恒流充放电法是一种计时电位技术，它是在充放电过程中，通过控制电流恒定来记录电压随着充放电时间的变化情况，由此研究电极的充放电性能，如比电容、内阻等，还可以计算出电极材料的能量密度和功率密度。

通过恒流充放电曲线，根据设定的充放电电流和测得的电压，通过式（9-3-1）可以计算出所用电极材料的比电容（C_m）：

$$C_m = \frac{I \cdot \Delta t}{m \cdot \Delta U} \tag{9-3-1}$$

式中，I 是放电电流，单位是 A；Δt 是放电时间，单位是 s；ΔU 是对应放电时间下的电压，单位是 V；m 为电极片中活性物质的质量，单位是 g。恒流充放电法和循环伏安法都可以用来计算电极材料的比电容，并且在表现形式上是一致的，但是两者所表达的意义有所不同。在恒流充放电测试技术中，电流是常数，放电曲线斜率 $K = \dfrac{\mathrm{d}U}{\mathrm{d}t}$ 是变量；而在循环伏安测试中，电流是变量，$\dfrac{\mathrm{d}U}{\mathrm{d}t}$ 是常数。

在理想的双电层超级电容器中，内阻很小可忽略，容量是恒定值，电位随时间是线性变化的，充放电曲线均呈直线特征。因此，只要求出充放电曲线的斜率，代入式（9-3-1）即可计算出恒流充放电测试条件下的电容值。但在实际应用中，电容器中活性电极材料和电解液之间存在的液接电位及集流体与活性物质之间存在的接触内阻导致充放电曲线并不完全呈直线特征，而是发生一定程度的弯曲，如图9-3-2所示。此外，通过双电层超级电容器恒流充放电曲线，还可以初步判断其充放电过程是否是理想的可逆过程。对于完全可逆的充放电过程，它的恒流充放电曲线呈等腰三角形，即充放电半支是相互对称的。但在超级电容器充放电过程中发生了电极极化等现象时，其充放电曲线就不完全对称了。

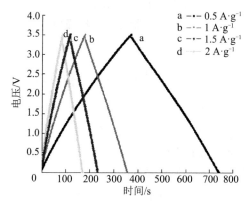

图 9-3-2　不同电流密度下双电层超级电容器充放电曲线

根据恒流充放电曲线还可以计算出功率密度 P（$W \cdot kg^{-1}$）和能量密度 E（$W \cdot h \cdot kg^{-1}$），其计算公式分别为 $P = \dfrac{UI}{m}$，$E = \dfrac{CU^2}{2m}$。

循环稳定性也是衡量超级电容器是否能够实际应用的重要性能指标之一。影响超级电容器循环稳定性的因素主要包括电极材料的种类和测试参数。其中，电极材料的种类对循环稳定性的影响主要与材料的储能机理有关。在低电流密度/扫描速度下，电极材料的电化学反应发生得更加充分并且电化学反应速率与电荷传输速率相当，因而表现出较高的比电容。随着电化学反应的进行，活性物质会逐渐地溶解于电解质中，从而表现出循环稳定性下降的现象，这一情况是非常正常的。但也存在一些因电流密度/扫描速度等参数选择不当而出现循环稳定性异常稳定的情况。在这种情况下，只有较少的活性物质会参与电化学反应，而且反应过程中发生溶解的活性物质会立即被未参与反应的物质代替，从而表现出低比电容和高循环稳定性的现象。

测试条件对循环稳定性有非常重要的影响。在其他测试条件适当的情况下,用于测试循环稳定性的电流密度/扫描速度应尽可能接近获得最大比电容的电流密度/扫描速度,电位窗口应与测试其他电化学性能的一致。超级电容器电极材料及器件的循环稳定性高度依赖于电极材料和器件其他部件的稳定性。根据储能机理,循环稳定性的顺序一般为赝电容超级电容器＜双电层超级电容器。

三、实验仪器与试剂

仪器设备:电化学工作站、电池测试系统(LAND 2001A 型)、分析天平、冲片机、电池封口机、烧杯。

试剂耗材:活性炭电极片、硫酸钠、去离子水。

四、实验步骤

(1) 活性炭电极片的制备过程参考实验 9-1。用冲片机将干燥好的电极片和隔膜分别裁剪成直径为 14 mm、19 mm 的圆片待用,称量并记录每一个极片的质量。

(2) 电容的组装:取两片质量相当的电极片,从下至上按照"正极壳→极片→电解液→隔膜→电解液→极片→垫片→弹片→负极壳"的次序将纽扣电池组装好,然后用封口机将电池压好,等待测试。

(3) 采用电池测试系统对扣式电容器的充放电性能进行测定。倍率测试采用 $0.5 \, \text{A} \cdot \text{g}^{-1}$、$1 \, \text{A} \cdot \text{g}^{-1}$、$1.5 \, \text{A} \cdot \text{g}^{-1}$ 和 $2 \, \text{A} \cdot \text{g}^{-1}$ 的电流密度对电容器进行充放电测试,每种电流密度重复 5 圈。循环性能测试在 $1 \, \text{A} \cdot \text{g}^{-1}$ 的电流密度下,对电容器进行 1 000 次充放电测试。

五、数据记录与处理

(1) 导出测试数据,用 Origin 软件绘制出扣式双电层超级电容器的倍率和循环测试曲线。

(2) 计算超级电容器的比电容,结合测试曲线分析超级电容器的倍率和循环性能。

9-4 氧化钌赝电容电极的制备

一、实验目的

(1) 学习法拉第赝电容器的储能机理和特点。

(2) 了解常见的赝电容材料,掌握赝电容电极的制备方法。

(3) 掌握循环伏安法测定赝电容电极的比电容的实验方法,熟悉实验数据的分析和处理方法。

二、实验原理

法拉第赝电容器兼有电池高比能量和传统电容器高比功率的优点,填补了电池和传统电容器的空白。它是利用电极材料表面基于离子吸/脱附的非法拉第过程存储电能,在电极表面或体相中的二维或准二维空间上,电极活性物质进行欠电位沉积,发生高度可逆的化学吸附、脱附或氧化还原反应,产生与电极充电电位有关的电容。这一赝电容和许多热力学因素有关,如电荷转移量 ΔQ 和电压的变化 ΔU,即在发生可逆的氧化还原反应时,电荷转移量和电压发生连续变化。根据 $C = \dfrac{\mathrm{d}\Delta Q}{\mathrm{d}\Delta U}$,赝电容表现出类似双电层电容的性质,因此命名为准电容或赝电容,如图 9-4-1 所示。

法拉第赝电容器(简称赝电容)的工作过程可以表示如下:

酸性条件:$MO_x + H^+ + e^- \longrightarrow MO_{x-1}(OH)$

碱性条件:$MO_x + OH^- - e^- \longrightarrow MO_x(OH)$

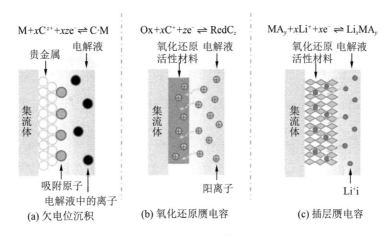

图 9-4-1 法拉第赝电容器的电荷存储机制

在赝电容材料中，电荷存储主要有两种机制：一种是通过双电层上的存储实现电荷存储；另一种是通过电解液中离子在电极活性物质中发生快速可逆的氧化还原反应而将电荷储存。赝电容的产生过程虽然发生了电子转移，但不同于电池的充放电行为，其具有高度的动力学可逆性，且更接近于电容器的特性。在双电层电容中，仅有"电荷分布"的变化，是一个非法拉第物理过程，而在赝电容中对应的是一个法拉第化学过程。虽然赝电容材料法拉第反应的本质行为和蓄电池极为相似，但其循环伏安曲线近似为矩形，恒流充放电曲线近似为线性，具有明显的电容特征。电化学表征是对赝电容进行分析的一个关键工具，赝电容材料的电化学特性通常通过循环伏安法、恒流充放电试验或电化学阻抗谱（EIS）来检验，图 9-4-2 是超级电容器中常见的几种循环伏安曲线。图 9-4-2（a）曲线近似矩形，形状最为接近理想双电层超级电容器的循环伏安曲线。图 9-4-2（b）曲线也近似矩形，但在曲线上下各出现宽峰（图示为上下各一个宽峰的情况，但宽峰的数量可不止一个），通常为赝电容电极的循环伏安曲线。

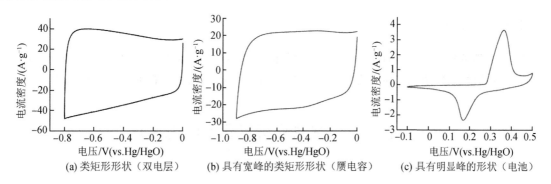

图 9-4-2 常见的循环伏安曲线形状

赝电容材料多种多样，常见的赝电容材料分为金属（氢）氧化物 [RuO_2、MnO_2、NiO、$Ni(OH)_2$、Co_xO_y 等] 和导电聚合物（PANI、PPY、PTH）。氧化钌（RuO_2）由于具有较高的质量比电容（高达 768 F·g^{-1}）、优异的导电性、较宽的电位窗口及高度的氧化还原可逆性等优点，是迄今为止性能最优异的赝电容材料。在充放电过程中，主要是通过质子在 RuO_2 表面发生快速可逆的嵌入/脱出，并伴随着氧化还原反应的发生，从而产生赝电容，其反应式如下：

$$RuO_2 + xH^+ + xe^- \rightleftharpoons RuO_{2-x}(OH)_x \tag{9-4-1}$$

其中，$0 \leqslant x \leqslant 2$，Ru 的氧化态可以从 +2 价变到 +4 价。由于该电极材料主要通过电解液与电极表面发生快速的质子交换从而产生法拉第电流，所以该电极材料通常只能在酸性电解液中（如浓 H_2SO_4 水溶液中）表现出优良的电化学性能。本实验采用 RuO_2 为赝电容活性材料来制备赝电容电极，并进一步根据循环伏安法中电流与扫描速度之间的关系来评估其赝电容行为。

三、实验仪器与试剂

仪器设备：分析天平、真空干燥箱、电化学工作站（RST4800型）、压片机、三电极测试系统、超声波清洗器、玛瑙研钵。

试剂耗材：氧化钌粉末、Super-P（炭黑）、5% PTFE、泡沫镍、H_2SO_4 水溶液、无水乙醇。

四、实验步骤

（1）电极的制备：

① 按照氧化钌（RuO_2）：导电剂（Super-P）：黏结剂（5% PTFE）=85：15：10，依次称取170 mg RuO_2 粉末、30 mg Super-P、400 mg 5% PTFE，将三者加入玛瑙研钵中混合，研磨30 min 最终得到片状物。

② 将泡沫镍裁剪成 1 cm×4 cm 的长条，依次浸渍在丙酮、无水乙醇中超声清洗 15 min，最后用蒸馏水洗涤多次，置于真空干燥箱中于 80 ℃下烘干备用。

③ 将电极材料均匀按压在泡沫镍上，覆盖面积约 1 cm^2。将涂有样品的电极片放入真空干燥箱中于 60 ℃下烘干备用。

④ 取出样品，滴加少量无水乙醇将材料润湿，然后用压片机在 10 MPa 压力下将氧化钌电极压紧压实在泡沫镍上，120 ℃下真空干燥 1 h。

（2）循环伏安法测定材料的赝电容：

① 本实验采用三电极测试体系。其中，工作电极是涂覆了氧化钌电极材料的泡沫镍，参比电极是汞/氧化汞电极，对电极是铂电极；电解质为 1 mol·L^{-1} H_2SO_4 溶液。

② 电化学测试在电化学工作站上进行，选择循环伏安测试，设置测试的电压窗口为 -1.1~0.1 V，扫描速度分别为 10 mV·s^{-1}、20 mV·s^{-1}、30 mV·s^{-1}、50 mV·s^{-1}、80 mV·s^{-1}、100 mV·s^{-1}。

五、数据记录与处理

（1）导出测试数据，用 Origin 软件绘制出不同扫描速度下氧化钌赝电容电极的循环伏安曲线。

（2）计算活性炭电极在不同扫描速度下的比电容，分析氧化钌材料的赝电容特性。

9-5 电化学阻抗法分析氧化钌的电容性能

一、实验目的

（1）掌握电化学阻抗法测量电容器电容性能的基本原理和操作方法。

（2）了解循环伏安法和电化学阻抗法在分析电极电容性能时的异同。

二、实验原理

利用电化学阻抗谱（Electrochemical Impedance Spectroscopy，简写为 EIS）可以分析电极和电化学电容器内阻及有关电极反应机理的相关信息，包括欧姆电阻、电解液离子的吸/脱附、电极过程动力学参数等，是一种重要的电化学分析实验手段。它是将不同频率的小幅值正弦波扰动信号施加在电极上，根据分析电极响应与扰动信号之间的关系获得相应的电极阻抗，并推测出电极的等效电路，通过分析电极系统所包含的动力学过程及其机理，由等效电路中有关元件的参数值估算电极系统的动力学参数，如电极双电层电容、电荷转移过程的反应电阻、扩散传质过程参数等。

一个电极体系在小幅度的扰动信号作用下，各种动力学过程的响应与扰动信号之间成线性关系，可以把每个动力学过程用电学上的一个线性元件或几个线性元件的组合来表示。例如，电荷转移过程可以用一个电阻来表示，双电层充放电过程可以用一个电容的充放电过程来表示。这样就可以把电化学动力学过程用一个等效电路来描述，通过对电极系统的扰动响应求得等效电路各元件的数值，从而推断电极体系的反应机理。通过表征电极界面的双电层电容或电极赝电容直接响应于施加在电极界面上的交流电压所产生的交变电流，可根据阻抗谱的虚部与电容量进行关联从而计算比电容值：

$$C_m = \frac{|Z_{Im}|}{2\pi f \cdot (Z_{Im}^2 + Z_{Re}^2) \cdot m} \tag{9-5-1}$$

其中，f 为交流阻抗测试中设置的频率，单位是 Hz；Z_{Im} 和 Z_{Re} 分别为电极阻抗的虚部和实部，单位是 Ω；m 为活性电极材料的质量，单位是 g。交流阻抗测试技术多用于对电极反应机理的研究，计算电极的电容值一般只作为辅助参考。

超级电容器频率响应特性与电荷的传递过程和扩散过程密切相关。它一般依赖于三个方面：一是电极材料的基本性质，包括导电性能和储能机理；二是电极材料的高比表面积和孔径分布，不同的孔径分布对离子扩散有着很大的影响；三是电极制备的工艺参数，材料混合的均匀性对电极材料的能量密度和功率密度有着很大的影响。因此，交流阻抗测试是衡量电极性能的重要方法。

测试时常采用 5 mV 或 10 mV 的电压振幅，在 0.01 Hz～100 kHz 的频率范围内测定超级电容器阻抗。如图 9-5-1 所示为由氧化钌和碳纳米洋葱构成的复合材料的 Nyquist 曲线。可以将图中曲线划分为三个区域，分别为高频区（10^4 Hz）、中高频区（$1\sim10^4$ Hz）和低频区（1 Hz），分别对应着界面阻抗、赝电荷和电荷的转移阻抗、近垂直线所示的电容行为。中高频区阻抗的实部反映了带电粒子在孔隙内扩散的难易程度，低频区的直线则反映了电极的赝电容性能。在本实验中，采用循环伏安法和交流阻抗法分别对氧化钌赝电容电极的电容特性进行分析，比较两种测试方法在电容分析时测量方法和结果准确性的异同。

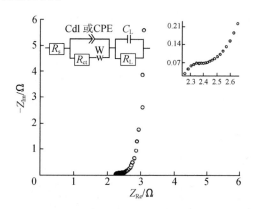

图 9-5-1　氧化钌和碳纳米洋葱复合材料的 Nyquist 曲线

三、实验仪器与试剂

仪器设备：真空干燥箱、电化学工作站、压片机、超声波清洗器、三电极电解池测试装置。

试剂耗材：氧化钌电极片、1 mol·L^{-1} Na$_2$SO$_4$ 溶液、去离子水。

四、实验步骤

（1）交流阻抗法测定氧化钌赝电容电极的电化学性能：

① 本实验采用三电极测试体系。其中，工作电极是涂覆了氧化钌电极材料的泡沫镍，参比电极是汞/氧化汞电极，对电极是铂电极，电解液为 1 mol·L^{-1} Na$_2$SO$_4$ 溶液。

② 打开电化学工作站，连接电极，选择交流阻抗测试，设置测试参数：交流幅值设为 5 mV，

测试频率范围为 $10^{-2} \sim 10^5$ Hz。

(2) 用循环伏安法对氧化钌赝电容电极的测试参照实验 9-4。

五、数据记录与处理

(1) 将两种方法测得数据绘制成相应的曲线，结合曲线分析赝电容电极的电容特性。

(2) 利用 Zview 软件对交流阻抗的测试结果进行处理，通过构建一个等效电路，对全频段进行拟合，即可计算出与电容充放电相关的电化学参数。

(3) 比较两种测试方法得到结果的异同。

9-6 混合型超级电容器电容性能的测试

一、实验目的

(1) 学习混合型超级电容器的基本概念、原理和特点。

(2) 掌握混合型超级电容器的组装工艺和实验操作步骤。

(3) 比较不同电极质量比对混合型超级电容器容量的影响，并进一步研究电极极片与其性能间的关联性。

二、实验原理

混合型超级电容器是一极采用传统的电池电极并通过电化学反应来储存和转化能量，另一极则通过双电层来储存能量的一种超级电容器。混合型超级电容器是电容器研究的热点。在混合型超级电容器的充放电过程中，正、负极的储能机理不同，因此其具有双电层超级电容器和电池的双重特征，相比于双电层超级电容器 $6 \sim 8$ W·h·kg^{-1}、赝电容器 $12 \sim 16$ W·h·kg^{-1} 的能量密度，混合型超级电容器的能量密度可以提高到 $30 \sim 50$ W·h·kg^{-1}。混合型超级电容器的充放电速度、功率密度、内阻、循环寿命等性能主要由电池电极决定，同时充放电过程中其电解液体积和电解质浓度会发生改变。目前，混合型超级电容器多为水性或非水性电解质的混合动力系统，如 AC//PbO_2、AC//$Ni(OH)_2$、AC//$Li_4Ti_5O_{12}$、AC//graphite、AC//$LiMn_2O_4$ 等，如图 9-6-1 所示。

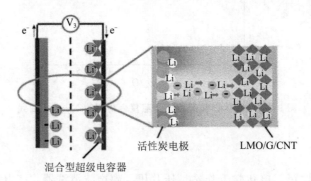

图 9-6-1 混合型超级电容器的结构示意图

混合型超级电容器的工作原理：充电时，电解液中的 Li^+ 嵌入负极活性物质中，同时，电解液中的阴离子吸附在活性炭正极表面形成双电层。放电时，Li^+ 从负极材料中脱出回到电解液中，正极活性炭与电解液界面间产生的双电层解离，阴离子从正极表面释放，同时，电子从负极通过外电路到达正极。以 AC//$Ni(OH)_2$ 为例，该体系的正、负极在充电过程分别发生以下反应：

正极：$Ni(OH)_2 + OH^- - e^- \longrightarrow NiOOH + H_2O$

负极：$AC + K^+ + e^- \longrightarrow K^+ \parallel (AC)_{表面}$

在充电过程中，电解液中 OH^- 向正极迁移并与 $Ni(OH)_2$ 发生反应生成 NiOOH 且释放出电子。与此同时，K^+ 向负极迁移并在活性炭电极表面吸附产生吸附电容。

混合型超级电容器的特殊结构使其电化学与传统的锂离子电池、非对称超级电容器都有所不同，如图 9-6-2 所示。对于电池来说，它的电化学循环伏安曲线具有明显的氧化还原峰，这是因为电池的能量存储主要是由固相扩散主导的金属离子嵌入/脱出过程所决定的。电池整体的电压视窗主要由正、负极电极材料的氧化还原电位所决定。非对称超级电容器的循环伏安曲线则分别呈现出矩形特征，这表明在稳定电压视窗范围内，表面及近表面的电容存储的能力不受所选取的电压视窗的范围所影响，这与电容定义的公式一致 $\left(C=\dfrac{Q}{U}\right)$。混合型超级电容器的电化学过程则是电容与电池特性的结合，循环伏安曲线整体呈现出矩形的特点，但也出现了较明显的宽峰和斜线中弯曲的部分。这表明在近电容的混合电容储能特性中，具电池特性的氧化还原活性电极材料也贡献了一定的电量。

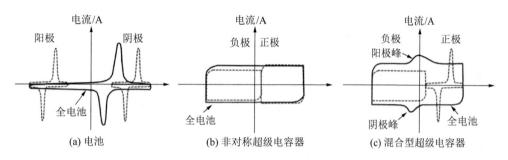

图 9-6-2　几种常见储能器件的循环伏安曲线

尖晶石型锰酸锂（$LiMn_2O_4$）具有毒性低、廉价和放电容量高等优点，是目前商业化锂离子电池中研究较多的正极材料之一。该材料除了在有机电解液中具有较高的充放电电位外，研究发现其在中性水溶液中也表现出可逆的氧化还原反应。研究发现以 $LiMn_2O_4$ 为正极材料、活性炭（AC）为负极组装成的混合型超级电容器具有很好的电容性能。通过循环伏安测试发现，活性炭负极在 $-0.65\sim0.2$ V（相比于标准氢电极 NHE）之间呈对称的矩形形状，具有典型的双电层电容性质，而 $LiMn_2O_4$ 正极在 1.1 V 附近出现两对可逆的氧化还原峰，这与有机电解液中相似，对应于 Li^+ 在 $LiMn_2O_4$ 固相中的两步嵌入/脱出反应。组装成的 AC//$LiMn_2O_4$ 混合型超级电容器的平均工作电压为 1.3 V，性能明显高于对称型的双电层电容器，如图 9-6-3 所示。

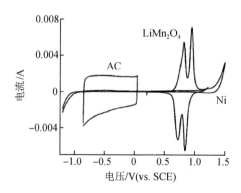

图 9-6-3　AC//$LiMn_2O_4$ 电极在 Li_2SO_4 电解液中的循环伏安曲线

三、实验仪器与试剂

仪器设备：电化学工作站。

试剂耗材：活性炭、$LiMn_2O_4$、无水乙醇、乙炔黑、聚四氟乙烯、1 mol·L^{-1} Na_2SO_4 溶液。

四、实验步骤

(1) 正极极片是将 $LiMn_2O_4$ 粉末、乙炔黑和聚四氟乙烯按照质量比 75∶15∶10 均匀混合制备薄膜,然后压在泡沫镍网上制作而成;负极极片是将活性炭、乙炔黑和聚四氟乙烯按照质量比 80∶10∶10 均匀混合制备薄膜,然后压在泡沫镍网上制作而成。

(2) 将活性炭电极、$LiMn_2O_4$ 电极和饱和甘汞电极(SCE)安装在三电极电解池装置中,分别与电化学工作站的对电极、工作电极和参比电极相连,$1\ mol \cdot L^{-1}\ Na_2SO_4$ 溶液作为电解液。采用循环伏安法和交流阻抗法分别对其电容性能进行测试,参数设置参照前几个实验。

五、数据记录与处理

(1) 将用两种方法测得的数据绘制成相应的曲线,结合曲线分析混合型超级电容器电极的电容特性。

(2) 利用 Zview 软件对交流阻抗的测试结果进行处理,构建等效电路,对全频段进行拟合,计算与电容充放电相关的电化学参数。

参考文献

[1] 刘海晶,夏永姚. 混合型超级电容器的研究进展 [J]. 化学进展,2011,23 (2/3):595−604.

[2] 袁文涛. 基于扣式超级电容器电极的制备与特性研究 [D]. 成都:电子科技大学,2015.

[3] 侯敏. 高性能超级电容器用活性炭的制备研究 [D]. 北京:中国林业科学研究院,2016.

[4] 米娟,李文翠. 不同测试技术下超级电容器比电容值的计算 [J]. 电源技术,2014,38 (7):1394−1398.

第十章 综合与创新实验

10-1 高压正极材料的制备、表征与测试

一、实验目的

(1) 通过文献调研，开阔视野，把握高压正极材料的发展趋势，提出实验改进方案，提高自主学习与创新能力。

(2) 自主搭建实验装置并自主完成实验，探索最佳条件与结果。

(3) 了解仪器原理，掌握使用现代分析仪器进行实验研究的方法。

(4) 对所得实验数据进行分析，探索影响高压正极材料循环稳定性、倍率性能与电压衰减的因素。

(5) 建立"实验设计—材料合成—表征与测试"的研究方法。

二、实验背景

随着便携式电子设备及电动交通工具的应用越来越广泛，人们对先进可充电锂离子电池的需求持续增长。在保持电池高容量、长寿命和快速充放电周期的前提下增加电池的能量和功率密度一直是科研人员的目标，其中，发展高压正极材料是获得高能量密度锂离子电池的有效途径之一，如图10-1-1所示。目前，常见的高压正极材料有层状三元正极材料、尖晶石型氧化物、富锂锰基正极材料和聚阴离子型正极材料等。

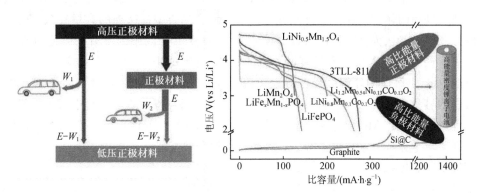

图 10-1-1 获得高能量密度锂离子电池的有效途径

(1) 层状三元正极材料。

层状结构三元正极材料是目前比较流行的正极材料，主要有钴酸锂（$LiCoO_2$）三元镍钴锰（$LiNi_{1-x-y}Co_xMn_yO_2$，简称 NCM）、层状富锂锰基正极材料、三元镍钴铝（$LiNi_{1-x-y}Co_xAl_yO_2$，简称 NCA）和层状锰酸锂（$LiMnO_2$）等。$LiCoO_2$的结构特点如图10-1-2 (a) 所示。层状三元正极材料一般指 NCM 和 NCA，这类材料的设计主要是调控镍（Ni）、钴（Co）、锰（Mn）或铝（Al）等元素的比例，利用三元协同作用使材料综合性能达到最佳。一般而言，较高的 Ni 元素含

量可以为材料提供较高的比容量，但是在充电状态下，Ni^{4+}极其不稳定，容易引发材料安全性问题；较高的Co元素含量可以减轻材料的阳离子混排程度，但是会使材料的成本显著提高；较高的Mn元素含量可以稳定材料的结构，但是又会导致材料的放电比容量明显降低；Al元素可使材料具有良好的循环性能，但如果在过渡金属位置直接用无电活性的Al^{3+}置换来降低活性Ni^{3+}含量，则会导致材料的放电容量降低。因此，三元正极材料中的每一种过渡金属对电池的性能都起着重要作用，所形成的层状氧化物正极材料的结构和电化学性能取决于材料中各过渡金属的比例。

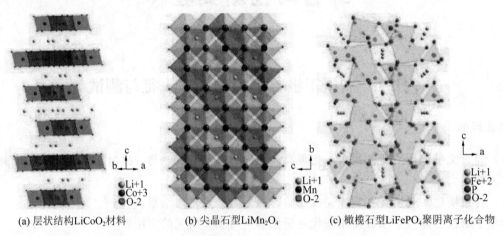

(a) 层状结构$LiCoO_2$材料　　(b) 尖晶石型$LiMn_2O_4$　　(c) 橄榄石型$LiFePO_4$聚阴离子化合物

图 10-1-2　锂离子电池高压正极材料的晶体结构

(2) 尖晶石型氧化物。

常见的尖晶石型氧化物有两大类，一类是 4 V 尖晶石型锰酸锂（$LiMn_2O_4$），另一类是 5 V 尖晶石型镍锰酸锂。以尖晶石型锰酸锂为例，它属于立方晶系，锂层与锰层相互交错堆叠，在锰层内由六个 MnO_6 围绕着一个空洞排布；而在锂层内，锂占据了材料的四面体位，底边面向锰层的空洞进行排布，其中有六个交错方向相逆的 LiO_4 围绕着一个 MnO_6 进行排布，其结构特点如图 10-1-2（b）所示。尖晶石型锰酸锂的理论容量为 148 $mA \cdot h \cdot g^{-1}$，实际容量为 120 $mA \cdot h \cdot g^{-1}$，由于其具有三维隧道结构，锂离子可以可逆地从尖晶石晶格中脱嵌，不会引起结构的塌陷，因而具有优异的倍率性能和稳定性。

与其他正极材料相比，尖晶石型锰酸锂具有价格低、安全性和低温性能好、高于钴酸锂的分解温度、优于磷酸铁锂的体积比能量和一致性等优点。但尖晶石型锰酸锂的容量衰减问题是限制其大规模应用的瓶颈。一般认为衰减原因有以下几点：① 锰在电解液中的溶解会阻塞负极微孔，沉积在负极界面上，产生脱粉现象，容量衰减；② 深度放电下的 Jahn-Teller 效应会使得晶体结构变形，容量衰减；③ 电解液的分解会使电导率下降，充放电极化增大，电池容量下降。为了解决尖晶石型锰酸锂的容量衰减和电导率低等问题，研究者对尖晶石型锰酸锂材料进行了改性。5 V 尖晶石型镍锰酸锂（以 $LiNi_{0.5}Mn_{1.5}O_4$ 为例）在高电压（≥4.5 V）下具有极高的比能量，但同时也导致其电解液在高压下分解。其优缺点与 4 V 尖晶石型锰酸锂类似。

(3) 富锂锰基正极材料。

富锂锰基正极材料由于具有较高的比容量与较高的放电电压（≥4.5 V），成为近年来 LIBs 正极材料基础理论的研究热点之一。富锂锰基正极材料与层状材料在晶体结构上具有很强的相似性，不同的是富锂锰基正极材料的过渡金属层中含有锂，可以看成是锰酸锂材料（Li_2MnO_3）与层状材料（$LiMO_2$，M＝Ni 或 Mn）的两相固溶体，因此，这种结构优势使富锂锰基正极材料的理论容量可高达 250 $mA \cdot h \cdot g^{-1}$。

尽管富锂锰基正极材料具有较高的比容量，但其仍然面临着一些挑战。例如，富锂锰基正极材料在充放电过程中产生的晶格氧损失和结构畸变等问题会直接导致有害的不可逆容量的产生及循环性能严重衰减。更重要的是传统的富锂锰基正极材料通常具有由二次颗粒组成的多晶形貌，这加剧了在电化学循环中正极材料与电解液之间的副反应，并促进了其体积变化和裂纹的产生，进一步破坏了材料的循环性能。因此，基于以上富锂锰基正极材料的问题进行工艺路线改进与改性研究具有十分重要的意义。

(4) 聚阴离子型正极材料。

聚阴离子型正极材料是含有四面体或八面体的阴离子结构单元 $(XO_n)^{m-}$ 的一系列化合物的总称，通常可以表示为 $Li_xM_y(XO_n)_z$。其中，M 代表 Fe、Mn、Co、V 等过渡金属元素，X 代表 S、P、Si、As、Mo、W、Ge 等元素。这些结构单元主要是通过共价键连成三维的网络结构，形成一些由其他金属离子（如 Mn^{2+}）占据的、更高配位的间隙，使得聚阴离子型的锂离子电池正极材料具有和其他锂离子电池正极材料不一样的晶体结构，而这种结构决定正极材料突出的电化学性能。现在研究较多的是有橄榄石和 NASICON 这两种结构类型的聚阴离子型的锂离子电池正极材料。橄榄石型 $LiFePO_4$ 聚阴离子化合物的结构如图 10-1-2（c）所示。

聚阴离子型正极材料具有安全性高、成本低和环境友好等优点，是最具潜力的车用动力锂离子电池正极材料之一，但是较低的电子电导率和离子电导率，以及较差的倍率性能和低温性能限制了这类材料的实际应用。针对聚阴离子型正极材料的改性研究可归纳为三类：表面包覆电子良导体、体相掺杂和研制具有纳米尺度的材料（图 10-1-3）。

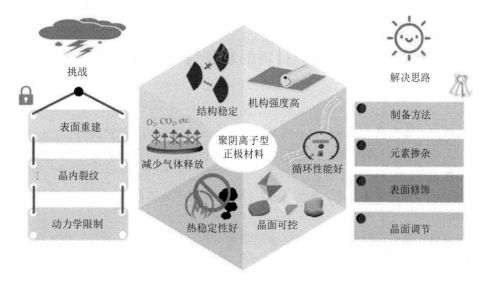

图 10-1-3 聚阴离子型正极材料的优点、挑战与解决思路

较高的工作电压会对正极与电解液界面的稳定性带来极大的挑战，从而导致一系列不可逆的界面副反应和安全隐患。为了解决这一问题，在正极表面进行包覆被认为是一种有效的途径，可以抑制在充放电过程中的副反应和过渡金属离子的溶解。然而，目前所开发的包覆材料，如金属氧化物、磷酸盐、氟化物等，其离子与电子导电性普遍偏低，无法满足锂离子与电子在正极界面上的传输需求。因此，引入这些惰性的包覆材料作为物理阻隔层将会导致界面电阻的增加，从而限制正极材料的性能发挥。探索高性能三元正极材料的制备方法，主要是通过改变合成路径和反应条件，具体表现在：一是对现有制备技术的优化更新，二是对已制备三元正极材料进行修饰改性，包括掺杂（微调晶格参数，提升层状结构稳定性）、包覆修饰（隔绝与电解液的物理接触，提高材料的离子和电子传导能力）或制备核壳结构及浓度梯度材料，通过修饰改性的手段提高和改善三元正极材料的物理和电化学性能。

三、实验内容

(1) 文献调研与实验设计：选取某一种高压正极材料作为研究对象，通过文献调研了解该材料的特点及存在的问题与挑战，完成调研报告，并在此基础上，提出实验设计目标与研究计划。

（2）材料的制备与合成：根据实验计划，结合材料的特点选取合适的制备方法合成材料。实验中可以改变反应配比和制备条件等因素，探究实验条件与材料的相组成、微观结构和微观形貌之间的关联性。

（3）材料本征性能的表征：采用扫描电镜分析、X射线衍射分析、X射线光电子能谱分析等多种手段，分别对制备得到的材料的形貌、晶体结构、元素组成等进行分析。

（4）电性能表征：将高压正极材料制备成电极浆料，并进一步组装成扣式锂离子电池，采用循环伏安方法、充放电技术、交流阻抗技术等技术手段对材料的电化学性能进行分析表征。

四、思考题

（1）电极材料制备过程中原材料为什么会影响目标产品的性能？
（2）材料制备过程中的哪些因素会对最终产物的晶体结构和形貌起到调控作用？
（3）制备这种材料为什么要强调几种离子的均匀共沉淀，不均匀共沉淀将会发生什么现象？
（4）材料的微观形貌为什么会影响材料的电化学性能？
（5）要得到完整的晶体结构材料，需要注意哪些问题？
（6）要进一步优化这种材料的性能，你认为还应该注意哪些问题？

10-2 高容量电极材料的制备与电化学性能研究

一、实验目的

（1）了解锂离子电池高容量电极材料的基本概念、工作原理和性能特点。
（2）通过文献调研，开阔视野，把握高容量电极材料的发展趋势，提出实验改进方案，培养自主学习与创新能力。
（3）掌握电极材料的制备方法，熟悉SEM、XRD等现代分析仪器操作方法和结果分析，掌握锂离子电池的制作和组装。
（4）掌握评价锂离子电池电化学性能的分析表征与性能测试方法，熟悉实验数据的分析和处理方法。

二、实验原理

自20世纪90年代初正式投入市场以来，锂离子电池已成为当前发展最为迅速的一类二次电池。锂离子电池的工作原理：充电时，锂离子从正极材料（如 $LiCoO_2$）中脱出，通过电解液嵌入负极（如石墨）中，而电子则从外电路从正极流向负极。放电时，锂离子的运动方向相反，锂从负极材料中脱出，通过电解液嵌入正极中。整个过程主要为锂离子在正、负极中的嵌入与脱出，就像"摇椅"一样，故也称之为"摇椅式电池"。

与其他几种主要的二次电池相比较，锂离子电池具有以下显著优点：
（1）电压平台高：一个单体电池的平均电压为3.6 V，是Ni/Cd电池和Ni/MH电池电压的3倍，大约是密封铅酸电池电压的2倍。
（2）结构致密，质量轻，能量密度高：能量密度是高容量Ni/Cd电池的1.5倍，比能量是它的2倍。
（3）能快速充电：1 h能达到全充容量的80%～90%。
（4）放电倍率高：能获得5 C的放电容量。
（5）使用温度范围宽：能在 −20 ℃～60 ℃下使用。

(6) 循环性能优良：电池使用次数可超过 500 次。

(7) 安全性好。

(8) 自放电率小，无记忆效应：能在任何条件下充电，自放电每月只有 8%～12%。

(9) 环保，清洁，无污染。

依靠工艺的进步和现有材料性能的优化，锂离子电池的能量密度在过去 20 年中几乎增长了 2 倍。然而，目前这种增长模式已经走到尽头，为了获得更高的能量密度来满足人类生产生活的需要，必须在正、负极材料方面着手。

(1) 高容量正极材料。

采用高容量、高电压的电极材料是提高锂离子电池能量密度的一种有效途径。在传统的正极材料中，层状结构的 $LiCoO_2$、尖晶石型 $LiMn_2O_4$ 和橄榄石型 $LiFePO_4$ 的能量密度分别只有 580 W·h·kg^{-1}、590 W·h·kg^{-1} 和 580 W·h·kg^{-1}，无法满足锂离子电池进一步发展的需求。尽管层状结构的 $Li(Ni_{1-x-y}Co_xMn_y)O_2$ 及其富锂衍生相 $Li_{1+z}(Ni_{1-x-y}Co_xMn_y)O_2$ 在高电压下可以获得 200 mA·h·g^{-1} 以上的容量，但充电所产生的高活性 Co^{4+}、Ni^{4+} 及其引起的潜在安全隐患极大地限制了材料的实际应用。

近年来，新型聚阴离子结构的磷酸钴锂（$LiCoPO_4$）和硅酸铁锂（Li_2FeSiO_4）材料由于其具有高能量密度和固有的结构稳定性而受到了极大的关注。$LiCoPO_4$ 材料的理论容量为 169 mA·h·g^{-1}，工作电压为 4.8 V（vs. Li/Li$^+$），因此理论能量密度高达 800 W·h·kg^{-1}，比 $LiCoO_2$（580 W·h·kg^{-1}）高出 38%。而 Li_2FeSiO_4 材料则通过两个电子转移反应，提供高达 331 mA·h·g^{-1} 的理论容量。在充放电过程中，Li_2FeSiO_4 材料的第一个电子转移发生在 2.8 V，对应于 Fe^{2+}/Fe^{3+} 电对，而第二个电子转移发生在 4.2～5.0 V 之间，对应于 Fe^{3+}/Fe^{4+} 电对。如果忽略动力学因素，该材料的能量密度估计可达 1 200 W·h·kg^{-1}，是常规材料的两倍（图 10-2-1）。这些高能量的正极材料是未来重要的发展方向，也是本实验课题研究的主要内容。

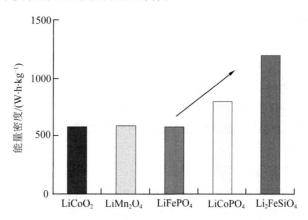

图 10-2-1　若干锂离子电池正极材料的能量密度

(2) 高容量负极材料。

虽然碳负极材料一直受到人们的广泛关注，但是石墨类负极的可逆容量小于 372 mA·h·g^{-1}。为了进一步提高锂离子电池的能量密度，有必要开发更高能量密度的负极材料。许多元素如 Al、Si、Sn、Bi 等能与 Li 形成合金，有着比石墨高得多的容量（图 10-2-2），因此，这些元素将是未来锂离子电池负极材料的发展方向。另外，许多金属氧化物或硫化物可以通过转化反应而储存大量的锂离子，因此也具有潜在的应用价值。大量的锂离子嵌入时组分的晶体结构会发生重构，并伴随着大的体积膨胀；同时，在晶体材料中，多相的形成还会导致两相边界区域产生不均匀的体积变化，造成活性颗粒的破裂或粉化。因此，这些高容量负极一般具有首次不可逆容量较大和循环性能差的缺点。通过对这些材料进行结构设计、形貌调控和尺寸剪裁，可以很好地解决这些问题。

本实验将以 Li_2FeSiO_4 和 Bi_2S_3 分别作为正、负极对象,研究它们的制备、表征及电化学储锂性能。

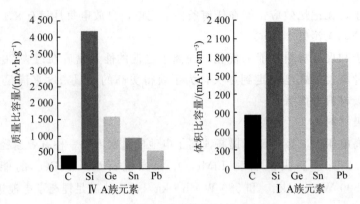

图 10-2-2 常见合金负极材料的比容量

三、实验仪器与试剂

仪器设备:超声波清洗器、磁力搅拌器、高温马弗炉、油浴锅、烧杯、玻璃棒、温度计、镊子等。

试剂材料:醋酸锂、醋酸亚铁、硅酸四乙酯、抗坏血酸、硝酸铋、硫代乙酰胺、盐酸、硝酸、无水乙醇、丙酮、洗涤剂、去离子水、导电炭黑、PVDF、NMP 等。所有化学试剂均为分析纯,且使用前未经纯化。

四、实验步骤

(1) 高容量正极材料 Li_2FeSiO_4 的溶胶-凝胶制备与表征:

① 将醋酸锂、醋酸亚铁、硅酸四乙酯和抗坏血酸按物质的量比 2∶1∶1∶2 溶解于水中,在 60 ℃下通过磁力搅拌直到大部分水蒸发变成凝胶状。

② 将上述凝胶继续在 120 ℃下真空干燥,干燥后将其研磨成粉末。

③ 将粉末于氮气保护下在 300 ℃下烧结 2 h。

④ 将预分解的产物在 600 ℃下烧结 12 h,然后自然冷却。

⑤ 采用 X 射线衍射仪、扫描电镜、电感耦合等离子体光谱仪对制备的材料进行表征,确定材料的结构、形貌和组成。

(2) 高容量负极材料 Bi_2S_3 的液相制备与表征:

① 准确称量 1 mmol 的硫代乙酰胺,超声溶解于 20 mL 去离子水中。

② 另称取 0.5 mmol 硝酸铋,溶解于 2 mL 0.2 mol·L^{-1} 的硝酸中。

③ 将硝酸铋逐滴加入硫代乙酰胺中,加完后继续超声处理 1 h。

④ 将沉淀离心分离,并用去离子水和无水乙醇洗涤数次,60 ℃下干燥。

⑤ 将干燥后的样品与蔗糖混合,然后在 300 ℃下处理 1 h。

⑥ 采用 X 射线衍射仪、扫描电镜、电感耦合等离子体光谱仪对制备的材料进行表征,确定材料的结构、形貌和组成。

(3) 电池制作:

① 将制备的电极材料与导电炭黑、PVDF 按 8∶1∶1 的质量比在 NMP 中混合,得到均匀的浆料。然后用刮刀将浆料涂覆于铝箔(正极)和铜箔上,80 ℃下干燥 1 h 后,用打孔器冲出直径为 12 mm 的极片,然后在 120 ℃下真空干燥备用。

② 以制备的极片为正极、锂片为负极,在手套箱中组装扣式电池,电解液为 1 mol·L^{-1}

LiPF$_6$ 的 EC/DMC 溶液。

(4) 电池性能测试：

采用电化学工作站测试电池的循环伏安和交流阻抗性能，采用充放电测试仪测试材料的充放电比容量、库仑效率、循环性能和倍率充放电性能。

五、数据记录与处理

(1) 分析材料的尺寸对电化学性能的影响。
(2) 分析材料的形貌对电化学性能的影响。
(3) 分析表面碳包覆层对材料电化学性能的影响。
(4) 分析测试温度对材料电化学性能的影响。
(5) 分析充放电制度对材料电化学性能的影响。

六、思考题

(1) 通过哪些方法可以提高锂离子电池的能量密度？
(2) 目前锂离子电池的能量密度大约为多少？
(3) 讨论正、负极材料的储锂机理。
(4) 限制正、负极材料的电化学性能的关键问题是什么？如何解决这些问题？

10-3　用于高性能硅基负极材料的新型水性黏结剂的研究

一、实验目的

(1) 了解硅基负极材料所面临的困难与挑战。
(2) 学习新型水性黏结剂体系的设计策略。
(3) 学习评价黏结剂体系的测试表征方法。
(4) 建立"实验设计—材料合成—表征与测试"的研究方法。

二、实验背景

过去 20 多年中，锂离子电池在移动电子领域的应用获得了巨大成功，并被认为是电动汽车和大型储能设备电池系统的理想选择。然而，要在动力和储能领域实现进一步的应用，下一代锂离子电池仍需在能量和功率密度、安全性、寿命、成本上进行系统提高和优化。

研发和应用具有高比容量的正、负极材料是发展高比能锂离子电池最有效也是最重要的途径之一。在负极方面，传统石墨负极的理论比容量仅有 372 mA·h·g^{-1}，难以满足动力型锂离子电池对比能量日益增长的需求，因而开发高比容量的负极材料已刻不容缓。此外，高比容量电极材料还可有效减少活性物质用量，提高锂离子电池的体积比容量，利于锂离子电池的轻薄化。到目前为止，各类材料包括锂合金（Si、Sn、Ge、Sb）、过渡金属氧化物（SnO$_2$、TiO$_2$、MnO$_2$、Co$_3$O$_4$ 等）、过渡金属氮化物、高分子聚合物及相应的复合材料都得到了详尽的研究，如图 10-3-1 所示。其中，硅材料因具有理论比容量高（4 200 mA·h·g^{-1}）、脱/嵌锂电位低（约 0.4 V vs. Li/Li$^+$）、放电平台长且稳定、安全性高及环境友好等独特优势，受到了广泛的关注和研究，并被认为是商业化碳材料最具前景的替代材料。

作为一种极具应用前景的负极材料，硅材料的商业化应用依然面临几个关键问题：

(1) 硅是一种半导体材料，电子导电性较差。
(2) 硅在循环嵌/脱锂过程中存在剧烈的体积效应（体积变化大于 300%），体积效应会对电池产生诸多负面影响（图 10-3-2）：① 体积膨胀效应会产生大量的切应力和压应力，使 Si 颗粒破裂，内阻增大，影响电子在电极上的直接传输，Si 颗粒严重破裂会使部分活性材料完全失去电化学活性。② 对整个电极，体积变化会导致结构坍塌和电极剥落，造成电极材料与集流体电接触中断，活性材料与导电剂、黏结剂之间失去接触，从而导致容量衰减。③ 体积变化会使 Si 电极表面不能形成稳定的 SEI 层，SEI 层反复破裂和生成，消耗大量 Li^+；同时，SEI 层随着电化学循环不断增加而变厚，过厚的 SEI 层会阻碍电子转移和 Li^+ 扩散，导致阻抗增大，极化增加。

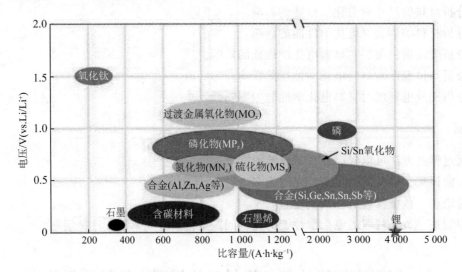

图 10-3-1　锂离子电池负极材料的电位（vs. Li/Li^+）和容量密度

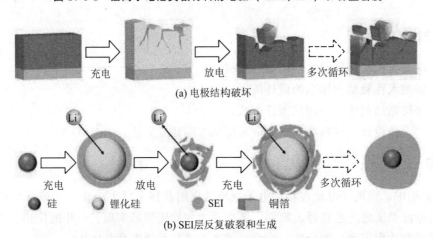

(a) 电极结构破坏

(b) SEI 层反复破裂和生成

图 10-3-2　硅在循环嵌/脱锂过程中存在剧烈的体积效应产生的负面效应

由此可见，提高硅的循环性能是硅基负极材料实际应用的关键。相应策略应针对上述主要的瓶颈问题，主要包括克服或缓解体积效应的影响，提高导电连接和电接触稳定性，以及促进形成稳定的固体电解质界面膜。为了克服硅剧烈的体积效应，维持稳定的导电接触，目前国内外广泛采用的方法是使用纳米化硅材料。颗粒尺寸的减小使离子传输距离缩短，极化减小。小尺寸颗粒有助于释放硅负极脱嵌锂过程中产生的应力，抑制裂纹产生。颗粒粒径越大，成本越低，但循环性能较差。相对而言，纳米硅首次库仑效率和容量保持率均有明显提升。但从实际应用角度来看，纳米化硅材料也有明显的不足之处：① 从结构上看，纳米化硅材料具有高比表面积，但表面缺陷密度高，热力学不够稳定，在电化学循环过程中因易发生团聚而导致"电化学烧结"现象；② 纳米化硅材料的高比表面积也显著增加了其与电解液的接触，导致较多界面副反应和不可逆容量损失；③ 虽然纳米化技术大大缓解了硅材料的体积效应，但仍然无法从根本上避免硅在电化学循环中体积反复改变这一固有特性，且纳米化硅材料与导电剂之间的作用很弱，因而经过一定循环周期后，电极极片内部的导电接触不断被破坏,并造成可逆容量的迅速衰减。

综上可见,要提高硅负极的电化学性能,除纳米化途径之外,发展先进的电极制备工艺也非常重要。近年来,人们开始重视电极内部的非电活性组分的作用,如导电剂和黏结剂的作用等,其中黏结剂已逐渐被认为是影响电极电化学性能的一个非常重要的组分,受到广泛的关注。

本综合实验的主要目的是通过发展功能性的新型水性黏结剂体系,提高硅基负极材料的电化学性能,如循环性能和倍率性能。这类新型水性黏结剂体系应主要具备以下特点:① 黏结剂自身具有很好的黏结能力,可显著增强硅材料与导电剂之间的导电连接;② 黏结剂有很高的化学和电化学稳定性,在电极工作窗口内,不会发生任何副反应;③ 黏结剂能与硅材料表面发生有效强键合,如形成共价键或强氢键等,保证硅材料发生体积变化时,黏结剂能始终与之有效结合,甚至通过自愈合效用,达到修复极片裂口的作用。例如,研究发现采用海藻酸钠或钙交联海藻酸钠体系替换PVDF作为硅负极的黏结剂时,可显著增强硅的循环性能(相比于PVDF等传统黏结剂)。其主要原因来自两个方面(图10-3-3):一方面,海藻酸钠的羧基基团可以与硅表面氧化物薄层上的羟基基团形成强氢键,从而有效地保持了电极的结构和导电接触的稳定性,进而有效提高了硅的循环性能;另一方面,钙与海藻酸钠黏结剂的配位交联可以进一步提高黏结剂体系的抗性变能力。

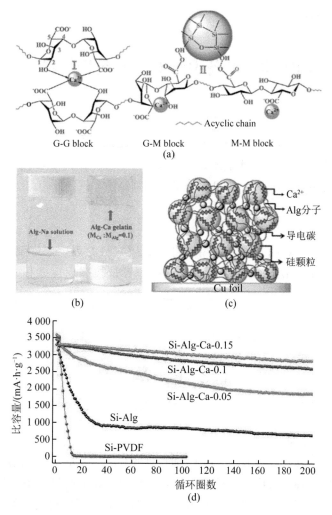

图 10-3-3 使用海藻酸钠或钙交联海藻酸钠对硅负极材料性能的改善

三、实验内容

基于上述实验基础内容,本实验设计时可围绕能与硅表面氧化物薄层上羟基基团发生化学反应或形成强氢键的黏结剂进行筛选和优化。这些高分子黏结剂主要包括:① 含有羧基官能团且可以与硅表面硅-羟基官能团发生酯化反应的高分子黏结剂（如羧甲基纤维素、海藻酸、果胶、聚丙烯酸、结冷胶、明胶、羧基丁腈橡胶），以及含羧基聚酰亚胺及其相应的有机和无机盐类；② 含有醛基官能团且可以与硅表面硅-羟基官能团发生羟醛缩合反应的高分子黏结剂（如多聚半乳糖醛酸及其相应有机和无机盐类）；③ 含有羟基官能团且可以与硅表面硅-羟基官能团脱水生成醚键的高分子黏结剂（如聚乙烯醇、壳聚糖、琼脂糖、β-环糊精等）及其相应的有机和无机盐类；④ 可与硅表面硅-羟基官能团形成强氢键的高分子黏结剂及其相应的有机和无机盐类。

实验设计与操作中需要注意以下几个主要流程：

（1）根据现有黏结剂材料的结构特点，判断其可能与硅表面硅-羟基官能团形成的化学键或氢键的强弱，对现有黏结剂进行初选，并进行电化学测试加以验证。

（2）根据对初步实验筛选得到的黏结剂进行光谱分析，验证其与硅材料表面的成键或氢键等作用。

（3）将筛选得到的黏结剂体系进行组合，形成混合黏结剂，通过电化学测试进行表征，确定混合体系是否可以进一步提高硅的电化学性能。

（4）根据上述结构，提出含有最佳结构模式的黏结剂的结构和组成，自主合成新的黏结剂体系，并通过电化学体系进行验证。

10-4 MOFs 前驱体法制备中空 Co_3O_4 负极材料与锂电性能表征

一、实验目的

(1) 掌握通过 MOFs 前驱体制备中空 Co_3O_4 负极材料的方法。
(2) 掌握 Co_3O_4 负极材料的工作机理。
(3) 了解 Co_3O_4 负极材料的测试方法和电化学性能。

二、实验原理

在过渡金属氧化物中，Co_3O_4 作为锂离子电池负极材料的理论比容量可达 890 mA·h·g^{-1}，远远高于石墨负极材料的理论储锂容量。其理论储锂容量按照反应方程式（10-4-1）和数学公式（10-4-3）计算。

放电过程：

$$Co_3O_4 + 8Li^+ + 8e^- \longrightarrow 3Co + 4Li_2O \tag{10-4-1}$$

充电过程：

$$Co + Li_2O - 2Li^+ - 2e^- \longrightarrow CoO \tag{10-4-2}$$

$$C = \frac{96\,487 \times 8}{3.6 \times M} \tag{10-4-3}$$

其中，M 为 Co_3O_4 的分子量。

Co_3O_4 与石墨负极的嵌/脱锂反应机制不同。Co_3O_4 作为负极材料使用时基于反应方程式（10-4-1）和（10-4-2）的转化反应，该反应使得电极材料在充放电过程中体积形变大，从而易导致电极结构塌陷，与集流体接触性变差或是彻底失去电接触，最终使得电极的容量在充放电过程中迅速衰减。为了改善该材料的性能，将其制备成具有特殊形貌结构（如多级中空结构）的纳米材料，则能够起到缓冲电极材料体积形变，从而提高电极循环性能的作用。

金属有机骨架（Metal-Organic Frameworks，MOFs）是由含氧、氮等的多齿有机配体（大多数是芳香多酸和多碱）与过渡金属离子自组装而成的配位聚合物。目前，已经有大量的金属有机骨架材料被合成，主要是以含羧基有机阴离子配体和含氮杂环有机中性配体为主，金属离子可以是

Co^{2+}、Fe^{2+} 和 Zn^{2+} 等。MOFs 不仅具有超高的比表面积（通常大于 1 500 $m^2 \cdot g^{-1}$）和孔隙率，而且呈现出特殊的宏观骨架结构和形态（如立方/八方体颗粒、球体等）。与传统的多孔材料（如二氧化硅）相比，这种骨架结构更具有特殊的可设计性与可调控性。而且，MOFs 在高温煅烧后，一方面能保持较好的多孔性和宏观形貌；另一方面，其有机配体可发生热分解，金属离子可转化为金属氧化物。鉴于此，可考虑使用 Co-MOF 来制备 Co_3O_4 材料，并将其作为锂离子电池的电极材料。

Co^{2+} 可以和很多双齿配体或多齿配体形成 MOFs，较为常见的是 Co^{2+} 和 2-甲基咪唑形成 MOFs，又名 ZIF-67，其晶格结构如图 10-4-1（a）所示。另外，该 MOFs 制备过程较为简单且形貌新颖，如图 10-4-1（b）所示。本实验中采用 Co^{2+} 和 2-甲基咪唑形成的 MOFs 作为前驱体制备具有特殊形貌结构的中空 Co_3O_4 纳米材料，并对其锂电性能进行研究。

在煅烧过程中，中空 Co_3O_4 纳米材料的形成过程可参考图 10-4-2。在升温过程中，整个颗粒的不均匀受热导致在颗粒表面区域存在收缩力（F_c）和吸附力（F_a），两个力的作用方向相反，最终导致核-壳结构的中空结构的形成。

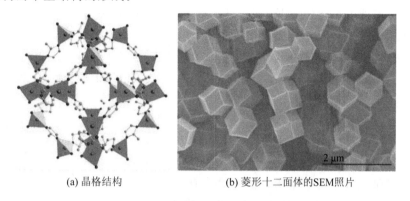

(a) 晶格结构　　(b) 菱形十二面体的SEM照片

图 10-4-1　ZIF-67 晶格结构和菱形十二面体的 SEM 照片

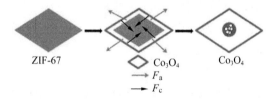

图 10-4-2　中空 Co_3O_4 纳米材料的形成过程示意图

对于 Co_3O_4 的性能测试，首先将活性材料制成电极片，以金属锂片同时为对电极和参比电极，组装成半电池。在充放电测试中，首先对该半电池进行放电，这相对于 Co_3O_4 电极来说实际上是得到锂离子的过程，使其最终反应转化为 Co 和 Li_2O。在接下来的充电过程中，相当于 Co/Li_2O 复合材料失去锂离子的过程，最终转变为 Co 的氧化物（CoO）。其典型的充放电曲线如图 10-4-3 所示。

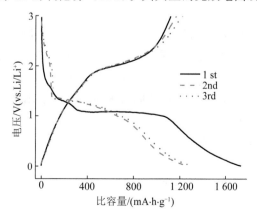

图 10-4-3　Co_3O_4 的充放电曲线

在制作电极片时，只能选取铜箔为集流体，即将Co_3O_4浆料涂覆在铜箔上，而不能选择铝箔为集流体，这主要是由于铝箔在低电位下会发生锂铝合金化反应，而锂难与铜在低电位下形成嵌锂合金。

三、实验仪器与试剂

仪器设备：电化学工作站（RST4800型）、磁力搅拌器、管式炉、鼓风干燥箱、高速离心机、分析天平、充放电测试仪、手套箱、烧杯、镊子、玻璃板、玛瑙研钵等。

试剂耗材：$Co(NO_3)_2·6H_2O$、2-甲基咪唑、甲醇、Super-P、PVDF、NMP、铜箔、锂离子电池电解液等。

四、实验步骤

(1) 材料制备：

① 准确称取$Co(NO_3)_2·6H_2O$（1.164 g，4 mmol）和2-甲基咪唑（0.656 g，8 mmol）分别溶解于50 mL甲醇溶液中，充分搅拌形成澄清透明的溶液。然后于磁力搅拌下将2-甲基咪唑的甲醇溶液加入硝酸钴的甲醇溶液中。当两种溶液混合均匀后，停止搅拌，于室温下老化（静置）24 h得到钴离子和2-甲基咪唑的多孔金属有机骨架（MOFs，又名ZIF-67）。

② 通过离心分离，并用乙醇洗涤（20 mL×3次）后放入鼓风干燥箱中于60 ℃下干燥0.5 h，最后得到紫色粉末。

③ 将上述得到的紫色粉末放于大小合适的瓷舟中，并放于管式炉石英管的中间位置在空气气氛下进行煅烧。煅烧的升温程序参照图10-4-4。为了在煅烧过程中不破坏MOFs的形貌结构而得到和MOFs形貌结构相似的Co_3O_4多面体颗粒，采取缓慢的升温速度。从室温以每分钟1 ℃的升温速度缓慢升温至350 ℃，并在该温度下保持2 h。在此期间，MOFs中的有机成分将被煅烧除去，而钴离子在空气中被氧化形成Co_3O_4。然后自然冷却至室温得到黑色的Co_3O_4粉末。

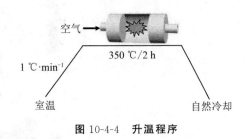

图10-4-4 升温程序

(2) 性能测试：

① 将Co_3O_4、Super-P和PVDF按照8∶1∶1的质量比在玛瑙研钵中研磨10 min，然后滴加适量的NMP继续研磨10 min，使其呈浆状。

② 在纸巾上滴上几滴NMP，用其擦拭预先洗干净并且干燥的玻璃板，然后在上面平铺一块大小适中的铜箔，使铜箔吸附在玻璃板表面，并尽量避免铜箔下面有气泡存在。

③ 将浆料倒在铜箔的一侧，用刀片使其均匀涂覆在铜箔表面（为保证浆料能够更均匀地涂覆在其表面，可借助于4层透明胶布所撑起的厚度），然后将玻璃板直接放入鼓风干燥箱中于80 ℃下干燥约10 min。

④ 取出电极膜，用直径为13 mm的打孔器冲制电极片，并用压片机将电极片压平，称量电极片质量（减去13 mm大小的铝箔的质量再乘80%即可得到电极片上活性物质的质量）。

⑤ 将所得电极片放入真空干燥箱中于120 ℃下真空干燥30 min，之后将其移至手套箱中。以所制得的Co_3O_4电极片为工作电极，金属锂片同时为对电极和参比电极，1 mol·L^{-1} $LiPF_6$/EC+DMC为电解液，在手套箱中组装成扣式电池。

⑥ 取一个电池测试循环伏安性能，另一电池测试充放电性能。循环伏安电压测试范围设为0～3.0 V，扫速为0.5 mV·s^{-1}，设置2个循环。充放电测试电压范围设为0.01～3.0 V，电流密度设为300 mA·g^{-1}，先放电后充电，循环次数为3次。

⑦ 对MOFs及Co_3O_4样品进行SEM分析，观察其形貌。

(3) 数据处理：

从计算机中导出循环伏安和充放电测试数据，用 Origin 软件作出循环伏安图和充放电曲线。

五、思考题

(1) 黏结剂 PVDF 的作用是什么？
(2) Co_3O_4 电极的首次库仑效率为何较低？
(3) 负极的集流体为何不能使用金属铝箔？
(4) Co_3O_4 作为锂离子电池负极的缺点有哪些？
(5) 实际测得的 Co_3O_4 容量为何超过其理论容量？

10-5 三维多孔分层结构金属氧化物双功能催化剂的制备及其在锂-空气电池中的应用

一、实验目的

(1) 了解锂-空气电池的工作原理及性能特点。
(2) 通过合成阴极催化剂，掌握金属氧化物三维多孔分层结构的普适性制备方法。
(3) 掌握锂-空气电池的组装过程，熟悉锂-空气电池和催化剂性能评价的方法和手段。
(4) 通过实验设计的讨论和实验结果的分析，掌握科学思维方法，提高独立工作能力。

二、实验原理

锂-空气电池是一种用金属锂作为阳极，以空气中的氧气作为阴极主要反应物的新型电池。它结合了燃料电池和锂离子电池的优点，对环境友好，特别是其理论能量密度高达 11 680 W·h·kg^{-1}，远高于传统锂离子电池的理论能量密度且几乎可与汽油的能量密度相媲美（13 000 W·h·kg^{-1}）。因此，锂-空气电池可作为取代汽油的新型动力源，发展诸如混合电动车甚至是纯电动车项目，近年来在科学和市场领域引起了极大的关注。根据使用的电解质种类，锂-空气电池的构造可归结为四种类型。其中三种构造采用液体电解质，包括惰性有机电解质体系、水性电解质体系和混合体系，另一种构造采用固态电解质。四种类型的锂-空气电池都是使用金属锂和氧气（或空气）分别作为阳极（负极）和阴极（正极）活性材料，而其中基础的电化学反应机理主要取决于所用的电解质类型。与其他体系相比，对于惰性有机电解质体系的研究最多（其结构如图 10-5-1 所示），这主要是由于其反应产物 Li_2O_2 能可逆地转变为反应物，从而增强了电池的可充电性和可逆性。

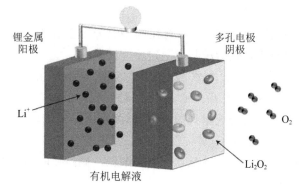

阳极：$Li \rightleftharpoons Li^+ + e^-$ 阴极：$2Li^+ + 2e^- + O_2 \rightleftharpoons Li_2O_2$

图 10-5-1 惰性有机电解质体系锂-空气电池示意图

惰性有机电解质体系锂-空气电池主要由四部分组成：阳极、阴极、隔膜和电解液。放电过程中，阳极的锂释放电子后成为锂离子（Li^+），Li^+ 穿过电解质材料，在阴极与氧气及从外电路流过来的电子结合生成氧化锂（Li_2O）或过氧化锂（Li_2O_2），并留在阴极。其基本反应如下：

$$2Li + O_2 \rightleftharpoons Li_2O_2 \quad E_0 = 2.96 \text{ V (vs. } Li/Li^+) \quad (10\text{-}5\text{-}1)$$

$$4Li + O_2 \rightleftharpoons 2Li_2O \quad E_0 = 2.96 \text{ V (vs. } Li/Li^+) \quad (10\text{-}5\text{-}2)$$

研究表明，催化剂对上述反应起着重要作用，其对锂-空气电池的充放电电位、容量及循环效率等都有着明显的影响。

目前在惰性有机电解质体系锂-空气电池中，常用的催化剂有碳、贵金属和金属氧化物等。其中，金属氧化物催化剂由于价格低廉、合成简单、催化效果优异等特性在近年来得到了长足的发展。特别是开发具有对氧还原反应（ORR）和氧析出反应（OER）都具有催化性能的双功能催化剂意义重大。

除了催化剂外，空气电极的结构设计也对锂-空气电池的性能具有十分重要的影响。锂-空气电池作为一种全新的电池体系，在多孔空气电极上，氧气在固-液-气三相界面产生的 Li_2O_2 或 Li_2O 均不溶于有机电解液，放电产物只能在空气电极上沉积，从而堵塞空气电极孔道，导致放电终止。锂-空气电池的正极反应不仅传输大部分的电池能量，而且大部分的电压降也发生在正极，空气正极几乎承担了整个锂-空气电池的电压降。由此可见，空气正极是影响锂-空气电池性能的关键因素之一。空气电极由基底和催化剂层组成。该基底为催化剂提供了物理和导电支撑，并在充放电过程中提供了氧扩散通道。基底应具有高导电性、高机械稳定性和三维多孔结构。

金属泡沫（如泡沫铜、泡沫镍）是一种新型多功能材料，它们本身均匀分布着大量连通或不连通孔洞，具有较大的比表面积，而且导电性能和延展性能也很好，是理想电极材料之一。多孔结构为 Li_2O_2 的生成提供了足够空间，高导电性有利于电子的传输和质量的传递。但是将其作为锂-空气电池正极材料，缺少催化电池反应发生的催化剂，还需对其进行修饰并负载高催化活性物质，促进 Li_2O_2 的生成与分解。有研究选取了泡沫铜作为基底材料，在其表面直接生长具有纳米金涂层的铜纳米针阵列，合成三维多孔材料 Au/Cu@FCu。它是一种自支撑全金属结构，在合成过程中无黏结剂，当它作为锂-空气电极正极材料时，具有良好的化学稳定性和优异的电化学性能。

三、实验仪器与试剂

仪器设备：旋转环盘电极、Autolab 电化学工作站、反应釜、管式炉、鼓风干燥箱、超声仪、扫描电镜（SEM）、X 射线衍射仪（XRD）、比表面测试仪、拉曼光谱仪、充放电测试仪。

试剂材料：硝酸钴、硝酸镍、硫酸亚铁铵、正硅酸乙酯（TEOS）、无水乙醇、丙酮、去离子水、氨水、镍网、碳纸。所有化学试剂均为分析纯，且使用前未经纯化。

四、实验步骤

（1）阴极集流体的制备：将集流体分别在丙酮、异丙醇、无水乙醇和去离子水中超声清洗 15 min，在鼓风干燥箱中烘干，然后压制成一定厚度的薄片。

（2）SiO_2 球的制备：将 65 mL 无水乙醇、14.7 mL 去离子水和 80 mL 氨水搅拌混合，加入 6.94 mL 正硅酸乙酯，搅拌 4 h，然后离心并干燥得到约 300 nm 的 SiO_2 纳米球。

（3）电沉积模板的制备：将合成得到的 SiO_2 球溶液滴在集流体表面，待溶剂挥发干后形成模板，用于下一步的电沉积实验。

（4）电镀液的配制：按照一定的计量比配制硝酸镍、硝酸钴的混合溶液或硝酸钴、硫酸亚铁铵的混合溶液。

（5）电沉积：以恒电位或恒电流法进行电沉积，通过控制电位或电流的大小、电镀液的浓度、电沉积时间等参数来调节制备得到不同厚度的金属氧化物三维多孔分层结构。

（6）去除模板：通过氢氧化钠腐蚀溶解去除二氧化硅模板，留下金属氧化物三维多孔分层结构。

（7）通过 SEM、XRD 等物理表征手段确定金属氧化物的形貌、结构和组成。

(8) 组装电池并进行充放电测试。

五、数据记录与处理

(1) 寻找合适的电沉积条件以制备结构稳定的三维多孔金属氧化物镀层。
(2) 对制备得到的金属氧化物镀层的结构、形貌和成分进行表征并分析总结，从而指导电沉积过程。

六、思考题

(1) 影响锂-空气电池性能的主要因素有哪些？应如何分别进行改进？
(2) 分析该金属氧化物在充放电过程中可能的反应机理。

10-6 质子交换膜燃料电池高性能催化剂的制备、表征与性能测试

一、实验目的

(1) 学习质子交换膜燃料电池的工作原理和催化剂的基本知识。
(2) 了解催化剂材料的制备合成方法，理解材料制备过程中的关键因素控制对材料形貌和性能的影响。
(3) 掌握评价催化剂性能的方法。
(4) 掌握 XRD、SEM、TGA 等现代分析仪器操作方法和结果分析。

二、实验原理

21 世纪以来，新能源汽车因其环境友好的特点而在全世界范围得到了普遍的认可和支持。然而目前绝大多数较为成熟的二次电池的比容量都远小于汽油燃料的比容量，这就导致这些电池无法满足新能源汽车续航需求，使得大多数新能源汽车依旧采用混合动力系统。图 10-6-1 为采用四种不同能源驱动的汽车各项性能的对比图，从中可以看到如今燃料电池汽车续航能力（500 km）已经远高于纯电动汽车（300 km），虽然仍与混合动力汽车和插电式汽车间存在一定的差距，但其优秀的减排效果与较高的燃料效率更为符合绿色可持续理念。到目前为止，科研工作者们已经开展了大量研究工作，致力于开发更为高效清洁、续航能力更强的燃料电池结构和体系。燃料电池之所以受到人们的广泛关注，就是因为其较高的能量转化率，其中质子交换膜燃料电池的理论能量转化率

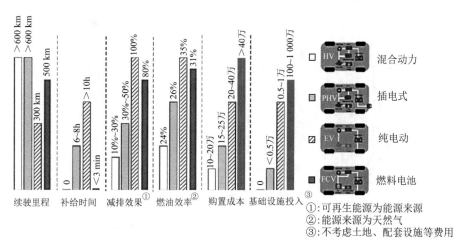

图 10-6-1 四种主要的新能源汽车各项性能对比

高达85%~90%，即使是在实际工作环境下能量转化率也可以达到40%~60%（由于卡诺循环本身的缺陷，目前最好的汽油热机能量转化率也无法达到40%），且燃料电池不用充电，绿色环保。

质子交换膜燃料电池主要包含双极板、膜电极、端板及外壳等部件，其核心部分为气体扩散层、质子交换膜和催化剂，如图10-6-2所示。与其他大部分化学电源一样，在质子交换膜燃料电池中，化学能转化为电能主要借助于电池中发生的氧化还原反应，即工作时向电池的负极供给燃料（一般为氢、甲醇等），向电池的正极供给空气（有效成分为氧气），氢在负极分解成正离子H^+和电子，与此同时，在正极上，氧气也被还原生成含氧物质，电池即形成了一个完整循环。而针对不同的电解液类型，具体反应会存在些许差异，如图10-6-3所示。当电解液为酸溶液时，负极产生的H^+将直接通过电解液向正极移动，与正极产生的含氧物质结合生成H_2O。其电极反应如下：

负极反应： $$2H_2+4OH^- -4e^- =\!=\!= 4H_2O \tag{10-6-1}$$

正极反应： $$O_2+2H_2O+4e^- =\!=\!= 4OH^- \tag{10-6-2}$$

总反应： $$2H_2+O_2 =\!=\!= 2H_2O \tag{10-6-3}$$

当电解液为碱溶液或盐溶液时，负极产生的H^+会直接与溶液中大量存在的OH^-结合生成水，而正极生成的OH^-由于缺少H^+结合而以离子的形态存在，并补充至电解液中，以维持电荷平衡。其电极反应如下：

负极反应： $$2H_2-4e^- =\!=\!= 4H^+ \tag{10-6-4}$$

正极反应： $$O_2+2H_2O+4e^- =\!=\!= 4OH^- \tag{10-6-5}$$

总反应： $$2H_2+O_2 =\!=\!= 2H_2O \tag{10-6-6}$$

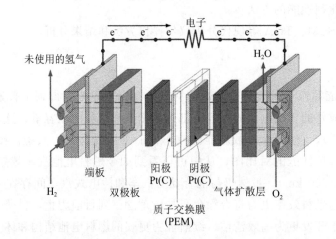

图10-6-2 质子交换膜燃料电池结构示意图

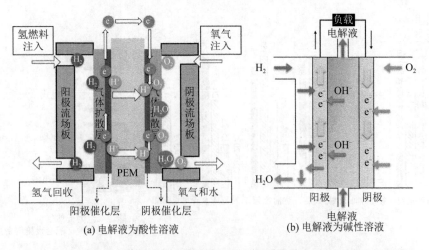

图10-6-3 酸性电解液与碱性电解液的质子交换膜燃料电池工作原理示意图

虽然燃料电池有着高能量转化率、环境友好等优点，具备极大的发展潜力，但距离大规模商业化推广仍存在着很长一段距离，目前对于质子交换膜燃料电池的研究仍然处在一个比较初级的阶段，依旧有许多掣肘性的问题亟待解决。

质子交换膜燃料电池经研发数十年之久，却依旧停留在商业化的初级阶段，还有一个不可忽视的因素——催化剂。由于电池阴极的氧还原反应是一个缓慢的动力学过程，往往需要一种高效的催化剂来推动反应的进行。虽然目前已经有性能十分优异的铂基催化剂，然而其高昂的成本却成为燃料电池商业化道路上一座难以翻越的高峰。据科学统计，到目前为止，质子交换膜燃料电池的成本约有50%来自铂基催化剂。同时，研究表明，目前使用的铂基催化剂在燃料电池的理想工作温度（80 ℃）下极易因一氧化碳中毒而失效（仅10^{-4}%的一氧化碳就能为电极反应带来很大的过电位）。而重整气中的一氧化碳含量一般在1%~2%之间，这就使得铂基催化剂的寿命大大降低，进一步提高了质子交换膜燃料电池的成本。因此，开发廉价且高效的催化剂作为当前商业化铂基催化剂的替代品，也一直是科研工作者努力的方向。

为了解决上述问题，促进电池内四电子反应的进行，降低反应过电位，加快反应速率，众多科研工作前辈们已经开发了一系列具备良好的导电性、优异的催化性、高比表面积、高孔隙率、较强的稳定性及成本低廉的催化剂。到目前为止，可以将已开发的催化剂根据材料类型简单分成金属基催化剂和碳基催化剂，其中金属基催化剂又可以分为贵金属基催化剂和非贵金属基催化剂。

(1) 贵金属基催化剂。部分贵金属，如Pt、Pb、Ir等，由于其3d轨道存在未被电子占据的空轨道，具有较低的氧气吸附能，氧气在其表面更易发生吸附作用，并且吸附的氧原子在其表面发生反应时，倾向于生成易解离的过渡产物。此外，贵金属基催化剂还具备良好的导电性和耐酸性等优点。到目前为止，铂合金是人们发现的具备最优催化活性的氧还原催化剂，因此贵金属一直被认为是商用燃料电池的最佳催化剂。但受制于贵金属储量稀少、价格昂贵、实际使用寿命较短等因素，燃料电池一直无法大规模商业化。

(2) 非贵金属基催化剂。非贵金属基催化剂种类繁多，主要包含但不限于以下几类：过渡金属氮配合物、导电聚合物基催化剂、过渡金属硫化物、金属氧化物/碳化物/氮化物/氮氧化物/碳氮化物及酶化合物。过渡金属丰富的储量、低廉的价格使得该类型催化剂成本较低，加之制备方法便捷，这类催化剂一经开发，就受到了学术界的广泛关注。然而即便经过数十年的研究，业界目前对于M-N_x/C的活性位点优化策略仍然没有定论，只能笼统地总结为过渡金属类型和负载量、碳载体表面性质和氮含量、热处理条件和热处理时间等因素对M-N_x/C电催化剂的活性和稳定性有重要影响。

(3) 碳基催化剂。碳是一种储量丰富、成本低廉的材料，除此之外，碳材料还具有高比表面积、良好的导电性与稳定性等优势。因此，碳材料在氧还原反应催化剂领域有着广泛的运用。电催化活性高度依赖于电催化剂的电子性质。然而，因为纯碳基质由sp^2键合碳原子组成，没有极化，整个碳网络中这种完全均匀的电子和电荷密度不利于反应物的化学吸附或中间体的反应。

三、实验内容

(1) 文献调研与实验设计：选取某一种催化剂材料作为研究对象，通过文献调研了解该材料的特点及存在的问题与挑战，完成调研报告，并在此基础上提出实验设计目标与研究计划。

(2) 材料的制备与合成：根据实验计划，结合材料的特点选取合适的制备方法合成材料。实验中可以改变反应配比和制备条件等因素，探究实验条件与材料的相组成、微观结构和微观形貌之间的关联性。

(3) 材料本征性能表征：采用扫描电镜分析、X射线衍射分析、X射线光电子能谱分析等多种手段，分别对制备得到的材料的形貌、晶体结构、元素组成等进行分析。

(4) 材料电化学性能表征：采用循环伏安、交流阻抗等技术手段对催化剂的催化性能进行分析表征,并将其与商业 Pt/C 催化剂进行比较。

四、思考题

(1) 在催化剂材料制备过程中,原材料为什么会影响目标产品的性能?
(2) 在材料制备过程中,哪些因素会对最终产物的晶体结构和形貌起到调控作用?
(3) 材料的微观形貌与电化学性能之间有什么关联性?

10-7　电催化水分解催化剂材料的制备、表征与性能测试

一、实验目的

(1) 了解电催化水分解的基本理论,学习电催化剂的分类与特点及所面临的困难与挑战。
(2) 探索电催化剂材料的制备合成,理解材料制备过程中的关键因素控制对材料形貌和性能的影响。
(3) 构筑从"实验设计—材料合成—表征与测试"的科研素养。
(4) 了解科学前沿,提高实验科研能力,拓展创新思维和国际视野。

二、实验背景

工业革命以来,化石能源在驱动全球经济高速发展的同时带来了严重的环境污染与全球变暖问题。日益枯竭的化石燃料资源与污染导致的自然灾害迫使人们不断寻求可替代的清洁能源,如图 10-7-1 所示。氢能作为一种清洁无污染的可持续能源载体,一直受到学术界和工业界的广泛关注。作为二次能源,氢能具有以下优点:① 氢气能量密度高,燃烧产物只有水,燃烧过程没有碳排放,是理想的未来能源;② 氢气是重要的化工原料,主要用于合成氨、炼油等工业产业;③ 氢气是正在兴起的氢燃料电池汽车的燃料。氢能作为一种新型的可再生能源,因其优点在众多可再生能源中脱颖而出。

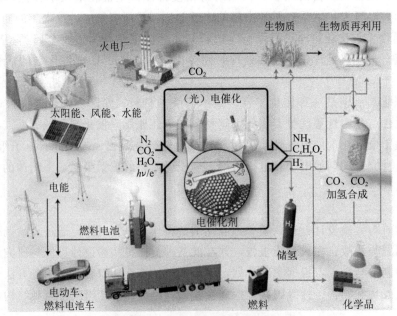

图 10-7-1　可持续能源未来的应用前景

如何高效、低能耗地制备氢气也就成为发展氢能的研究重点之一。氢气传统的制取方式包括水煤气法、甲醇分解法、氨气分解法、太阳能法、生物制氢法等。电解水制氢相比而言反应过程环保

清洁，产物中也没有 CO_2 排放，整个反应非常符合可持续发展理念，所以大力发展电解水析氢来制备氢气是一种可行的主流的方法。电解水反应实际上分为两个反应，析氢反应（Hydrogen Evolution Reaction，HER）和析氧反应（Oxygen Evolution Reaction，OER）。其中，HER 可以产生高纯度氢；OER 是在电解水反应阳极发生的一个四电子反应，每转移四个电子，从水中去除四个氢离子时仅能获得一个氧分子，因而导致较高的过电位。与 HER 相比，OER 是一个更复杂、动力学更缓慢的反应，因此，OER 的反应效率严重影响了整个水电解过程的效率，所以发展高效低耗的 OER 催化剂对电解水的发展也至关重要。

在不同介质中水分解的基础上，水分解反应可以用不同的化学方程表示如下：

$$2H_2O \longrightarrow 2H_2\uparrow + O_2\uparrow \tag{10-7-1}$$

在酸性介质中：

阴极：
$$2H^+ + 2e^- \longrightarrow 2H_2\uparrow \tag{10-7-2}$$

阳极：
$$H_2O \longrightarrow 2H^+ + \frac{1}{2}O_2\uparrow + 2e^- \tag{10-7-3}$$

在中性和碱性介质中：

阴极：
$$2H_2O + 2e^- \longrightarrow H_2\uparrow + 2OH^- \tag{10-7-4}$$

阳极：
$$2OH^- \longrightarrow H_2O + \frac{1}{2}O_2\uparrow + 2e^- \tag{10-7-5}$$

该反应在 25 ℃ 和 1 atm 下的热力学电压都为 1.23 V。然而，实际上必须施加高于热力学电位值的电压以实现电化学水分解。这种过剩的电位称为过电位（η）。过电位主要用于克服存在于阳极（η_a）和阴极（η_c）上的固有活化势垒，以及一些其他电阻（η_{other}），如接触电阻和溶液电阻。因此，用于水分解的实际操作电压（E_{op}）可以描述为

$$E_{op} = 1.23 \text{ V} + \eta_a + \eta_c + \eta_{other} \tag{10-7-6}$$

根据该等式，显然通过合适的方法降低过电位是使水分解反应能量降低的核心问题。实际上，可以通过优化电解池的设计来减小 η_{other}，通过分别使用高活性析氧催化剂和析氢催化剂使 η_a 和 η_c 最小化。基于可持续和地球富含元素的高效水分解催化剂的开发使整个水分解反应更经济环保。

（1）HER 电催化剂。

铂是目前商业化生产应用最多的 HER 电催化剂，析氢的过电位接近于 0 V，但是铂价格昂贵且在酸性电解液中稳定性较差，所以寻找稳定高效的非铂析氢催化剂是目前电解水制氢的研究重点。

过渡金属由于其特殊的 d 轨道结构和在地球上丰富的储备成为 HER 电催化剂研究领域的热点。但是目前存在的主要问题是与贵金属催化剂相比，过渡金属催化剂的催化活性较差，因此改善过渡金属化合物的催化活性，使其成为高效稳定和高活性的电催化剂成为大家研究关注的重点。目前过渡金属化合物中研究较多的是过渡金属硫化物、磷化物、氮化物和氧化物等。

① 过渡金属硫化物。

过渡金属硫化物（Transition Metal Sulfide，TMS）资源丰富且价格低廉，制备方法简单多样，如 MoS_2、WS_2、NiS 和 FeS_2 等 TMS 近年来在 HER 领域受到广泛关注，关于它们的实际应用和理论计算的研究都非常多。此类过渡金属硫化物在电解水、光电解水及污水中重金属去除等方面都有较为优异的性能，部分硫化物（如 MoS_2、WS_2 和 ReS_2）的类石墨烯材料二维层状结构使其具有特殊的性质，因而受到研究者的广泛关注。

② 过渡金属磷化物。

过渡金属磷化物（Transition Metal Phosphide，TMP）也是典型的高活性且廉价的 HER 电催化剂的代表，其中几种 TMP 已被证明性能优异，是有发展前景的 HER 电催化剂，包括 CoP、Ni_2P、MoP、Cu_3P、FeP 和 Ni_5P_4。目前，热处理法是制备 TMPs 最主要的方法，但它能耗大且费

时，所以研究者们一直在不停地探究新的合成方法，如还原法、溶剂热法和次磷酸盐热分解法等。

③ 过渡金属氮化物。

将氮原子引入过渡金属会增加 d 轨道的电子密度和 d 能带的收缩，从而使得过渡金属氮化物（Transition Metal Nitride，TMN）的电子结构达到类似于贵金属（如 Pd 和 Pt）的电子结构的费米能级。除了具有类似金属的导电性，TMN 还具有高耐腐蚀性，适用于酸性和碱性溶液中的电催化水解。近年来对 TMN 的 HER 性能探究也一直在进行，目前对 MoN、FeN、Fe_3N、Co_3N 和 Ni_3N 等 TMN 的研究都取得了一些进展。

④ 过渡金属氧化物。

在诸多过渡金属氧化物（Transition Metal Oxide，TMO）中，Fe_2O_3 和 Co_3O_4 材料因为价格低廉，储量丰富，且具有优良的电化学性质，有较低的 HER 过电位，有望成为商业化的 HER 电催化剂。对 MoO_2、MoO_3 和 CeO_2 等 TMO 的研究也取得了较大进展。

(2) OER 电催化剂。

作为电催化水分解中重要的半反应，碱性介质中的电催化 OER 由于涉及多步电子-质子转移过程，所以具有缓慢的反应动力学。为了降低反应能耗，提高 OER 效率，开发活性高、稳定性好的电催化剂至关重要。迄今为止，过渡金属基材料因其具有来源广、环境友好、低成本等优点，已被认为是碱性介质中最有前途的 OER 电催化剂，其催化活性和稳定性优于传统的贵金属基催化剂（主要是指 IrO_2 和 RuO_2）。需要指出的是，许多 Ni、Co、Fe 和 Mn 基 OER 电催化剂在阳极极化过程中会经历表面或深度重构，形成高活性的氧化物或羟基氧化物，而这些氧化物或羟基氧化物已被证明是真实的活性物质。

① 过渡金属氧化物。

在众多 OER 电催化剂中，过渡金属氧化物在碱性条件下具有较高的反应活性和良好的稳定性。Mn、Co 基氧化物电催化剂备受关注。尽管关于过渡金属氧化物作 OER 电催化剂的研究有很多，但受限于这类材料较差的导电性，其 OER 活性还有很大提升空间，往往需要借助形貌工程、杂原子掺杂、缺陷工程或者是和其他材料复合等手段来对其改性。

② 过渡金属氢氧化物。

作为典型的层状结构材料，过渡金属氢氧化物［$M(OH)_2$，M 表示过渡金属元素］和双金属氢氧化物（Monolayered Double Hydroxides，MLDHs）展现出了良好的电催化 OER 活性。过渡金属氢氧化物的电催化性质也受导电性差的限制，通常会将其与导电性好的材料复合或是将其剥离成超薄纳米片来进一步提升性能。

③ 过渡金属硫化物。

过渡金属硫化物的导电性良好，并且形貌、晶体结构、化学组成等易于调控，所以在电催化 OER 领域也受到了人们的广泛关注。

④ 过渡金属磷属元素化物。

过渡金属磷属元素化物主要是指过渡金属氮化物、磷化物。合成这类材料时通常要将前驱物与磷源（最常见的是 NaH_2PO_2）或氮源（常见的是 NH_3、尿素、硫脲等）在惰性气氛中退火处理。过渡金属磷属元素化物的导电性良好，并且耐强酸、碱腐蚀，因此在电催化领域有广泛应用。但这类材料在热力学上比相应的硫属元素化物更不稳定，因此，在氧化电位作用下，过渡金属磷属元素化物的表层结构更容易转化为相应的高活性金属氧化物/氢氧化物。利用这一现象，提高磷属元素化物自身的导电性能够加速其电化学重构，进而提高其 OER 活性。

(3) 评估电催化剂性能的主要参数。

电催化剂性能的评估测试主要采用三电极体系，工作电极为滴涂了催化剂的泡沫镍或直接合成的自支撑催化剂电极，对电极为 Pt 片（OER 测试时）或碳棒（HER 测试时）。电化学性能测试，如线性扫描伏安曲线（LSV）、循环伏安曲线（CV）、计时电位曲线（CP）、计时电流曲线（CA）、电化学交流阻抗谱（EIS）等都是在电化学工作站上完成的。电催化测试所用电解液为 1 mol·L^{-1} KOH 或 0.5 mol·L^{-1} H$_2$SO$_4$ 溶液。

评估水分解的电催化剂性能的主要参数包括过电位、塔菲尔斜率、交换电流密度、转换频率、稳定性、法拉第效率、电化学阻抗谱、电化学活性表面积、比表面积活性和质量活性等。

(4) 电催化剂的设计策略。

无机纳米材料催化剂具有易合成、低成本、高活性、高稳定性、易规模化等优势。此外，如图 10-8-2 所示，可以通过改变纳米材料的尺度与维度（如单原子、纳米团簇、纳米颗粒、一维纳米线、二维纳米片、三维阵列等）、载体，以及掺杂金属（如 Fe、V、W、Mo 等）/非金属（如 B、N、S、P 等）、制造缺陷（如插层、氧/金属空位等）等手段有效地调控金属活性中心的电子结构和位点，还可以通过设计核壳、异质结结构及碳材料包覆等策略提升电催化剂的本征活性及稳定性。

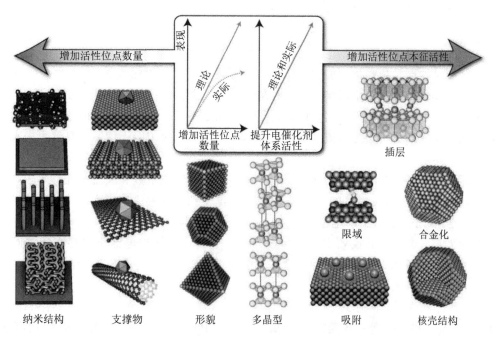

图 10-7-2 纳米材料电催化剂的设计策略

三、实验内容

(1) 文献调研与实验设计：选取某一种金属基的 HER、OER 电催化剂材料作为主要研究对象，通过文献调研了解该材料的特点及存在的问题与挑战，完成调研报告，并在此基础上提出实验设计目标与研究计划。

(2) 材料的制备与合成：根据实验计划，结合材料的特点，选取合适的制备方法合成材料。实验中可以改变反应配比和制备条件等因素，探究实验条件与材料的相组成、微观结构和微观形貌之间的关联性。

(3) 材料本征性能表征：采用扫描电镜分析、X 射线衍射分析、X 射线光电子能谱分析等多种手段，分别对制备得到的材料的形貌、晶体结构、元素组成等进行分析。

(4) 材料电催化性能表征：将电催化剂材料制备成电极，并进一步组装成电解水装置，采用循环伏安电化学技术手段对材料的电催化剂性能进行分析表征。

四、思考题

(1) 在电催化材料制备过程中，原材料为什么会影响目标产品的性能？

(2) 电催化材料制备过程中的哪些因素会对最终产物的晶体结构和形貌起到调控作用？

(3) 材料的微观形貌如何影响材料的电化学性能？

(4) 要进一步优化这种材料的性能，你认为还应该注意哪些问题？

10-8 钙钛矿太阳能电池的制备、表征与性能测试

一、实验目的

(1) 了解钙钛矿太阳能电池的分类、特点及所面临的困难与挑战。

(2) 探索钙钛矿材料的制备合成，理解材料制备过程中的关键因素控制对材料形貌和性能的影响。

(3) 构筑"实验设计—材料合成—表征与测试"的科研素养。

二、实验背景

目前的能源结构严重依赖化石能源（主要包括石油、煤炭、天然气等），未来会受到储量的制约，并且在燃烧和使用中会产生碳排放，对地球环境造成严重的污染，因此开发和利用清洁可再生能源是解决能源问题的有效手段。太阳能取之不尽、用之不竭，是最具发展前景的新型能源。太阳能光伏发电就是将太阳能转化为电能的形式后加以使用。发展太阳能光伏发电是解决未来能源需求的有效途径。

有机金属卤化物钙钛矿材料作为光伏材料中的一员，其吸收系数和载流子迁移率较高，载流子扩散距离较长，带隙灵活可调并且制备工艺简单，逐渐受到广泛关注，成为当前纳米技术和光电转换材料研究的热点之一。钙钛矿电池自 2009 年 Miyasaka 教授首次取得 3.8% 的光电转换效率以来，经过多年发展，其光电转换效率已经超过 25%。目前，钙钛矿电池仍然存在较多问题，如稳定性较差、大面积制备困难、存在生物毒性等，因此钙钛矿电池进一步发展走向产业化，还需要针对器件性能和稳定性开展更为深入的研究。

钙钛矿化合物的化学通式为 ABX_3。其中，A 是一价阳离子，为 $CH_3NH_3^+$（MA^+）、$CH(NH_2)_2^+$（FA^+）和 Cs^+ 等；B 是二价金属阳离子（Pb^{2+}、Sn^{2+} 等）；X 是卤化物离子（Cl^-、Br^-、I^- 或它们的混合物）。对于全无机钙钛矿，A 位通常被 Cs 占据，其通式可以表示为 $CsBX_3$。如图 10-8-1 所示，A 位于立方体顶点位置，B 位于立方晶胞体心处，X 位于立方体面心。BX_6 呈正八面体，BX_6 之间通过共用顶点 X 连接，构成三维骨架，A 嵌入八面体空隙中使得晶体保持稳定。相比于以共棱、共面形式连接的结构，BX_6 八面体之间的空隙比较大，有利于载流子的扩散迁移，并保持材料结构稳定。

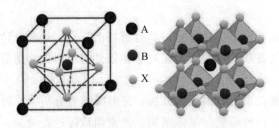

图 10-8-1 钙钛矿 ABX_3 的晶体结构图

钙钛矿太阳能电池器件结构可以分为介孔结构和平面异质结结构，根据载流子的传输方向不同，又可以分为 n-i-p 结构和 p-i-n 结构，如图 10-8-2 所示。通常将 n-i-p 结构和 p-i-n 结构分别叫作正式和反式结构。其中，n-i-p 介孔结构就是最开始使用的全固态钙钛矿太阳能电池结构。p-i-n 平面异质结钙钛矿太阳能电池结构是从有机太阳能电池中衍生过来的。

图 10-8-2 钙钛矿太阳能电池结构示意图

(1) 介孔结构。

这种结构最早是从染料敏化太阳能电池（DSSCs）中衍变而来的。这种电池的结构从下而上依次是透明电极、TiO_2 致密层、TiO_2 介孔层、钙钛矿层、空穴传输层及金属电极。其中，TiO_2 致密层起到收集电子和阻挡空穴的作用。而在钙钛矿层和 TiO_2 致密层中加入的介孔层不仅可以作为骨架材料支撑起整个器件，同时介孔材料中较多的空隙也可以将钙钛矿材料充分填充进去从而使得成膜过程更为简单。另外，介孔层也会对钙钛矿薄膜的生长起到一定的抑制作用，从而使制备出的钙钛矿薄膜更为平整光滑，这种方式可以有效地提高器件整体的光学性能。但是这种结构的弊端也显而易见，介孔层中较多的空隙也会使得一部分空穴传输材料被填充进去，这种情况将会导致电子层和空穴层在某些区域直接接触，从而导致漏电流并降低器件的开路电压。

(2) 平面结构。

这种结构就是将钙钛矿吸光层直接设置在空穴传输层（HTL）和电子传输层（ETL）中，形成 p-i-n（反式）或 n-i-p（正式）结构（n 代表 n 型半导体材料，p 代表 p 型半导体材料）。正式结构中的 p 型材料通常是 spiro-OMeTAD 等聚合物材料，n 型材料通常为致密的 TiO_2 层。而在反式结构中，空穴传输层材料通常选取 NiO_x 或 PEDOT:PSS 等，而电子传输层则通常选用 PCBM 或 C_{60}。这种方法的制备工艺更为简单，大大降低了制备成本，这也是目前实验室中最为普遍的两种结构。

钙钛矿太阳能电池工作原理如图 10-8-3 所示。当阳光通过玻璃入射后，能量大于禁带宽度的光子被无机钙钛矿中的原子所吸收，光子能量将原来束缚在原子核周围的电子激发出来，电子被激发到钙钛矿的最低未占据分子轨道（LUMO），从而在整体钙钛矿中形成电荷载流子。已经证明钙钛矿材料中的电荷主要以自由电子和空穴的形式存在，而不是以结合的激子的形式存在，因为激子的结合能足够低，可以在室温下进行电荷分离。由

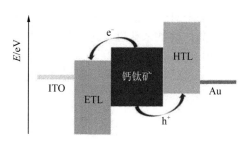

图 10-8-3 钙钛矿太阳能电池工作原理图

于钙钛矿材料是双极性电荷导体，所以生成的自由负电荷和正电荷载流子通过钙钛矿传输到其自身与 ETL 或 HTL 之间的界面。在 n-i-p 平面异质结电池体系中，电子被驱动至钙钛矿层与 ETL 界面，并注入 ETL 导带中，之后在 ETL 层中传输并到达 FTO 电极；与此同时，空穴扩散到钙钛矿层与 HTL 界面，然后注入 HTL 价带中，之后在 HTL 中传输，到达金属电极，从而产生电流和电压。p-i-n 结构的电荷载流子传输方向与之相反，内在机制相同。

在钙钛矿太阳能电池中，除了各层材料的选取搭配外，钙钛矿的薄膜形貌也会对整体的器件性能产生较大影响。高质量的钙钛矿薄膜表面通常均匀光滑、粗糙度低且空隙较少。在实验过程中，不同的成膜方法、退火温度等都会影响最终的成膜效果。

钙钛矿纳米结构的质量对光电器件性能有着至关重要的影响。为提高光电器件的性能，必须制备得到具备高结晶性、均匀致密、平整等特点的高质量钙钛矿纳米结构。制备出质量优异的钙钛矿

薄膜也是目前实验的一大难点。目前常见的制备方法有一步法、两步法、气相沉积法等。

（1）一步法。

一步法［图10-8-4(a)］就是直接在衬底上旋涂钙钛矿前驱液并退火成膜的方法。以铅基钙钛矿电池为例，首先将PbI_2和MAI按一定比例混合配制成前驱体溶液，搅拌至清澈透明状态，再旋涂至已成膜的传输层上，最终通过加热退火形成钙钛矿薄膜。在退火过程中，溶剂的不确定性挥发导致此类方法成膜质量不容易控制。不同的有机溶剂对有机-无机杂化钙钛矿薄膜及电池器件的性能有非常大的影响。研究表明，在钙钛矿前驱体中添加甲基氯化铵（MACl）、氯化铵（NH_4Cl）、碘化氢（HI）、二碘代烷（DIO）等添加剂可以降低钙钛矿的结晶速率，从而获得高覆盖、大晶粒尺寸的钙钛矿薄膜。一步法因其简单的制备工艺而备受关注，是目前应用最多的制备钙钛矿薄膜的方法。

（2）两步液浸法和两步复合法。

两步液浸法［图10-8-4(b)］的具体操作方式是在多孔TiO_2基底上首先旋涂PbI_2溶液，多孔结构的存在使得PbI_2溶液可以很好地形成微晶，将干燥后的PbI_2薄膜放在一定浓度的MAI异丙醇溶液中浸泡一段时间，最后用反溶剂将多余的MAI冲洗干净，退火后形成致密的钙钛矿薄膜。这种方法存在一定的问题，即MAI溶液不能完全渗透进厚度较大的PbI_2薄膜中，导致剩余大量未反应的PbI_2，从而影响器件性能。两步复合法是在两步液浸法的基础上改进的，以铅基钙钛矿为例，首先分别配制PbI_2和MAI溶液，在已经覆盖了传输层的玻璃基底上旋涂PbI_2溶液，等其彻底干燥后再通过蒸镀或者旋涂的工艺覆盖上MAI溶液，两者在高温的作用下充分反应形成钙钛矿。由于两步复合法中使用的PbI_2溶液浓度相对较高，因而能够制备出高度覆盖的薄膜。同时这种方法覆盖上去的PbI_2薄膜较为平整，所以制备出的钙钛矿薄膜整体较为光滑。

（3）气相沉积法和气相辅助溶液沉积法。

气相沉积法［图10-8-4(c)］就是利用气相沉积系统制备高质量的钙钛矿薄膜，这种方法最大的弊端是要把基底和源（PbI_2和MAI）同时加热到高温，但部分基底不能承受如此高的温度，因此此类方法一般适用于介孔结构的钙钛矿电池的制备。气相沉积法需要利用高真空，而且能耗高，并不适合于大规模商业化。这种方法存在蒸发速率难控制、电池性能重复性低、设备高真空度、PbI_2蒸气有毒等问题。为了解决这些问题，发展了气相辅助溶液沉积法，在制备过程中，先将PbI_2的DMF溶液旋涂在多孔TiO_2表面上，然后将MAI晶体放在热台上蒸发，MAI蒸气进入PbI_2晶体间纳米孔道与之充分反应形成晶体规整致密的钙钛矿薄膜，如图10-8-4（d）所示。

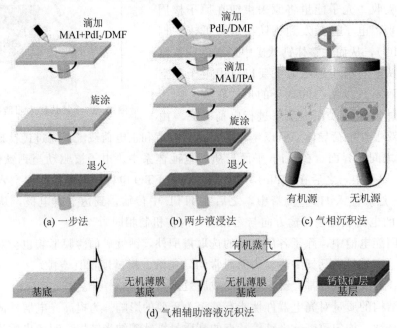

图 10-8-4　钙钛矿薄膜的不同工艺方法

钙钛矿太阳能电池的主要性能参数有开路电压（Voltage of Open Circuit，V_{oc}）、短路电流（Current of Short Circuit，I_{sc}）、最大输出功率（Maximum Power，P_m）、填充因子（Fill Factor，FF）、转换效率（η）和光电转换效率（Incident Photon-to-current Conversion Efficiency，IPCE）等，测试方法同太阳能电池。

三、实验内容

（1）文献调研与实验设计：选取某一种钙钛矿材料作为研究对象，通过文献调研了解该材料的特点及存在的问题与挑战，完成调研报告，并在此基础上提出实验设计目标与研究计划。

（2）材料的制备与合成：根据实验计划，结合材料的特点选取合适的制备方法合成材料。实验中可以改变反应配比和制备条件等因素，探究实验条件与材料的相组成、微观结构和微观形貌之间的关联性。

（3）材料本征性能表征：采用扫描电镜分析、X射线衍射分析、X射线光电子能谱分析等多种手段，分别对制备得到的材料的形貌、晶体结构、元素组成等进行分析。

（4）电池性能表征：利用真空蒸镀方法蒸镀电极，研究太阳能电池的性能，并探讨样品制备、样品形貌等与性能的直接联系。

四、思考题

（1）钙钛矿材料制备过程中的哪些因素会对最终产物的晶体结构和形貌起到调控作用？
（2）材料的微观形貌、成膜质量与电池的直接联系有哪些？
（3）要进一步优化这种材料的性能，你认为还应该注意哪些问题？

10-9 有机电致发光材料制备及其典型器件光电性能测试

一、实验目的

（1）学习有机电致发光器件的工作原理及性能特点。
（2）掌握有机电致发光器件经典材料的合成、制备、表征，以及发光器件的制备与测试方法。
（3）掌握评价有机电致发光器件性能的方法。

二、实验原理

自20世纪80年代美国柯达（Kodak）公司的Tang和VanSlyke发现高功效有机电致发光器件（OLEDs）以来，由于其具有形体薄、主动发光、响应快、视角宽、对比高、能耗低及易于实现大面积发光等优点，已经成为全世界学术界和产业界的一大研究热点。OLEDs结构是一种典型的"三明治"结构，如图10-9-1所示，主要由以下几个部分组成：铟锡氧化物（ITO）导电玻璃、空穴注入层（HIL）、空穴传输层（HTL）、发光层（EML）、电子传输层（ETL）和金属阴极。

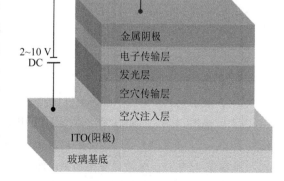

图 10-9-1　OLEDs 的结构

OLEDs 发光大致包括以下 4 个基本物理过程：

（1）电子和空穴注入。在外加电场的作用下，电子和空穴分别从阴极和阳极向夹在电极之间的有机薄膜层注入。

(2) 载流子的迁移。注入的电子和空穴分别从电子传输层和空穴传输层向发光层迁移。

(3) 载流子的复合。在外电场的作用下，注入的电子和空穴相遇配对，形成束缚态的"电子-空穴对"，即为激子。

(4) 激子的激发态能量通过辐射跃迁，产生光子，释放出能量，即发光。

其中，OLEDs的阳极一般选用透明的导电材料，常用的为ITO，其他每个有机层的材料对于器件的发光都有影响。对于空穴注入材料，常用的有CuPC、PEDOT：PSS等。对于空穴传输材料，常用的为芳香多胺类，如NPB等。发光材料有纯有机化合物、金属配合物等荧光和磷光材料，AlQ_3是一种典型的发光材料与电子传输材料。金属阴极常用活泼金属（如Al）、合金阴极〔如Mg：Ag(10：1)〕及层状阴极（如LiF/Al）等。

器件性能的表征：

作亮度（L）-电压（U）-电流（I）曲线：测试器件在不同驱动电压下的发光亮度及通过器件的电流，并计算电流密度J（$mA·cm^{-2}$），如式（10-9-1）：

$$J = \frac{I}{S} \tag{10-9-1}$$

其中，I为电流，S为OLEDs的面积。

电流效率η（$cd·A^{-1}$）的计算方法如式（10-9-2）：

$$\eta = \frac{L}{J} \tag{10-9-2}$$

其中，L为OLEDs的电致发光亮度。

本实验中合成经典的空穴传输材料（NPB）和发光材料（AlQ_3），再用合成的材料制备OLEDs并测试其性能。

三、实验仪器与试剂

仪器设备：加热搅拌器、真空干燥器、升华仪、真空镀膜机、Keithley 2400数字源表、PR670光度仪、三口烧瓶、三通真空活塞。

试剂材料：4,4′-二碘联苯、N-苯基-1-萘胺、二甲苯、氯化亚铜、邻菲咯啉、氢氧化钾、$Al_2(SO_4)_3·18H_2O$、8-羟基喹啉、无水乙醇、碳酸钠、丙酮、二氯甲烷、氟化锂、甲苯、异丙醇、石油醚、铝、ITO玻璃。所有化学试剂均为分析纯，且使用前未经纯化。

三、实验步骤

(1) NPB的合成：

① 在装有冷凝管的250 mL三口烧瓶中依次加入9.7 g（44.33 mmol）N-苯基-1-萘胺、7.50 g（18.47 mmol）4,4′-二碘联苯、30 mL二甲苯、0.28 g（2.83 mmol）精制过的氯化亚铜、0.52 g（2.83 mmol）邻菲咯啉和4.14 g（73.93 mmol）氢氧化钾。在氮气保护下将反应混合物快速升温到回流温度144 ℃，维持此温度6 h，然后停止加热，降温至60 ℃。

② 加入60 mL二氯甲烷和60 mL石油醚，继续搅拌30 min后将反应液浓缩后通过硅胶短柱，再用50 mL二氯甲烷和50 mL石油醚冲洗短柱，收集滤液，旋蒸至只有少量液体。加入75 mL乙醇，加热回流，过滤得到淡黄色固体8.52 g，产率78.4%。

(2) AlQ₃ 的合成与纯化：

$$\text{8-羟基喹啉} + Al_2(SO_4)_3 \cdot 18H_2O \longrightarrow \text{AlQ}_3$$

称取 3.33 g Al₂(SO₄)₃·18H₂O 溶于 50 mL 去离子水，磁力搅拌，加热到 60 ℃～70 ℃，再加入含有 4.36 g 8-羟基喹啉的 150 mL 乙醇溶液，加入少量的 Na₂CO₃，搅拌 30 min，生成黄色沉淀。稍冷，抽滤，用去离子水洗涤多次，再用少量丙酮清洗，在 100 ℃下真空干燥，得黄色粉末晶体 4.45 g，产率 98.50%。

(3) 材料的升华纯化：

将得到的 NPB 和 AlQ₃ 分别放入升华仪中进行升华纯化，得到高纯的产物用于 OLEDs 的制备。

(4) OLEDs 的制备：

① 清洗 ITO 基片。其目的是去除吸附在 ITO 表面的无机、有机杂质。将 ITO 基片取出放置于干净的烧杯中，加入超纯水和洗涤剂超声处理 15 min，取出后使用超纯水洗净，在烧杯中倒入超纯水超声处理 15 min，取出后倒出超纯水，加入乙醇超声处理 15 min，倒出乙醇，加入丙酮超声处理 15 min，倒出丙酮，加入甲苯超声处理 15 min。超声处理结束后，使用干净的镊子夹取清洁棉条蘸取适量甲苯溶液擦拭 ITO 基片的表面，擦拭完毕后放回架子，在烧杯中倒入甲苯溶液超声处理 15 min。依次再用丙酮、乙醇进行清洗，重复使用甲苯的操作，最后放置于乙醇中保存。

② ITO 的 H₂O₂ 处理及活化。取出 3 片 ITO 基片，放入一个干净的小烧杯中，倒入过氧化氢溶液加热至暴沸，使用氧离子清除 ITO 表面的有机化合物并使 ITO 表面活化，提高 ITO 表面的功函数。取出后放置于垫有锡纸的干净玻璃皿中，使用氮气枪吹干。

③ OLEDs 的制备。将 ITO 基片置于模具中，正面向下地放置于真空蒸镀机中的样品架上，在坩埚中分别加入材料 NPB、AlQ₃、LiF、Al，然后将真空腔的真空度降到 5×10^{-4} Pa 之下。加热，以 0.5 Å·s^{-1} 的速度蒸镀 30 nm 厚的 NPB，待其冷却后，以 0.5 Å·s^{-1} 的速度蒸镀 30 nm 厚的 AlQ₃。待其冷却后，以 0.6 Å·s^{-1} 的速度蒸镀 5 nm 的 LiF，以 $2\sim 3$ Å·s^{-1} 的速度蒸镀 100 nm 厚的 Al。冷却 30 min 后关闭仪器，向真空腔内充入氮气，得到结构为 ITO/NPB（30 nm）/AlQ₃（30 nm）/LiF（5 nm）/Al（100 nm）的 OLED 器件。

(5) OLEDs 性能测试：

使用 Keithley 2400 数字源表和 PR670 光度仪进行性能测试，测试参数包括开路电压（U_{oc}）、亮度（L）、发光曲线、色坐标（CIE），测量器件的 L-I-U 性质曲线，并计算器件的电流效率。

四、数据记录与处理

(1) 简述 NPB 和 AlQ₃ 合成及提高反应产率的方法。

(2) 简述在升华过程中，材料的沸点和真空度的关系。

(3) 简述在制备器件过程中，蒸发速率和器件性能的关系。

(4) 简述器件的发光亮度和其发光峰形与电压的关系。

(5) 简述空气中的氧气和水对器件稳定性的影响。

五、思考题

(1) NPB 和 AlQ$_3$ 在 OLEDs 中的作用分别是什么？
(2) 为什么需要对 NPB 和 AlQ$_3$ 进行升华处理？
(3) 每层的厚度对器件性能有什么影响？如何改进以提高器件性能？

10-10　可见光催化硝基苯还原偶联反应

一、实验目的

(1) 学习光催化硝基苯还原反应的基本原理。
(2) 掌握测定光催化反应量子效率的基本方法，并学会计算反应的产率及选择性。
(3) 掌握研究反应动力学的方法。
(4) 掌握气相色谱仪（GC）的使用方法及其基本原理。

二、实验原理

近年来，光催化作为一种新兴催化技术在有机合成方面的应用获得了人们的重大关注。与传统催化相比，光催化有机合成技术具有绿色、反应条件温和、产物选择性可控等优点。

偶氮苯是染料、电子、医药等行业的重要前驱体，经济价值极高。近年来，有实验表明，廉价的 g-C$_3$N$_4$ 可以实现可见光条件下高效、高选择性催化硝基苯还原制备偶氮苯，反应方程式如下：

参考标准氢电极（SHE），异丙醇/丙酮和硝基苯/偶氮苯的氧化还原电位分别约为 0.1 V 和 -0.8 V，而 g-C$_3$N$_4$ 的导带位置约为 -1.5 V。因此，g-C$_3$N$_4$ 的导带（CB）中的光激发 e$^-$ 在能量上有利于引发硝基苯的还原，实验原理如图 10-10-1 所示。同时，作为电子供体的异丙醇将被氧化成丙酮，从而形成两个质子并将两个电子注入价带（VB）以填充空穴（h$^+$）。

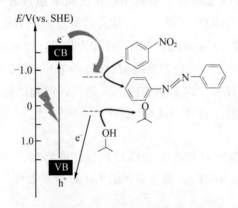

图 10-10-1　可见光下光催化硝基苯还原反应原理示意图

在光催化反应中，量子效率的定义是一定时间内光催化反应利用的光子数与反应输入的光子数之比。通过测量反应中的光源强度，并根据反应时间计算出反应过程中输入的总光子数 N，见式 (10-10-1)。然后通过测量反应产物的物质的量，进而计算出反应电子转移数，根据一个光子只能产生一个光电子的原理，可以计算出反应利用的光子数 N_0，见式 (10-10-2)。再根据式 (10-10-3) 计算出量子效率（η）。

$$N = \frac{E \cdot t}{h \cdot \frac{\lambda}{c}} \quad (10\text{-}10\text{-}1)$$

$$N_0 = n_e \cdot N_A \quad (10\text{-}10\text{-}2)$$

$$\eta = \frac{N_0}{N} \times 100\% \quad (10\text{-}10\text{-}3)$$

式中，N 为外部输入总光子数，E 为光功率，t 为光照时间，h 为普朗克常量，c 为光速，λ 为确定的波长，N_0 为反应利用的光子数，n_e 为生成反应物所需的电子的物质的量，N_A 为阿伏加德罗常数。

三、实验仪器与试剂

仪器设备：量筒、移液枪、410 nm 环形光源、磁力搅拌器、分析天平、光强仪、气相色谱仪。

试剂耗材：g-C_3N_4、硝基苯、偶氮苯、1 mol·L^{-1} KOH 溶液、异丙醇、氮气。所有化学试剂均为分析纯，且使用前未经纯化。

四、实验步骤

（1）用移液枪分别量取 2 mL 异丙醇、20 μL 1 mol·L^{-1} KOH 溶液和 80 μmol 硝基苯于五个反应瓶中混合作为反应液备用。

（2）用分析天平称取 5 份 10 mg 的 g-C_3N_4 分别加入五个反应瓶中，将反应瓶密封并用 N_2 吹扫 2 min。

（3）使用异丙醇溶剂分别配制 40 μmol·L^{-1} 硝基苯标准溶液和 20 μmol·L^{-1} 偶氮苯标准溶液备用。

（4）调节光源合适的电压、电流，并用光强仪测定其光功率。

（5）将装有五个反应瓶的反应容器放入环形光源内，打开光源，分别在 10 min、20 min、30 min、1 h、2 h 时取出一个反应瓶，测量反应 2 h 的光源功率。

（6）每次取出反应瓶后对反应混合液离心，取澄清溶液于 GC 测量瓶中，标明样品信息。将步骤（3）配制的标准溶液分别取入两个待测测量瓶。将准备好的所有 GC 测量瓶放入待测样品池中，检查气源开关、点火程序等，然后设定合适的升温速率，新建一个序列，注明每个样品基本信息，即可开始测量。

（7）根据所得 GC 峰面积数据及标准物数据换算相应的实际反应物和产物浓度，计算反应 2 h 的转化率、产率、选择性及量子效率。其中，转化率 C ＝（消耗的反应物浓度/初始反应物浓度）×100％，选择性 S ＝（目标产物浓度/所有产物浓度）×100％，产率 Y ＝选择性 S ×转化率 C。

五、实验记录与分析

将实验数据填入表 10-10-1 中。

表 10-10-1　可见光催化硝基苯还原偶联反应

样品	0	10 min	20 min	30 min	1 h	2 h
硝基苯浓度						
偶氮苯浓度						

光源波长 λ ＝_____，反应开始时光功率 E_1 ＝_____，2 h 时光功率 E_2 ＝_____。

六、思考题

（1）反应前用 N_2 吹扫反应体系的作用是什么？

(2) 反应中影响反应量子效率的因素有哪些？为什么？

(3) 反应用异丙醇作溶剂的原因是什么？它有什么作用？

10-11　半导体光催化醇氧化制备氢气

一、实验目的

(1) 学习半导体光催化剂的基本原理和动力学分析方法。

(2) 掌握计算光催化量子效率和产氢速率的方法。

(3) 了解乙醇作为牺牲剂时产氢的反应原理。

(4) 了解催化助剂在光催化反应中的作用。

二、实验原理

近年来，光催化技术作为一种可再生、安全和绿色环保的技术，在多个应用领域得到关注，其中光催化分解水制备氢气得到研究者们的深入研究。自从 Fujishima 和 Honda 在 1972 年发现使用 TiO_2 作为光阳极可以将水分解成氢气以来，TiO_2 已经成为最受欢迎和最广泛使用的光催化剂。TiO_2 半导体材料禁带宽度为 3.2 eV，并且具有价廉、无毒、无污染等优势。

光催化过程与入射光的能量和催化剂的禁带宽度有关，光催化过程可以简化为以下几个步骤：

(1) 当入射光能量 $h\nu$ 不小于禁带宽度 E_g 时，价带（VB）上电子（e^-）吸收光能跃迁至导带（CB），同时价带上产生空穴（h^+）。

(2) 产生的 e^-、h^+ 在电场或者扩散作用下分别迁移至半导体表面。

(3) 具有还原能力的 e^- 和具有氧化能力的 h^+ 与吸附在半导体表面上的物质发生氧化还原反应，如污染物降解、水分解制氢气等。

以最常见的水分解制氢气为例，光催化原理如图 10-11-1 所示。

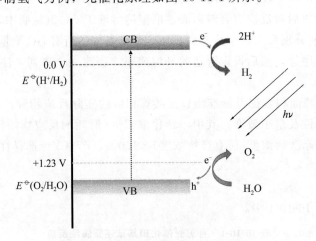

图 10-11-1　半导体光催化水分解原理

由于光生电子和光生空穴复合迅速，所以很难在纯水中进行 TiO_2 光催化制氢。加入电子施主（牺牲试剂或空穴清除剂）能够促进光催化电子/空穴的分离，这是由于电子施主与价带空穴发生不可逆转的反应。有机化合物能够被价带空穴氧化，因此作为光催化制氢的空穴牺牲剂被广泛用于光催化反应中。常用的有机试剂包括三乙醇胺、乙醇、甲醇等。

$$2H^+ + 2e^- \longrightarrow H_2 \uparrow \tag{10-11-1}$$

$$C_2H_5OH - 2e^- \longrightarrow CH_3CHO + 2H^+ \tag{10-11-2}$$

式（10-11-1）和式（10-11-2）为加入乙醇作为空穴牺牲剂后发生的氧化还原反应，乙醇主要作为供氢试剂参与光催化制备氢气反应。

为了进一步解决光生电子和空穴快速复合的问题，通常会在反应体系中引入光催化助剂。光催化助剂的 LUMO 轨道低于半导体的 CB 位置，能够实现电荷从半导体向助剂的快速转移。反应前，将不同的金属盐溶液加入体系中，相应的金属盐溶液有 $CuCl_2$、$FeCl_3$、H_2PtCl_6 等。金属离子能够在反应的过程中发生光沉积反应，被还原为相应的金属纳米颗粒，并且负载在普通的 TiO_2 光催化材料表面。光生电子能够快速从导带输送到表面的金属颗粒上，作为生成氢气的活性位点，提高光生载流子的分离效率，提高光催化性能。

量子效率的定义为一定时间内光催化反应利用的光子数与外部输入的光子数的比值。通过测量光强度和光辐射面积能够计算出光功率，根据反应时间和在一定波长下单个光子的能量计算出外部输入光子数，见式（10-11-3）。通过测量反应产物的物质的量计算出消耗的电子数，在光催化反应中，单个电子只能吸收一个光子的能量，从而计算出反应利用的光子数，见式（10-11-4）。再根据式（10-11-5）计算出量子效率（η）。

$$N = \frac{E \cdot t}{h \cdot \frac{\lambda}{c}} \tag{10-11-3}$$

$$N_0 = n_e \cdot N_A \tag{10-11-4}$$

$$\eta = \frac{N_0}{N} \cdot 100\% \tag{10-11-5}$$

式中，N 为外部输入光子数，E 为光功率，t 为光照时间，h 为普朗克常量，c 为光速，λ 为确定的波长，N_0 为反应利用的光子数，n_e 为生成反应物所需的电子的物质的量，N_A 为阿伏加德罗常数。

三、实验仪器与试剂

仪器设备：量筒、移液枪、365 nm 环形光源、磁力搅拌器、分析天平、测光仪、超声仪。

试剂耗材：TiO_2、乙醇、超纯水、H_2PtCl_6 溶液、$CuCl_2$ 溶液、$CdCl_2$ 溶液、$AgNO_3$ 溶液、$HAuCl_4$ 溶液。

四、实验步骤

（1）测量环形光源的高度和内径周长，计算光辐照面积，记录温度和气压。

（2）使用分析天平称量 50 mg TiO_2，然后将 TiO_2 加入 25 mL 容器中。使用移液枪取 4 mL 乙醇和 5 mL 超纯水加入容器中，再加入 1 mL 金属盐溶液（每毫升金属盐溶液的质量为催化剂的 2%）。

（3）将装有溶液的容器超声处理 5 min 使得催化剂分散在溶液中。

（4）使用橡胶塞对反应器进行密封。插入两根针头，其中一根针头连接氮气瓶，打开氮气瓶开关至 0.2 MPa，对溶液进行氮气吹扫 2 min。2 min 后，同时拔出两根针头，并拧紧氮气瓶开关。

（5）打开恒电位仪，将电压调至 30.0 V，电流调至 1.0 A。打开测光仪，将测光波长调为 365 nm，然后将测光器件对准环形光源。打开恒电位仪的通电开关，点亮环形光源，待电压和电流稳定后，记录电压、电流。在测光仪中读取光功率并记录。关闭测光仪和恒电位仪通电开关。

（6）在 10 mL 量筒中装满水，然后将量筒倒扣在水中。将玻璃导管放入量筒中，另一端套上橡胶管，橡胶管的另一端连接针头并且插入反应器中。

（7）将反应器放入 365 nm 环形光源内。打开磁力搅拌器，调节为 800 r·min^{-1}。打开恒电位仪的通电开关，使 365 nm 环形光源通电发光，对反应容器进行光照反应 3 h，分别测量 1 h、2 h、3 h 时产生氢气的容量。

(8) 使用测试得到的数据结果计算量子效率和产氢速率。

五、实验数据记录与分析

将实验数据填入表 10-11-1 中。

表 10-11-1 半导体光催化醇氧化制备氢气

编号	金属盐溶液	电压	电流	光功率	1 h 产氢量	2 h 产氢量	3 h 产氢量	量子效率
1								
2								
3								
4								
5								
6								

温度：_____，气压：_____。

环形光源高度：_____，环形光源内径周长：_____。

环形光源辐照面积：_____。

六、思考题

（1）请简述反应前对溶液体系进行氮气吹扫的目的。

（2）请写出加入金属盐溶液的目的及相应的化学反应方程式。

（3）分析不同金属催化助剂的量子效率和产氢速率。

附　录

附录一　化学实验室管理规范

一、安全卫生规范

（1）实验室内应穿实验服，必要时戴护目镜及口罩。

（2）实验室内不得嬉闹、吸烟、吃东西，不准用实验器皿盛装食物。

（3）进行实验时不得中途离开。

（4）实验中所用仪器、试剂放置要合理、有序。实验台面要清洁、整齐。实验工作结束或暂告一段落时，仪器、试剂等应放回原处，实验室要打扫干净，垃圾应放入垃圾桶内，不得随意乱扔或抛入水池中。

（5）清洗玻璃仪器时，应先用清水冲洗，再用清洗液洗净，最后用纯水冲洗并晾干。

（6）不可用口或鼻直接尝或嗅化学试剂。

（7）易燃易爆试剂须储放于阴凉通风处，不得直接放置于阳光下或接近热源。

（8）皮肤或衣服沾上化学试剂时，应立即用清水冲洗。若化学试剂溅到眼睛里，应立即用洗眼器冲洗。

（9）如曾使用有毒物进行工作，工作完毕应立即洗手。

（10）稀释浓硫酸时只能将浓硫酸慢慢注入水中，边倒边搅拌，不得反向操作。

（11）使用高氯酸工作时，不能戴手套。

（12）配制有毒试剂溶液，或有 HCN、NO_2、H_2S、SO_2、Br_2、NH_3 及其他有毒或有腐蚀性气体产生的实验（如 HCl、H_2SO_4、HNO_3、CCl_4 等），应在通风橱内进行。

（13）使用明火时，应查看周围有无可燃性化学试剂。

（14）加热易燃试剂时，不得使用明火和电炉直接加热，应用水浴方式加热。

（15）使用火焰加热时，应注意衣袖、头发等是否因太长而存在被引燃的可能性。

（16）用烧瓶或试管进行加热时，瓶口或管口不可朝向他人或自己。

（17）加热时，不可以将瓶口密闭，以免膨胀爆炸。

（18）使用玻璃仪器时，应先检查是否有裂痕，边缘是否有尖锐的棱角，以减少意外发生。

（19）禁止向燃着的酒精灯内添加酒精，应先熄灭酒精灯并待其冷却后添加。

（20）对于少量有毒试剂的废弃，必须用大量水冲入下水道。

（21）浓度较高的废酸、废碱要经中和处理后才能排入下水道。

（22）大量有机溶剂不得直接排入下水道，应尽可能回收利用或集中处理。

（23）实验室应备有消防灭火器，必要时使用。

（24）离开实验室前应检查水电是否关好，检查须进行隔夜试验的设备并确保其安全后，方可离开。

二、化学试剂的管理

（1）实验室的化学试剂由实验室专人负责申购、登记、验收。

（2）购入的化学试剂应逐件检查产品的名称、标签、出厂日期、品级商标、厂名、合格证等，

"三无"产品及超过保质期的产品不得验收入库。

（3）经验收无误的化学试剂应按一般化学试剂、剧毒品、易燃易爆品、强氧化剂、强腐蚀剂等分类存放，不可乱堆乱放。

（4）剧毒试剂应放在保险柜内封存，保险柜钥匙由保管员和实验室负责人分别保存，开启时必须有两人同时在场，使用后应及时放回。

（5）取试剂的药匙一定要洗干净后才能伸入瓶内挖取药品，高纯试剂或基准试剂取出后不得再倒回瓶内。

（6）化学试剂应存放于阴凉、干燥、通风、避免阳光直射的地方，需冷藏的试剂应存放于冰箱内。

（7）实验员应时常检查试剂的保质期，超过保质期或保质期内异常变质的试剂不可使用。

（8）试剂取用后应立即盖好瓶塞。

三、试液、滴定液、标准溶液的管理

（1）试液、滴定液、标准溶液等必须严格按照国家标准、行业标准及企业标准的规定方法配制，配制应有记录（包括配制所用试剂的名称、数量及有关的计算），以备查对。

（2）滴定液应按规定标定，标定误差不得超过允许值。

（3）溶液配制好后应贴上明显的标签，标签的内容包括品名、配制浓度、配制日期、配制人等，必要时要注明有效期和特殊储存条件。

（4）滴定液和标准溶液在常温下保存时间一般不超过两个月。

（5）使用溶液时应注意溶液的有效期，不得使用过期溶液，已经变质、污染或失效的溶液应随时倒掉，避免被他人误用。

（6）倒取溶液时应仔细核对标签的名称，以免倒错溶液，从而造成分析错误。

（7）溶液取用后应立即盖好瓶塞，不要长时间敞口放置。

（8）碱性溶液和浓盐溶液不要贮存在具磨口塞的玻璃瓶中，以免瓶塞腐蚀或固结后不易打开。

（9）遇光易分解的溶液应贮存在棕色瓶中，置于暗处保存。

四、玻璃仪器的管理

（1）玻璃仪器购入时应经专人校验，合格后方能使用，超过有效期应重新标定。

（2）实验用烧杯、锥形瓶、容量瓶、胶头滴管等常用器具应随时保持库存量。

（3）玻璃仪器有破损时应将其集中放置，避免割伤工作人员。

（4）新玻璃仪器使用前应用适当的清洗液清洗干净。

（5）玻璃仪器使用完毕应及时清洗干净，不要在仪器内遗留酸碱液、腐蚀性物质或有毒物质等。

（6）玻璃量器不能用加热方式干燥。

（7）非标准口的具塞玻璃仪器，如容量瓶、比色管、碘量瓶等，应在洗涤前将塞子用塑料绳或橡皮筋拴在管处，以免打破塞子或相互弄乱。

（8）比色皿在使用时只能拿磨砂面，不能拿透光面；比色时应先用滤纸吸干外部水珠，再用擦镜纸擦净，不能用滤纸用力擦拭透光面。

五、仪器设备管理

（1）对每台检验仪器设备均应制定标准操作规程（SOP），检验人员必须严格执行，不得违规操作，以免损坏仪器或影响检测结果。

（2）精密仪器设备应由专业人员进行安装调试，运行正常后交岗位人员使用。

(3) 对各种仪器设备应定期保养、检修，随时保持正常状态，保养、检修应有记录。

(4) 仪器发生故障，应及时通知维修人员修理。

(5) 仪器使用完后应将各部件恢复到所要求的位置，及时做好清理工作，关闭电源，盖好防护罩。

(6) 对报废的仪器设备应做好标识并封存。

(7) 计量器具必须建立台账并定期检定。

六、反应釜使用注意事项

(1) 每次使用前，必须对不锈钢外套和聚四氟乙烯（或其他材质）内胆进行外观检查，有裂缝、点蚀、生锈、蠕变或过度磨损、聚四氟乙烯内胆扭曲、钢壳破裂或有缺陷，都应不再使用。

(2) 当用反应釜进行实验时，除非通过阀门调节保持一定的安全压力，否则加入的反应物料严禁超过其容积的 2/3，从而确保当反应釜被加热时，有足够的气体和流体的膨胀空间。

(3) 高度放热反应或释放大量气体的体系不能使用反应釜，否则会导致反应釜压力超出可控范围。

(4) 反应釜严禁过热。常见的反应釜使用聚四氟乙烯作内胆时，最高使用温度是 200 ℃。聚四氟乙烯的常压使用温度为 250 ℃，但在较高压力、温度时，或是不均匀受压情况下蠕变严重，可能会造成泄漏而引发事故。

(5) 严禁超压使用反应釜，使用前必须向厂家索取其产品的最高使用压力上限。

(6) 实验结束后，应待反应釜完全自然降温后方可进行下一步操作，严禁将反应釜在水中骤冷。

(7) 直到反应釜完全冷却至室温方可缓慢打开，其内部体系仍可能有压力释放。

(8) 以下体系严禁使用反应釜进行实验：含有放射性物质；含有爆炸性物质；含有可能分解或设置温度下不稳定的化学物质；含有污染的针头；含有高氯酸、硝酸和有机物的混合物。

七、学生化学实验守则

(1) 凡进入实验室进行学习、科研活动的学生必须严格遵守实验室各项规章制度。

(2) 实验前必须接受安全教育，认真预习实验指导书，未经预习或无故迟到者，实验指导人员有权要求其停止实验。

(3) 进入实验室必须着实验服，不准穿拖鞋，长发须扎紧，实验中不得随便串走，不准搬弄与本实验无关的实验设备，实验过程中保持安静，不得喧哗。

(4) 任何食物及饮料等不得带入实验室，不得用饮料瓶等放置化学药品。

(5) 学生必须以实事求是的科学态度进行实验，认真测定数据，做好实验原始记录，实验后要独立完成实验报告，按时交任课教师，不得抄袭或臆造。

(6) 严格遵守操作规程，服从实验指导人员指导。违反操作规程或不听从指导而造成仪器设备毁坏等事故者，应按学校有关规定进行处理。

(7) 在实验过程中，仪器设备若发生故障，应立即停止实验并报指导教师处理。

(8) 实验完毕，应将仪器、工具及实验场地等进行归还或清理，经指导教师同意后，方可离开实验室。

附录二　实验数据处理基本方法

数据处理是指从获得数据开始到得出最后结论的整个加工过程，包括数据记录、整理、计算、分析和绘制图表等。数据处理是实验工作的重要内容，涉及的内容很多，这里仅介绍一些基本的数据处理方法。

一、列表法

对一个物理量进行多次测量或研究几个量之间的关系时,往往借助于列表法把实验数据列成表格。其优点是能使大量数据表达清晰醒目、条理化,易于检查数据和发现问题,避免差错,同时有助于反映出物理量之间的对应关系。所以,设计一个简明、醒目、合理、美观的数据表格是每一个同学都要掌握的基本技能。

列表没有统一的格式,但所设计的表格要能充分反映上述优点,应注意以下几点:

(1) 各栏目均应注明所记录的物理量的名称(符号)和单位。

(2) 栏目的顺序应充分注意数据间的联系和计算顺序,力求简明、齐全、有条理。

(3) 表中的原始测量数据应正确反映有效数字,数据不应随便涂改,确实要修改数据时,应将原来数据画条杠以备随时查验。

(4) 对于存在函数关系的数据表格,应按自变量由小到大或由大到小的顺序排列,以便于判断和处理。

二、图解法

图线能够直观地表示实验数据间的关系,有助于找出物理规律,因此图解法是数据处理的重要方法之一。利用图解法处理数据,首先要画出合乎规范的图线,其要点如下:

1. 选择图纸

图纸有直角坐标纸(毫米方格纸)、对数坐标纸和极坐标纸等,根据作图需要选择。在物理实验中比较常用的是毫米方格纸,其规格多为 17 cm×25 cm。

2. 曲线改直

由于直线最易描绘,且直线方程的两个参数(斜率和截距)也较易算得,所以对于两个变量之间的函数关系是非线性的情形,在用图解法时应尽可能通过变量代换将非线性函数曲线转变为线性函数直线。下面为几种常用的变换方法:

(1) $xy=c$(c 为常数)。令 $z=\dfrac{1}{x}$,则 $y=cz$,即 y 与 z 为线性关系。

(2) $x=c\sqrt{y}$(c 为常数)。令 $z=x^2$,则 $y=\dfrac{1}{c^2}z$,即 y 与 z 为线性关系。

(3) $y=ax^b$(a 和 b 为常数)。等式两边取对数得 $\lg y=\lg a+b\lg x$,于是 $\lg y$ 与 $\lg x$ 为线性关系,b 为斜率,$\lg a$ 为截距。

(4) $y=ae^{bx}$(a 和 b 为常数)。等式两边取自然对数得 $\ln y=\ln a+bx$,于是 $\ln y$ 与 x 为线性关系,b 为斜率,$\ln a$ 为截距。

3. 确定坐标比例与标度

合理选择坐标比例是作图法的关键所在。作图时通常以自变量作横坐标(x 轴)、因变量作纵坐标(y 轴)。坐标轴确定后,用粗实线在坐标纸上描出坐标轴,并注明坐标轴所代表物理量的符号和单位。坐标比例是指坐标轴上单位长度(通常为 1 cm)所代表的物理量大小。坐标比例的选取应注意以下几点:

(1) 原则上做到数据中的可靠数字在图上应是可靠的,即坐标轴上的最小分度(1 mm)对应于实验数据的最后一位准确数字,坐标比例选得过大会损害数据的准确度。

(2) 坐标比例的选取应以便于读数为原则,常用的比例为"1∶1""1∶2""1∶5"(包括"1∶0.1""1∶10"等),即每厘米代表"1、2、5"倍率单位的物理量。切勿采用复杂的比例关系,如"1∶3""1∶7""1∶9"等,这样不但不易绘图,而且读数困难。

(3) 坐标比例确定后,应对坐标轴进行标度,即在坐标轴上均匀地(一般每格 2 cm)标出所代表物理量的整齐数值，标记所用的有效数字位数应与实验数据的有效数字位数相同。标度不一定从零开始，一般用小于实验数据最小值的某数作为坐标轴的起始点，用大于实验数据最大值的某数作为终点，这样图纸可以被充分利用。

4．数据点的标出

实验数据点在图纸上用"+"符号标出，符号的交叉点正是数据点的位置。若在同一张图上作几条实验曲线，各条曲线的实验数据点应该用不同符号（如×、⊙等）标出，以示区别。

5．曲线的描绘

由实验数据点描绘出平滑的实验曲线，连线要用透明直尺或三角板、曲线板等拟合。根据随机误差理论，实验数据应均匀分布在曲线两侧，与曲线的距离尽可能小。对于个别偏离曲线较远的点，应检查标点是否错误，若无误表明该点可能是错误数据，在连线时不予考虑。对于仪器仪表的校准曲线和定标曲线，连接时应将相邻的两点连成直线，整个曲线呈折线形状。

6．注解与说明

在图纸上要写明图线的名称、坐标比例及必要的说明（主要指实验条件），并在恰当地方注明作者姓名、日期等。

7．直线图解法求待定常数

使用直线图解法时，首先求出斜率和截距，进而得出完整的线性方程。其步骤如下：

（1）选点。在直线上紧靠实验数据两个端点内侧取两点 $A(x_1, y_1)$、$B(x_2, y_2)$ 并用不同于实验数据的符号标明，在符号旁边注明其坐标值（注意有效数字）。若选取的两点距离较近，计算斜率时会减少有效数字的位数。这两点既不能取在实验数据范围以外，因为它已无实验根据，也不能直接使用原始测量数据点计算斜率。

（2）求斜率。设直线方程为 $y=a+bx$，则斜率为

$$b=\frac{y_2-y_1}{x_2-x_1}$$

（3）求截距。截距的计算公式为

$$a=y_1-bx_1$$

三、逐差法

在两个变量之间存在线性关系且自变量为等差级数变化的情况下，用逐差法处理数据，既能充分利用实验数据，又能减小误差。具体做法是将测量得到的偶数组数据分成前后两组，将对应项分别相减，然后再求平均值。例如，在弹性限度内，弹簧的伸长量 x 与所受的载荷（拉力）F 满足线性关系：

$$F=kx$$

实验时等差地改变载荷，测得的一组实验数据如下：

砝码质量/kg	1.000	2.000	3.000	4.000	5.000	6.000	7.000	8.000
弹簧伸长位置/cm	x_1	x_2	x_3	x_4	x_5	x_6	x_7	x_8

求每增加 1 kg 砝码时弹簧的平均伸长量 Δx。

若不加思考进行逐项相减，很自然会采用下列公式计算：

$$\Delta x=\frac{1}{7}[(x_2-x_1)+(x_3-x_2)+\cdots+(x_8-x_7)]=\frac{1}{7}(x_8-x_1)$$

结果发现除 x_1 和 x_8 外，其他中间测量值都未用上，它与一次增加 7 个砝码的单次测量等价。若用多项间隔逐差，即将上述数据分成前后两组，前一组（x_1, x_2, x_3, x_4），后一组（x_5, x_6, x_7, x_8），然后对应项相减求平均值，即

$$\Delta x = \frac{1}{4 \times 4} \left[(x_5 - x_1) + (x_6 - x_2) + (x_7 - x_3) + (x_8 - x_4) \right]$$

这样全部测量数据都可以用上，保持了多次测量的优点，减小了随机误差，计算结果更准确些。逐差法计算简便，特别是在检查具有线性关系的数据时，可随时"逐差验证"，及时发现数据规律或错误数据。

四、最小二乘法

由一组实验数据拟合出一条最佳直线，常用的方法是最小二乘法。设物理量 y 和 x 之间满足线性关系，则函数形式为

$$y = a + bx$$

最小二乘法就是要用实验数据来确定方程中的待定常数 a 和 b，即直线的截距和斜率。

以最简单的情况为例，即每个测量值都是等精度的，且假定 x 和 y 值中只有 y 有明显的测量随机误差。如果 x 和 y 均有误差，只要把误差相对较小的变量作为 x 即可。由实验测量得到一组数据为 $(x_i, y_i; i=1, 2, \cdots, n)$，其中 $x = x_i$ 时对应的是 $y = y_i$。由于测量总是有误差的，我们将这些误差归结为 y_i 的测量偏差，并记为 $\varepsilon_1, \varepsilon_1, \cdots, \varepsilon_n$。这样，将实验数据 (x_i, y_i) 代入方程 $y = a + bx$ 后，得到

$$\begin{cases} y_1 - (a + bx_1) = \varepsilon_1 \\ y_2 - (a + bx_2) = \varepsilon_2 \\ \vdots \\ y_n - (a + bx_n) = \varepsilon_n \end{cases}$$

利用上述方程组可确定 a 和 b，那么 a 和 b 要满足什么要求呢？显然，比较合理的 a 和 b 是使 $\varepsilon_1, \varepsilon_1, \cdots, \varepsilon_n$ 数值上都比较小。但是，每次测量的误差不会相同，反映在 $\varepsilon_1, \varepsilon_1, \cdots, \varepsilon_n$ 大小不一，而且符号也不尽相同，所以只能要求总的偏差最小，即

$$\sum_{i=1}^{n} \varepsilon_i^2 \to \min$$

令

$$S = \sum_{i=1}^{n} \varepsilon_i^2 = \sum_{i=1}^{n} (y_i - a - bx_i)^2$$

使 S 为最小的条件是

$$\frac{\partial S}{\partial a} = 0, \frac{\partial S}{\partial b} = 0, \frac{\partial^2 S}{\partial a^2} > 0, \frac{\partial^2 S}{\partial b^2} > 0$$

由一阶微商为零得

$$\begin{cases} \frac{\partial S}{\partial a} = -2 \sum_{i=1}^{n} (y_i - a - bx_i) = 0 \\ \frac{\partial S}{\partial b} = -2 \sum_{i=1}^{n} (y_i - a - bx_i) x_i = 0 \end{cases}$$

解得

$$a = \frac{\sum_{i=1}^{n} x_i \sum_{i=1}^{n} (x_i y_i) - \sum_{i=1}^{n} x_i^2 \sum_{i=1}^{n} y_i}{\left(\sum_{i=1}^{n} x_i \right)^2 - n \sum_{i=1}^{n} x_i^2}$$

$$b = \frac{\sum_{i=1}^{n} x_i \sum_{i=1}^{n} y_i - n \sum_{i=1}^{n} (x_i y_i)}{\left(\sum_{i=1}^{n} x_i \right)^2 - n \sum_{i=1}^{n} x_i^2}$$

令 $\bar{x} = \frac{1}{n}\sum_{i=1}^{n} x_1$，$\bar{y} = \frac{1}{n}\sum_{i=1}^{n} y_1$，$\bar{x}^2 = \left(\frac{1}{n}\sum_{i=1}^{n} x_1\right)^2$，$\overline{x^2} = \frac{1}{n}\sum_{i=1}^{n} x_i^2$，$\overline{xy} = \frac{1}{n}\sum_{i=1}^{n}(x_i y_i)$，则

$$a = \bar{y} - b\bar{x}$$
$$b = \frac{\bar{x} \cdot \bar{y} - \overline{xy}}{\bar{x}^2 - \overline{x^2}}$$

如果实验是在已知 y 和 x 满足线性关系的条件下进行的，那么用上述最小二乘法线性拟合（又称一元线性回归）可解得截距 a 和斜率 b，从而得出回归方程 $y = a + bx$。如果实验是要通过对 x、y 的测量来寻找经验公式，则还应判断由上述一元线性拟合所确定的线性回归方程是否恰当。这可用下列相关系数 r 来判别：

$$r = \frac{\overline{xy} - \bar{x} \cdot \bar{y}}{\sqrt{(\overline{x^2} - \bar{x}^2)(\overline{y^2} - \bar{y}^2)}}$$

其中，$\bar{y}^2 = \left(\frac{1}{n}\sum_{i=1}^{n} y_1\right)^2$，$\overline{y^2} = \frac{1}{n}\sum_{i=1}^{n} y_i^2$。

可以证明，$|r|$ 值总是在 0 和 1 之间。r 值接近 1，说明实验数据点密集地分布在所拟合的直线的近旁，用线性函数进行回归是合适的。$|r| = 1$ 表示变量 x、y 完全线性相关，拟合直线通过全部实验数据点。$|r|$ 值越小，线性越差，一般 $|r| \geq 0.9$ 时可认为两个物理量之间存在较密切的线性关系，此时用最小二乘法进行直线拟合才有实际意义。